卓越 工程师教育培养计划系列教材

化工原理 上册

王国胜 ◎ 主编　　孙怀宇　王祝敏 ◎ 副主编

U0209773

化学工业出版社

·北京·

《化工原理》重点介绍了化工单元操作的基本原理、计算方法和典型设备。全书分为上、下两册，上册主要内容为：绪论、流体流动、流体输送机械、非均相物系分离、传热和蒸发；下册主要内容为：蒸馏、气体吸收、干燥、液液萃取及其他分离技术。

《化工原理》理论联系实际，工程特点明显，以单元过程与装备为主线，着重讲述单元过程与装备的工作原理、设计与计算、优化与强化，并适当介绍本学科的新进展。内容简练，深入浅出，突出重点，有利于提高学生分析和解决工程实际问题的能力。

《化工原理》可作为高等院校化工及相关专业的教材，也可供化工及相关行业的科学技术人员参考。

图书在版编目（CIP）数据

化工原理. 上／王国胜主编. —北京：化学工业出版社，2018.4
卓越工程师教育培养计划系列教材
ISBN 978-7-122-31644-8

Ⅰ.①化… Ⅱ.①王… Ⅲ.①化工原理-高等学校-教材 Ⅳ.①TQ02

中国版本图书馆 CIP 数据核字（2018）第 041267 号

责任编辑：徐雅妮　丁建华
责任校对：边　涛　　　　　　　　　　　装帧设计：关　飞

出版发行：化学工业出版社（北京市东城区青年湖南街 13 号　邮政编码 100011）
印　　刷：三河市航远印刷有限公司
装　　订：三河市瞰发装订厂
787mm×1092mm　1/16　印张 14　字数 334 千字　2018 年 10 月北京第 1 版第 1 次印刷

购书咨询：010-64518888（传真：010-64519686）　　售后服务：010-64518899
网　　址：http://www.cip.com.cn
凡购买本书，如有缺损质量问题，本社销售中心负责调换。

定　　价：35.00 元

前　言

"卓越工程师教育培养计划"是贯彻落实《国家中长期教育改革和发展规划纲要（2010—2020 年）》和《国家中长期人才发展规划纲要（2010—2020 年）》的重大改革项目，旨在培养造就一大批创新能力强，适应经济社会发展需要的高质量工程技术人才。卓越工程师教育培养计划的核心就是企业深度参与人才培养。高等工程教育要强化服务意识，创新培养机制，改革培养模式，提升学生的工程实践能力、创新能力和国际竞争力。

化工原理是化工类专业的专业基础课，工程特点明显，主要讲述化工单元操作的过程与装备，课程内容紧密联系化工生产实际。本书依照工程学习的认识规律，按理论基础、单元过程与装备的工作原理、设计与计算、优化与强化这样一条主线讲解各个单元过程，以利于学生学习和理解。本书增加了联系工程实际的设计和操作型案例式例题，并提供了部分过程与装备的三维工程图示，旨在理论联系实际，提高学生分析和解决工程实际问题的能力。

全书分上、下两册，上册包括绪论以及流体流动、流体输送机械、非均相物系分离、传热和蒸发 5 章；下册包括蒸馏、气体吸收、干燥、液液萃取及其他分离技术 5 章。本书可作为高等院校化工类专业教材，也可供有关科技人员参考。

本书由王国胜主编，孙怀宇、王祝敏副主编。第 1 章流体流动、第 2 章流体输送机械由孙怀宇编写，第 3 章非均相物系分离、第 10 章其他分离技术由高枫编写，第 4 章传热由裴世红编写，第 5 章蒸发、第 9 章液液萃取由陈立峰编写，绪论、第 6 章蒸馏、第 7 章气体吸收由王祝敏、王国胜编写，第 8 章干燥由范俊刚编写。

由于编者水平有限，书中难免有不当和疏漏之处，恳请读者批评指正。

编者

2018 年 6 月

目 录

第4章 传热 / 128

绪　　论

■化工过程

化学工业是过程工业，是一个将原料经过化学加工后获得工业化学品的过程。化工过程经常被描述为流体的流动、传热与传质过程以及化学反应过程，即"三传一反"，主要由传递过程及反应过程与装置组成。按照化学反应过程要求，原料的纯度、粒度等要符合质量指标要求，反应得到的产品（纯物质或混合物）也需要符合质量要求，所以化工过程经常分为：前处理（干燥、过滤等）、反应与后处理（精馏、吸收等）过程。现代化的大型化工企业设备林立，其核心装置是化学反应器，但是多数装置是为保证化学反应高效进行的前、后处理设备。前、后处理过程的设备投资与操作费用是化工企业生产过程中重要的经济效益因素。

■单元过程

除化学反应过程以外，化工生产过程可分为物料的压力与输送、物料的混合与分散、物料的加热与冷却、混合物的分离等。单元过程就是过程与装备，目标任务一个是设计，另一个是操作。研究各个单元过程就是为了掌握其规律，设计设备结构与尺寸，进而进行设备的操作和使用，最终实现对设备和过程的优化与强化，以利于化工生产系统高效化。

■化工原理课程

对化工企业或化学工业中的单元过程进行研究，最终服务于化工生产是化工原理课程的根本目的。各个单元过程虽然多种多样，但是从物理本质上化工单元过程基本属于动量、热量与质量的传递过程，传递过程的基本原理就是传递过程的速率等于传递过程的推动力与传递过程的阻力之比。流动、传热与传质过程的原理构成了化工原理课程的核心内容，在稳态条件下，单元过程的传递阻力分析与研究是化工原理课程的重点内容，也为正确理解化工原理课程内容、利用所学知识进行化工设计，实现稳定生产，以及优化和强化化工单元过程提供了正确方向。

■化工原理课程所回答的问题

化工原理课程要回答的问题源于化工实际生产，最终必然服务于化工实际生产。根据过程的目标要求，化工原理分为流动、传热与传质问题，继而分解为相应的单元过程，根据各个单元过程的特点，依据单元过程的原理，进行过程与装备的设计，确定设备结构与尺寸，选择和制作符合标准和要求的设备，按照工程设计图纸要求进行设备安装，有效地操作和调节过程与设备，适应生产的不同要求。最终达到利用所学知识开展技术创新，实现过程与装备优化和强化，高效进行化工生产。

第1章

流 体 流 动

本章学习要求
1. 了解流体流动原理、流动状态、流动阻力的基本概念。
2. 掌握使用静力学方程解决实际问题的方法。
3. 掌握使用连续性方程、伯努利方程及阻力计算方程进行计算并解决实际问题的方法。
4. 了解管子的选用方法。
5. 了解基于流体流动原理的流量测量方法及设备。

1.1 概述

液体和气体统称为流体，流体的特征是具有流动性，即其抗剪和抗张的能力很小，无固定形状，随容器的形状而变化，在外力作用下其内部发生相对运动。

在研究流体流动时，常将流体视为由无数流体微团组成的连续介质。所谓流体微团或流体质点是指：大小与容器或管道相比是微不足道的，但是比起分子自由程长度却要大得多的小块流体。它包含足够多的分子，能够用统计平均的方法来求出宏观参数（如压力、温度），从而可以观察这些宏观参数的变化情况。连续性假设首先意味着流体介质是由连续的液体质点组成；其次还意味着质点运动过程的连续性。在本书的研究范围内，可以将流体视为连续介质。但对于高真空下的气体等特殊情况下，就不能将流体视为连续介质了。

在化工生产中所处理的物料很多是流体，有以下几个主要方面需要应用流体流动的基本原理及其流动规律。

① 流体的输送　通常设备之间是用管道连接的，要想把流体按所要求的条件，从一个设备送到另一个设备，需要选用适宜的流动速度，以确定输送管路的直径。在流体的输送过程中，常常要采用流体输送设备，因此需要计算流体在流动过程中应加入的外功，为选用流体输送设备提供依据。这些都要应用流体流动规律的数学表达式以进行计算，即研究什么是推动流体流动的原因及流动中的特性。

② 压强、流速和流量的测量　为了解和控制生产过程，需要对管路或设备内的压强、流速及流量等一系列参数进行测定，以便合理地选用和安装测量仪表，而这些测量仪表的操作原理又多以流体的静止或流动规律为依据。

③ 除了流体输送外，化工生产中的传热、传质过程以及化学反应大都在流体流动状态

下进行，流体流动状态对这些单元操作有着很大的影响。为了能深入理解这些单元操作原理及为强化设备提供适宜的流动条件，就必须掌握流体流动的基本原理。

因此，流体流动的基本原理是本课程的重要基础。本章着重讨论流体流动过程的基本原理及流体在管内的流动规律，并运用这些原理与规律去分析和计算流体的输送问题。

1.2 流体的物理性质

1.2.1 流体的密度

单位体积流体的质量称为流体的密度，其表达式为

$$\rho = \frac{\Delta m}{\Delta V} \tag{1-1}$$

当 $\Delta V \to 0$ 时，$\Delta m / \Delta V$ 的极限值即为流体某点的密度，即

$$\rho = \lim_{\Delta V \to 0} \frac{\Delta m}{\Delta V} \tag{1-1a}$$

式中　ρ——流体的密度，kg/m^3；m——流体的质量，kg；V——流体的体积，m^3。

流体的密度随流体的种类、温度、压力的变化而变化。对一定流体，密度是压强 p 和温度 T 的函数，可用下式表示

$$\rho = f(p, T) \tag{1-2}$$

式中　p——流体的压强，Pa；T——流体的温度，K。

液体的密度随压强的变化甚小（极高压强下除外），可忽略不计，故常称液体为不可压缩流体，但其密度随温度的变化稍有改变。气体的密度随压强和温度的变化较大，当压强不太高、温度不太低时，气体的密度可近似地按理想气体状态方程式计算

$$pV = nRT = \frac{m}{M}RT \tag{1-3}$$

则

$$\rho = \frac{m}{V} = \frac{pM}{RT} \tag{1-4}$$

式中　p——气体的压强，Pa；T——气体的温度，K；M——气体的摩尔质量，$kg/kmol$；R——通用气体常数，$8.314kJ/(kmol \cdot K)$。

对于一定质量的理想气体，其体积、压强和温度之间的变化关系为

$$\frac{pV}{T} = \frac{p'V'}{T'}$$

所以，气体密度也可按下式计算

$$\rho = \rho_0 \frac{T_0 p}{T p_0} \tag{1-5}$$

式中　ρ_0——标准状态下气体的密度；T_0、p_0——标准状态下气体的温度和压强。

化工生产中遇到的流体常常不是单一组分，而是由若干组分构成的混合物。对于气体混合物，可按理想气体计算密度。但式中气体的摩尔质量 M，应以混合气体的平均摩尔质量 M_m 代替，即

$$M_m = M_1 x_1 + M_2 x_2 + \cdots + M_n x_n \qquad (1\text{-}6)$$

式中　M_1，M_2，…，M_n——气体混合物中各组分的摩尔质量；

　　　　x_1，x_2，…，x_n——气体混合物中各组分的摩尔分数。

气体混合物的组成通常以体积分数表示，对于理想气体，体积分数与摩尔分数相等。

对于液体混合物，各组分的组成常用质量分数表示。若混合前后体积不变，则 1kg 混合液的体积等于各组分单独存在时的体积之和，混合液体的密度 ρ_m 可由下式求出

$$\frac{1}{\rho_m} = \frac{x_{w1}}{\rho_1} + \frac{x_{w2}}{\rho_2} + \cdots + \frac{x_{wn}}{\rho_n} \qquad (1\text{-}7)$$

式中　x_{w1}，x_{w2}，…，x_{wn}——液体混合物中各组分的质量分数；

　　　　ρ_1，ρ_2，…，ρ_n——液体混合物中各组分的密度，kg/m^3；

　　　　ρ_m——液体混合物的平均密度，kg/m^3。

1.2.2　比体积

单位质量流体的体积称为流体的比体积（或称比容），用符号 ν 表示，单位为 m^3/kg，则

$$\nu = \frac{V}{m} = \frac{1}{\rho} \qquad (1\text{-}8)$$

流体的比体积是密度的倒数。

1.2.3　流体的黏度

（1）牛顿黏性定律

前已述及，流体具有流动性，即没有固定形状，在外力作用下其内部产生相对运动。流体在流动时其内部会产生摩擦力，即产生抗拒内在向前运行的特性，称为黏性。黏性是流动性的反面。

以水在管内流动时为例，管内任一截面上各点的速度并不相同，中心处的速度最大，越靠近管壁速度越小，在管壁处水的质点附于管壁上，其速度为零。其他流体在管内流动时也有类似的现象。所以，流体在管内流动时。实际上是被分割成无数极薄的圆筒层，一层套一层，各层以不同的速度向前运动，如图 1-1 所示。

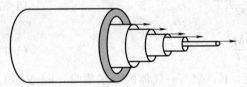

图 1-1　流体在圆管内分层流动示意图

由于各层速度不同，层与层之间发生了相对运动；速度快的流体层对相邻的速度较慢的流体层产生了一个推动其向前运动的力；同时，速度慢的流体层对速度快的流体层也作用一个大小相等、方向相反的力，从而阻碍较快流体层向前运动。这种运动着的流体内部相邻两流体层间的相互作用力，称为流体的内摩擦力或剪切力。流体的内摩擦力一方面与流体分子间力有关，另一方面与流体分子无规则热运动引起的动量传递有关。存在内摩擦力是流体黏性的表现，内摩擦力又称为黏滞力或黏性摩擦力。流体流动时的内摩擦，是流动阻力产生的原因，流体流动时必须克服内摩擦力而做功，从而使流体的一部分机械能转变为热而损失掉。下面通过一个实验来说明内摩擦力与哪些因素有关。

在两块面积很大而间距很小的大平板间充满某种静止流体，如图 1-2 所示，在某一时刻，使用力 F 以速度 u 水平移动上面一块大平板，紧贴在该板上的一层流体也必然以速度

u 随平板运动；而紧靠下层平板的流体，因附着于板面而静止不动。在两层平板之间流体形成上大下小的流速分布。两平板间的液体可看作许多平行于平板的流体层，层与层之间存在着速度差，即各液体层之间存在着相对运动，所以相邻两层之间存在着内摩擦力。

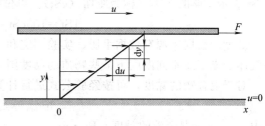

图 1-2 平板间液体速度变化

根据实验测定，内摩擦力 F 与黏度 μ、平板面积 A 以及速度梯度 $\mathrm{d}u/\mathrm{d}y$ 有如下关系

$$\frac{F}{A} \propto \frac{\mathrm{d}u}{\mathrm{d}y}$$

设比例系数为 μ，则

$$\frac{F}{A} = \mu \frac{\mathrm{d}u}{\mathrm{d}y}$$

令 $\tau = F/A$，则

$$\tau = \mu \frac{\mathrm{d}u}{\mathrm{d}y} \tag{1-9}$$

式中 τ——内摩擦应力，Pa；$\mathrm{d}u/\mathrm{d}y$——法向速度梯度，s^{-1}；μ——比例系数，其值随流体的不同而不同，流体的黏性越大，其值越大，所以称为黏滞系数或动力黏度，简称黏度，其单位为 Pa·s。

式（1-9）表示的关系称为牛顿黏性定律。它的物理意义是流体流动时产生的内摩擦应力与法向速度梯度成正比。满足牛顿黏性定律的流体称为牛顿型流体，所有气体和大多数液体都属于这一类。反之称为非牛顿型流体，非牛顿型流体在化工过程中亦属常见。本章主要讨论牛顿型流体。

(2) 流体的黏度

式（1-9）可改写成

$$\mu = \frac{\tau}{\dfrac{\mathrm{d}u}{\mathrm{d}y}} \tag{1-10}$$

所以黏度的物理意义是促使流体流动产生单位速度梯度的剪应力。由上式可知，速度梯度最大处的剪应力也最大，速度梯度为零处的剪应力亦为零。黏度总是与速度梯度相联系，只有在运动时才显现出来。所以分析静止流体的规律时就不需要考虑黏度因素。

国际单位制中黏度的单位为 Pa·s，在厘米克秒制中黏度的单位为 P（泊）和 cP（厘泊），它们的换算关系如下

$$1 \text{Pa·s} = 10 \text{P} = 1000 \text{cP}$$

黏度是流体的物理性质之一，其值由实验测定。液体的黏度一般远大于气体的黏度。例如 20℃时，水的黏度为 1.005×10^{-3} Pa·s，而空气的黏度为 18.1×10^{-6} Pa·s。液体的黏度随温度升高而减小，气体的黏度则随温度升高而增大。压强变化时，液体的黏度基本不变；气体的黏度随压强增大而增加得很少，在一般工程计算中可忽略不计。只有在极高或极低的压强下，才需考虑压强对气体黏度的影响。

黏度与密度之比称为运动黏度，以 ν 表示，即

$$\nu = \mu / \rho \tag{1-11}$$

运动黏度的单位为 m^2/s，厘米克秒制中运动黏度的单位为 cm^2/s，称为斯托克斯，简称斯，

以 St 表示，斯的 1/100 称为厘斯（cSt）。单位换算关系为

$$1St = 100cSt = 10^{-4} \ m^2/s$$

黏度的数据来源有数据手册、实验测定和经验公式。本书附录中列出了常温下常见液体和气体的黏度及不同温度下某些物质的黏度图表。

对于混合物的黏度，可按经验公式进行计算。如对分子不缔合的混合液，可按下式计算

$$\lg\mu_m = \sum x_i \lg\mu_i \tag{1-12}$$

式中　μ_m——混合液的黏度，Pa·s；

x_i——液体混合物中第 i 组分的摩尔分数；

μ_i——与液体混合物同温度下第 i 组分的黏度，Pa·s。

常压下气体混合物的黏度，可用下式计算

$$\mu_m = \frac{\sum y_i \mu_i M_i^{\frac{1}{2}}}{\sum y_i M_i^{\frac{1}{2}}} \tag{1-13}$$

式中　μ_m——气体混合物的黏度，Pa·s；

y_i——气体混合物中第 i 组分的摩尔分数；

μ_i——与气体混合物同温度下第 i 组分的黏度，Pa·s；

M_i——气体混合物中第 i 组分的摩尔质量，kg/kmol。

黏度对于流体的流动方式有很大的影响，在本章后面将对其进行研究。

1.3 流体静力学基本方程式及应用

1.3.1 流体的压力

(1) 定义

流体垂直作用于单位面积上的总压力，称为流体的压强，简称压强，俗称压力，但压力更为通用。在静止流体中，流体压力具有以下两个重要特性：

① 流体压力处处与它的作用面垂直，并总是指向流体的作用面；

② 流体中任一点压力的大小与所选定的作用面在空间的方位无关。

(2) 压力的单位和单位换算

在国际单位制中，压力的单位是 N/m^2，称为帕斯卡，以 Pa 表示。但习惯上还会采用其他单位，如 atm（标准大气压）、某流体柱高度或 kgf/cm^2 等。它们之间的换算关系为

$$1 \text{ 标准大气压(atm)} = 1.013 \times 10^5 \ Pa = 1.033 kgf/cm^2 = 10.33 mH_2O = 760 mmHg$$

(3) 压强的基准

压强可以有不同的计量基准，如果以绝对真空为基准，称为绝对压强。若以大气压强为基准，测量得到绝对压强高出大气压强的数值，称为表压强，俗称表压。

$$表压 = 绝对压强 - 大气压强$$

当被测流体的绝对压强小于大气压时，其低于大气压的数值称为真空度，即

$$真空度 = 大气压强 - 绝对压强$$

绝对压强、表压强和真空度的关系，如图 1-3 所示。为避免混淆，在以后的讨论中对表压及真空度均加以标注。

注意，此处的大气压强均指当地大气压强，其值与大气的温度、湿度和海拔有关。

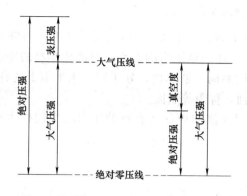

图1-3　绝对压强、表压强和真空度的关系

图1-4　压力表（弹性式）

【例1-1】　在兰州操作的苯乙烯真空蒸馏塔顶的真空表读数为$80×10^3$kPa。在沈阳操作时，若要求塔内维持相同的绝对压强，真空表的读数应为多少？已知兰州的平均大气压强为$85.3×10^3$Pa，沈阳的平均大气压强为$101×10^3$Pa。

解：根据兰州的大气压强条件，可求得操作时塔顶的绝对压强为

$$绝对压强＝大气压强－真空度＝85300－80000＝5300Pa$$

在沈阳操作时，要求塔内维持相同的绝对压强，由于大气压强不同，则塔顶的真空度也不相同，其值为

$$真空度＝大气压强－绝对压强＝101000－5300＝95700Pa$$

（4）压力的测量

在工业中，使用压力测量仪表对压力进行测量。压力测量仪表按工作原理分为液柱式、弹性式（图1-4）、负荷式和电测式等类型。

1.3.2　流体静力学基本方程式

流体静力学基本方程式是用于描述静止流体内部的压力沿高度变化的数学表达式。

对于不可压缩流体，密度不随压力变化，其静力学基本方程可用下述方法推导。在静止液体中取一垂直液柱，如图1-5所示。液柱水平方向的横截面积为A，液体密度为ρ，以容器底为基准水平面，则液柱的上、下底面与基准水平面的垂直距离分别为Z_1和Z_2，以p_1与p_2分别表示高度为Z_1及Z_2处的压力。

对此液柱进行垂直方向上的受力分析，作用于液柱的力有：

① 下底面所受的向上总压力为p_2A；

② 上底面所受的向下总压力为p_1A；

③ 该液柱的重力$mg＝\rho gA(Z_1－Z_2)$。

在静止液体中，上述三力的合力应为零，即

$$p_2A－p_1A－\rho gA(Z_1－Z_2)＝0$$

化简并消去A，得

$$p_2＝p_1+\rho g(Z_1－Z_2) \tag{1-14}$$

如果将液柱的上底面取在液面上，设液面上方的压力为p_a，液柱$Z_1－Z_2＝h$，则上式

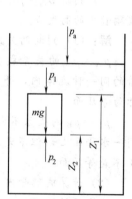

图1-5　静力学基本方程式的推导

可改写为

$$p_2 = p_a + \rho g h \tag{1-15}$$

式（1-14）及式（1-15）均称为静力学基本方程式。由式（1-14）、式（1-15）可知：

① 当液面上方的压力一定时，在静止液体内任一点压力的大小，与液体本身的密度和该点距液面的深度有关。因此，在静止的、连续的同一液体内，处于同一水平面上的各点，其压力亦相等。这些压力相等的点组成的水平面，称为等压面。

② 当液面上方的压力 p_a 有变化时，必将引起液体内部所有点的压力发生同样大小的变化。

③ 式（1-15）可改写为

$$\frac{p_2 - p_1}{\rho g} = h \tag{1-16}$$

由上式可知，压力或压力差的大小可用液柱高度来表示，但表示时必须注明是何种液体。

虽然静力学基本方程式是用液体推导的，流体的密度可视为常数。而气体密度则随压力而改变，但考虑到气体密度随容器高低变化甚微，一般也可视为常数，故静力学基本方程式也适用于气体。

值得注意的是，上述方程式只能用于静止的、连通着的同一种流体。

> **解决静力学方程问题的要点是应用等压面及 $\Delta p = \rho g h$。**

【例 1-2】 如图 1-6 所示，开口容器内盛有油和水。油层高度 $h_1 = 0.7\text{m}$，密度 $\rho_1 = 800\text{kg/m}^3$，水层高度 $h_2 = 0.6\text{m}$，密度 $\rho_2 = 1000\text{kg/m}^3$，大气压为 p_a。

（1）判断 $p_A = p_{A'}$，$p_B = p_{B'}$ 是否成立；（2）计算水在玻璃管内的高度 h。

解：（1）判断两关系式是否成立

$p_A = p_{A'}$ 的关系成立。因 A 及 A′ 两点在静止的、连通着的同一种流体内，并在同一个水平面上，所以截面 $A\text{-}A'$ 称为等压面。

$p_B = p_{B'}$ 的关系不成立。因 B 及 B′ 两点虽在静止流体的同一水平面上，但不是连通着的同一种流体，所以截面 $B\text{-}B'$ 不是等压面。

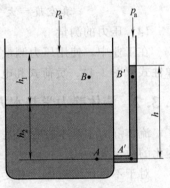

图 1-6 【例 1-2】附图

（2）计算玻璃管内水的高度 h

由上面讨论可知，$p_A = p_{A'}$，而 p_A 与 $p_{A'}$ 都可以用流体静力学基本方程式计算，即

$$p_A = p_a + \rho_1 g h_1 + \rho_2 g h_2$$

$$p_{A'} = p_a + \rho_2 g h$$

于是

$$p_a + \rho_1 g h_1 + \rho_2 g h_2 = p_a + \rho_2 g h$$

简化上式并将已知值代入，得

$$800 \times 0.7 + 1000 \times 0.6 = 1000 h$$

$$h = 1.16\text{m}$$

下面进一步讨论静力学基本方程式中各项的意义。将式（1-14）两边除以 ρg 并整理

可得

$$Z_1 + \frac{p_1}{\rho g} = Z_2 + \frac{p_2}{\rho g} \tag{1-17}$$

上式中各项的单位均为米（m），其中 Z 为流体距基准面的高度，称为位压头。该流体所具有的位能为 mgZ，单位重量流体的位能为 mgZ/mg，所以位压头表示单位重量的流体从基准面算起的位能。

式（1-17）中的第二项 $p/\rho g$ 称为静压头，又称为单位重量流体的静压能。因而式（1-17）可表示为

$$静压头＋位压头＝常数$$

可将式（1-17）中各项均乘以 g，得

$$gZ_1 + \frac{p_1}{\rho} = gZ_2 + \frac{p_2}{\rho} \tag{1-18}$$

因质量为 m 的流体的位能为 mgZ，所以单位质量流体的位能为 gZ。故上式中第一项为单位质量流体的位能。同理，上式中第二项为单位质量流体的静压能。因此式（1-18）的物理意义为

$$静压能＋位能＝常数$$

也就是说，在静止的流体内，流体所具有的静压能和位能可以相互转换，在任何位置上，二者之和为常数。这是在流体保持静止时表现出的特征，也是保证流体保持静止的条件。如果流体内某一截面上的静压能与位能之和不同于另一截面上的静压能与位能之和，则流体会由两者之和较大的截面向两者之和较小的截面自发流动。

1.3.3　流体静力学基本方程式的应用

在化工生产中，有许多化工仪表的操作原理是以液体静力学基本方程式为依据的。下面介绍该方程式在压力和液面测量方面的应用。在处理流体静力学问题时，要使用等压面的定义及液柱压差 $\Delta p = \rho g h$ 共同解决。

1.3.3.1　压强与压强差的测量

(1) U 形管压差计

U 形管压差计的结构如图 1-7 所示，它是在一根 U 形透明管内装指示液，指示液的密度大于被测流体的密度。将 U 形管的两端与管道中的两截面相连通，若作用于 U 形管两端的压力 p_1 和 p_2 不等（图中 $p_1 > p_2$），则指示液在 U 形管两端形成高差 R。利用 R 的数值，根据静力学基本方程式，就可计算出两点间的压力差。

在图 1-7 中，U 形管下部的液体是密度为 ρ_0 的指示液，上部为被测流体，其密度为 ρ。根据静力学方程分析，因为 a、b 两截面处于同一种静止液体（指示液）并连通的同一水平面上，所以 $p_a = p_b$。

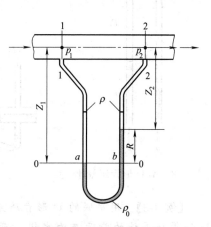

图 1-7　U 形管压差计

根据流体静力学基本方程式，从 U 形管的左侧计算，可得 $p_a = p_1 + (Z_2 + R)\rho g$。同

理，从 U 形管的右侧计算，可得 $p_b = p_2 + Z_2 \rho g + R \rho_0 g$。

由 $p_a = p_b$ 可得，压强差的计算式为

$$p_1 - p_2 = R(\rho_0 - \rho)g \tag{1-19}$$

测量气体时，由于气体的密度 ρ 比指示液的密度 ρ_0 小得多，则上式可简化为

$$p_1 - p_2 = R \rho_0 g \tag{1-20}$$

在测量液体压差时，也可以使用图 1-8 所示的倒 U 形管压差计。

U 形管中的指示液需与被测流体不互溶、不起化学反应、密度大于被测流体。常用的指示液有汞、四氯化碳、水和液体石蜡等。

(2) 斜管压差计

当被测量的流体压差不大时，读数 R 必然很小。为得到精确的读数，可采用如图 1-9 所示的斜管压差计。此时 R' 与 R 的关系为

$$R' = R \sin\alpha \tag{1-21}$$

式中，α 为倾斜角，其值越小，则 R 值放大为 R' 的倍数越大。

(3) 微差压差计

若斜管压差计所示的读数仍很小，可采用微差压差计，其构造如图 1-10 所示。在 U 形管中放置两种密度不同、互不相溶的指示液，管的上端有扩张室，扩张室有足够大的截面积，保证当读数 R 变化时，两扩张室中液面不致有明显的变化。按静力学基本方程式可推出

$$p_1 - p_2 = Rg(\rho_a - \rho_b) \tag{1-22}$$

式中，ρ_a、ρ_b 分别表示重、轻两种指示液的密度，kg/m^3。

从上式可看出，对于一定的压差，$(\rho_a - \rho_b)$ 越小则读数 R 越大，所以应该使用两种密度接近的指示液。

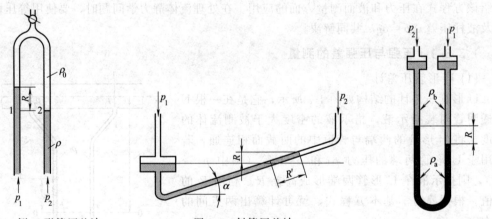

图 1-8　倒 U 形管压差计　　　　图 1-9　斜管压差计　　　　图 1-10　微差压差计

【例 1-3】 用串联的 U 形管压差计测量蒸汽锅炉水面上方的蒸气压，如图 1-11 所示。U 形管压差计的指示液为水银，两个 U 形管间的连接管内充满水。已知水银面与基准面的垂直距离分别为 $h_1 = 2.4m$、$h_2 = 1.3m$、$h_3 = 2.6m$ 和 $h_4 = 1.5m$。锅炉中水面与基准面的垂直距离 $h_5 = 3m$。当地大气压为 $p_a = 98.7 \times 10^3 Pa$。试求锅炉上方水蒸气的压力。

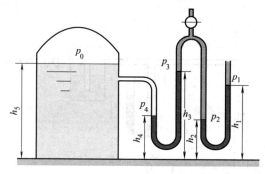

图 1-11 【例 1-3】附图

解： $p_1 = p_a$，根据流体静力学方程可知，U 形管压差计各点的压力分别为

$$p_2 = p_1 + \rho_{Hg} g (h_1 - h_2)$$
$$p_3 = p_2 - \rho_{H_2O} g (h_3 - h_2)$$
$$p_4 = p_3 + \rho_{Hg} g (h_3 - h_4)$$
$$p_0 = p_4 - \rho_{H_2O} g (h_5 - h_4)$$

所以有

$$p_0 = p_a + \rho_{Hg} g (h_1 - h_2) - \rho_{H_2O} g (h_3 - h_2) + \rho_{Hg} g (h_3 - h_4) - \rho_{H_2O} g (h_5 - h_4)$$
$$= 3.65 \times 10^5 \, \text{Pa}（绝对压力）$$

1.3.3.2 液位的测定

化工生产中经常需要了解容器内液体的贮存量，或需要控制设备内液体的液面，因此要对液位进行测定。大多数液位测定方法是以静力学基本方程式为依据。

最原始的液位计是在容器底部器壁及液面上方器壁处各开一小孔，两孔间用玻璃管相连。玻璃管内所示的液面高度即为容器内的液面高度。这种构造易于破损，而且不便于远传观测。因此，下面介绍一种利用液柱压差计测量液位的方法。

图 1-12 为用液柱压差计测量液面的示意图。平衡室中所装的液体与容器里的液体相同，平衡室里液面高度维持在容器液面允许到达的最高处。将装有指示液的 U 形管压差计的两端分别与容器内的液体和平衡器内的液体连通。容器里的液面高度可根据压差计的读数 R 求得，$h = \dfrac{\rho_A - \rho}{\rho} R$。液面越高，读数越小，当液面达到最大高度时，压差计的读数为零。若把 U 形管压差计换上一个能够

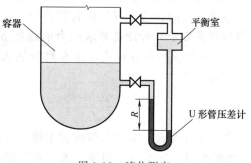

图 1-12 液位测定

变换和传递压差读数的传感器，这种测量装置便可以与自动控制系统连接起来。

如果容器离操作室较远或埋在地面以下，要测量其液位时还可使用【例 1-4】中的装置。

【例 1-4】 用远距离测量液位的装置来测量贮罐内对硝基氯苯的液位，其流程如图 1-13 所示。自管口通入压缩氮气，用调节阀 1 调节其流量。管内氮气的流速控制得很小，只要在鼓泡观察器 2 内看出有气泡缓慢逸出即可。因此，气体通过吹气管 4 的流动阻力可以忽略不计。管内某截面上的压强用 U 形管压差计 3 来测量，压差计读数 R 的大小，反映了贮罐 5

内液面的高度。

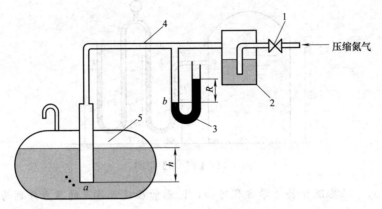

图 1-13 【例 1-4】附图
1—调节阀；2—鼓泡观察器；3—U 形管压差计；4—吹气管；5—贮罐

现已知 U 形管压差计的指示液为水银，读数为 $R=100\text{mm}$，罐内对硝基氯苯的密度 $\rho=1250\text{kg/m}^3$，贮罐上方与大气相通，试求贮罐中液面离吹气管出口的距离 h 为多少。

解： 由于吹气管内氮气的流速很小，且管内不能存有液体，故可认为管子出口 a 处与 U 形管压差计 b 处的压强近似相等，即 $p_a \approx p_b$。

若 p_a 与 p_b 均用表压表示，根据流体静力学基本方程式得

$$p_a = \rho g h, \quad p_b = \rho_{\text{Hg}} g R$$

所以
$$h = \rho_{\text{Hg}} R / \rho = 13600 \times 0.1 / 1250 = 1.09\text{m}$$

1.3.3.3 液封的设计

在化工生产中，为了控制设备内气体压力不超过规定的数值，常常装有如图 1-14 所示的安全液封（或称为水封）装置。其作用是当设备内压力超过规定值时，气体就从液封管排出，以确保设备操作的安全。若设备要求压力不超过 p（表压），按静力学基本方程式，则水封管插入液面下的深度 h 为

$$h = \frac{p}{\rho_{\text{水}} g} \tag{1-23}$$

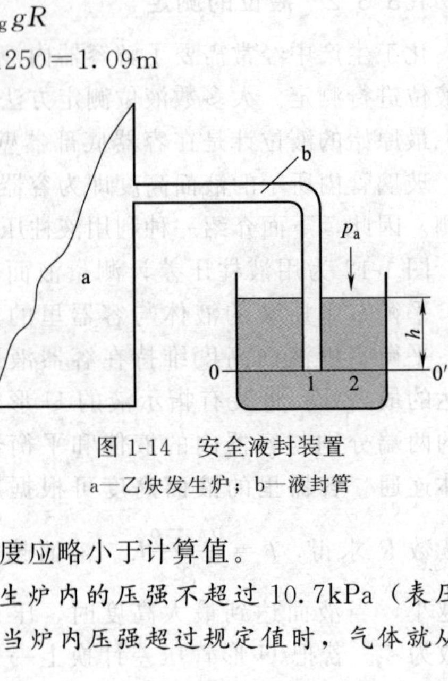

图 1-14 安全液封装置
a—乙炔发生炉；b—液封管

为了安全起见，实际安装时管子插入液面下的深度应略小于计算值。

【例 1-5】 如图 1-14 所示，某厂为了控制乙炔发生炉内的压强不超过 10.7kPa（表压），需在炉外装有安全液封（又称水封）装置，其作用是当炉内压强超过规定值时，气体就从液封管中排出。

试求此炉的安全液封管应插入槽内水面下的深度 h。

解： 当炉内压强超过规定值时，气体将由液封管排出，故先按炉内允许的最高压强计算液封管插入槽内水面下的深度。

过液封管口作基准水平面 0-0′，在其上取 1, 2 两点，其中 $p_1 =$ 炉内压强 $= p_a + 10.7\text{kPa}$，$p_2 = p_a + \rho g h$，因 $p_1 = p_2$，所以 $p_a + 10.7\text{kPa} = p_a + 1000 \times 9.81h$ 解得 $h = 1.09\text{m}$。

为了安全起见，实际安装时管子插入水面下的深度应略小于 1.09m。

【例 1-6】 真空蒸发操作中产生的水蒸气，可送入图 1-15 所示的混合冷凝器中与冷水直接接触而冷凝。为了维护操作的真空度，冷凝器上方与真空泵相通，不时将器内的不凝性气体（空气）抽走。同时为了防止外界空气由气压管 4 漏入，致使设备内真空度降低，因此气压管必须插入液封槽 5 中，水即在管内上升一定的高度 h，这种措施称为液封。若真空表的读数 80kPa，试求气压管中水上升的高度 h。

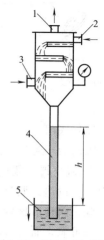

图 1-15 【例 1-6】附图
1—与真空泵相通的
不凝性气体出口；
2—冷水进口；3—水蒸气进口；
4—气压管；5—液封槽

解： 设气压管内水面上方的绝对压强为 p，作用于液封槽内水面的压强为大气压强 p_a，根据流体力学静力学基本方程式知

$$p_a = p + \rho g h$$

于是

$$h = \frac{p_a - p}{\rho g}$$

式中

$$p_a - p = 真空度 = 80 \times 10^3 \, Pa$$

所以

$$h = \frac{80 \times 10^3}{1000 \times 9.81} = 8.15 \, m$$

1.4 流体动力学

化工生产中流体大多是沿密闭的管道流动，因此研究管内流体流动规律是十分必要的。反映管内流体流动规律的基本方程式有连续性方程式和伯努利方程式。

1.4.1 管路系统的构成

管路系统是由管、管件、阀门以及流体输送机械等组成的。当流体流经管和管件、阀门时，会产生旋涡而消耗能量。因此，在讨论流体在管路内的流动阻力时，必须对管、管件以及阀门有所了解。

(1) 管

管子的种类很多，目前已在化工生产中广泛应用的有铸铁管、钢管、特殊钢管、有色金属、塑料管及橡胶管等。钢管又有有缝与无缝之分；有色金属管又可分为紫铜管、黄铜管、铅管及铝管等。有缝钢管多用低碳钢制成；无缝钢管的材料有普通碳钢、优质碳钢以及不锈钢等。不锈钢管价格昂贵，但适于输送强腐蚀性的流体，如稀硝酸用管、混酸用管等。铸铁管常用于埋在地下的给水总管、煤气管及污水管等。输送浓硝酸、稀硫酸则应分别使用铝管及铅管。管子的规格有以下几种表示方法：

一般来说，管子的直径可分为外径、内径、公称直径。管材为无缝钢管的管子的外径用 ϕ 来表示，其后附加外直径的尺寸和壁厚，例如外径为 108mm 的无缝钢管，壁厚为 5mm，用 ϕ108mm×5mm 表示。在设计图纸中一般采用公称直径来表示，公称直径是为了设计制造和维修的方便人为规定的一种标准，也叫公称通径，是管子（或者管件）的规格名称。管子的公称直径和其内径、外径都不相等。

(2) 管件

管件为管与管的连接部件，它主要是用来改变管道方向、连接支管、改变管径及堵塞管道等，常用的管件有三通、弯头、活管接、大小头等。图 1-16 所示为管路中常用的几种管件。

(a) 45°弯头

(b) 90°弯头

(c) 90°方弯头

(d) 三通

(e) 活管接

图 1-16　常用管件

（3）阀门

阀门装于管道中用以调节流量。常用的阀门有以下几种。

① 截止阀　截止阀构造如图 1-17 所示，它是依靠阀盘的上升或下降，改变阀盘与阀座的距离，以达到调节流量的目的。

截止阀构造比较复杂，在阀体部分流体流动方向经数次改变，流动阻力较大。但这种阀门严密可靠，而且可较精确地调节流量，所以常用于蒸汽、压缩空气及液体输送管道。若流体中含有悬浮颗粒时应避免使用。

② 闸阀　闸阀又称闸板阀。如图 1-18 所示，闸阀是利用闸板的上升或下降，以调节管路中流体的流量。

闸阀构造简单，液体阻力小，且不易被悬浮物堵塞，故常用于大直径管道。其缺点是闸阀阀体高，制造、检修比较困难。

③ 止逆阀　止逆阀又称单向阀。其用途在于只允许流体沿单方向流动。如遇到有反向流动时，阀自动关闭，如图 1-19 所示。止逆阀只能在单向开关的特殊情况下使用。离心泵吸入管路上就装有止逆阀，往复泵的进口和出口也装有止逆阀。

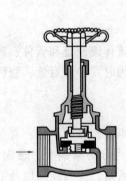
图 1-17　截止阀

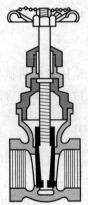
图 1-18　闸阀

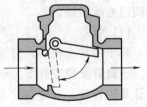
图 1-19　止逆阀

④ 球阀（ball valve）　启闭件（球体）由阀杆带动，并绕球阀轴线作旋转运动的阀门，如图 1-20所示。亦可用于流体的调节与控制，特别适用于含纤维、微小固体颗料等的介质。本类阀门在管道中一般应当水平安装。

优点是具有最低的流阻，可实现快速启闭，结构紧凑、重量轻。缺点是调节性能相对于截止阀要差一些。

除以上几种外，常用的阀门还有疏水阀、安全阀等。

图 1-20　球阀

1.4.2　流量与流速

(1) 体积流量

单位时间内流体流经管道任一截面流体的体积，称为体积流量，以 V_s 表示，其单位为 m^3/s 或 m^3/h。气体的体积流量随温度、压强的变化而变化，因此经常以标准状况下的体积流量来表示，记为 Nm^3/s 或 Nm^3/h，在计算中要注意进行换算。

(2) 质量流量

单位时间内流体流经管道任一截面流体的质量，称为质量流量，以 w_s 表示，其单位为 kg/s 或 kg/h。体积流量与质量流量之间的关系为

$$w_s = \rho V_s \tag{1-24}$$

式中　ρ——此截面上流体的平均密度。

(3) 平均流速

流速是指单位时间内液体质点在流动方向上所流经的距离。流体在管道内流动时，由于流体具有黏性，管道横截面上流体质点速度是沿半径变化的。管道中心流速最大，越靠近管壁速度越小，在紧靠管壁处，由于液体质点黏附在管壁上，其速度等于零。在工程上，一般以体积流量与管道截面积之比来表示流体在管道中的速度。此速度称为平均速度，简称流速，以 u 表示，单位为 m/s。

流量与流速关系为

$$u = \frac{V_s}{A} = \frac{w_s}{\rho A} \tag{1-25}$$

式中　A——管道的截面积，m^2。

(4) 质量流速

单位时间内流经管道单位截面的流体质量称为质量流速，以 G 表示，单位为 $kg/(m^2 \cdot s)$。它与流速及流量的关系为

$$G = w_s/A = \rho u A/A = \rho u \tag{1-26}$$

由于气体的体积与温度、压力有关，显然，当温度、压力发生变化时，气体的体积流量与其相应的流速也将随之改变，但其质量流量不变。此时，采用质量流速比较方便。

【例 1-7】 在 $\phi 38mm \times 3.5mm$ 的无缝钢管内流过压力为 0.5MPa（绝压），平均温度为 0℃，流量为 160kg/h 的空气。空气在标准状况下的密度为 $1.2kg/m^3$。试求平均流速。

解： 将标准状况下的密度 ρ_0 换算成操作状况下的密度 ρ

$$\rho = \rho_0 \frac{T_0 p}{T p_0} = 1.2 \times \frac{273.15 \times 0.5 \times 10^6}{273.15 \times 101.3 \times 10^3} = 5.923 kg/m^3$$

$$V_s = \frac{w_s}{\rho} = \frac{160/3600}{5.923} = 0.007504 m^3/s$$

则

$$u = \frac{V_s}{A} = \frac{V_s}{\frac{\pi}{4} d^2} = \frac{0.007504}{\frac{\pi}{4} \times (0.038 - 0.0035 \times 2)^2} = 9.94 m/s$$

1.4.3　管道的选用

在设计过程中，常需要选择管道的尺寸。一般管道的截面积均为圆形，若以 d 表示管道内径，则式（1-25）可变为

$$u = \frac{V_s}{\frac{\pi}{4}d^2}$$

于是 $$d = \sqrt{\frac{4V_s}{\pi u}} \tag{1-27}$$

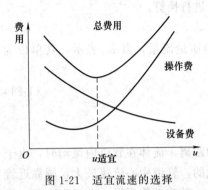

图 1-21 适宜流速的选择

流体输送管道的直径可根据流量和流速用式 (1-27) 进行计算。流量一般为生产任务所决定，关键在于选择合适的流速。若流速选得太大，管径虽然可以减小，但由于流体流过管道的阻力增大，消耗的动力就大，操作费随之增加。反之，流速选得太小，操作费可以相应减小，但管径增大，管路的基建费随之增加。所以当流体以大流量在长距离的管路中输送时，需根据具体情况在操作费与基建费之间通过经济权衡来确定适宜的流速，如图 1-21 所示。车间内部的工艺管线通常较短，管内流速可选用经验数据，某些流体在管道中的常用流速范围列于表 1-1 中。

表 1-1 某些流体在管道中的常用流速范围

流体的类别及情况	流速范围/(m/s)	流体的类别及情况	流速范围/(m/s)
自来水(3×10^5Pa 左右)	1~1.5	一般气体(常压)	10~20
水及低黏度液体($1 \times 10^5 \sim 1 \times 10^6$Pa)	1.5~3.0	鼓风机吸入管	10~15
高黏度液体	0.5~1.0	鼓风机排出管	15~20
工业供水(8×10^5Pa 以下)	1.5~3.0	离心泵吸入管(水一类液体)	1.5~2.0
锅炉供水(8×10^5Pa 以下)	>3.0	离心泵排出管(水一类液体)	2.5~3.0
饱和蒸汽	20~40	往复泵吸入管(水一类液体)	0.75~1.0
过热蒸汽	30~50	往复泵排出管(水一类液体)	1.0~2.0
蛇管、螺旋管内的冷却水	<1.0	液体自流速度(冷凝水等)	0.5
低压空气	12~15	真空操作下气体流速	<10
高压空气	15~25		

从表 1-1 可以看出，流体在管道中适宜流速的大小与流体的性质及操作条件有关。通常液体的流速取 0.5~3.0m/s，气体的流速取 10~30m/s。

应用式 (1-27) 计算出管径后，还需从有关手册或本书附录中选用标准管径进行圆整。

【例 1-8】 某厂精馏塔进料量为 50000kg/h，料液的性质和水相近，密度为 960kg/m³，试选择进料管的管径。

解： 根据式 (1-27) 计算管径，即 $d = \sqrt{\frac{4V_s}{\pi u}}$

式中，$V_s = \frac{w_s}{\rho} = \frac{50000}{3600 \times 960} = 0.0145\text{m}^3/\text{s}$，因料液的性质与水相近，参考表1-1，选取

$u = 1.8\text{m/s}$，则 $d = \sqrt{\frac{4 \times 0.0145}{\pi \times 1.8}} = 0.101\text{m}$，根据附录中给出的管子规格进行圆整，选用

$\phi108mm \times 4mm$ 的无缝钢管，其内径为 $d = 108 - 4 \times 2 = 100mm = 0.1m$。重新核算流速，即

$$u = \frac{4 \times 0.0145}{\pi \times 0.1^2} = 1.85m/s，流速在正常范围之内。$$

1.4.4 稳定流动与非稳定流动

流体在管道中流动时，如果在所有点上的流速、压力、密度等有关物理参数仅随位置而改变，不随时间而变，这种流动称为稳定流动。若流动的流体中存在部分或全部物理参数随时间而改变的点，则这种流动称为不稳定流动。

例如，水从图 1-22 所示的贮水槽中经小孔流出，如开启阀门 1 以保持水位不变，则截面 1-1′ 上的水流速度、压强、密度均保持不变，属于稳定流动；而当阀门 1 关闭时，水面不断下降，则截面 1-1′ 上的上述各参数随槽内水面的降低而变化，属于非稳定流动。

在化工生产中，流体的流动大多为连续稳定流动。故除非有特别指明者外，本章中所讨论的均系稳定流动问题。

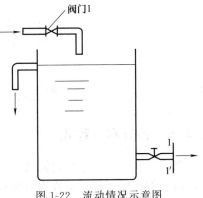

图 1-22 流动情况示意图

1.4.5 连续性方程式

设流体在如图 1-23 所示的管道中作连续稳定流动，从截面 1-1′ 流入，从截面 2-2′ 流出。若在管道两截面之间无流体漏损，根据质量守恒定律，从截面 1-1′ 进入的流体质量流量 w_{s1} 应等于从截面 2-2′ 流出的流体质量流量 w_{s2}，即

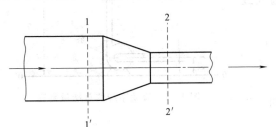

图 1-23 连续性方程式的推导

$$w_{s1} = w_{s2} \tag{1-28}$$

或

$$\rho_1 u_1 A_1 = \rho_2 u_2 A_2 \tag{1-29}$$

式中，A 表示与流动方向相垂直的管道截面积，m^2。

此关系可推广到管道的任一截面，即

$$\rho A u = 常数 \tag{1-30}$$

上式称为连续性方程式。若液体不可压缩，$\rho =$ 常数，则上式可简化为

$$A u = 常数 \tag{1-31}$$

由此可知，在连续稳定的不可压缩流体的流动中，流体流速与管道的截面积成反比。截面积越大之处流速越小，反之亦然。

对于圆形管道，式（1-31）可写成

$$\frac{\pi}{4} d_1^2 u_1 = \frac{\pi}{4} d_2^2 u_2 \tag{1-32}$$

或

$$u_1/u_2 = d_2^2/d_1^2 \tag{1-33}$$

式中 d_1 及 d_2——分别为管道上截面 1-1′ 和截面 2-2′ 处的管内径。上式说明不可压缩流体在管道中的流速与管道内径的平方成反比。对于在截面积不变管路中流动的不可压缩流体，

$A=$ 常数，即流速不变，与流动方向、管路安排以及管件阀门和输送设备无关。

> **连续性方程式是稳定流动过程中的质量守恒式。**

【例 1-9】 直径为 800mm 的流化床反应器底部装有分布板，其上开有 640 个直径为 10mm 的小孔，空气从分布板下部送入。空气在反应器内的流速为 0.5m/s，设空气以相同的流速通过每个小孔，求空气通过分布板小孔的流速。

解： 设小孔处流速为 u_1，反应器内流速为 u_2，根据连续性方程式

$$\frac{u_1}{u_2}=\frac{A_2}{A_1}=\frac{\frac{\pi}{4}D^2}{640\times\frac{\pi}{4}d^2}=\frac{1}{640}\times\left(\frac{D}{d}\right)^2$$

则

$$u_1=\frac{u_2}{640}\times\left(\frac{D}{d}\right)^2=\frac{0.5}{640}\times\left(\frac{800}{10}\right)^2=5\mathrm{m/s}$$

1.4.6 伯努利方程式

当流体在系统中作稳定流动时，可以对一个指定流动范围内输入及输出的机械能进行衡算，得到的机械能衡算式称为伯努利方程式。

1.4.6.1 伯努利方程式推导

伯努利（Bernoulli）方程式的推导方法有多种，下面介绍通过能量衡算的较简便的方法。

在图 1-24 所示的稳定流动系统中，流体从截面 1-1′ 流入，经粗细不同的管道，从截面 2-2′ 流出。管路上装有对流体做功的泵及向流体输入或从流体取出热量的换热器。

衡算范围：内壁面、1-1′ 与 2-2′ 截面间。

衡算基准：1kg 流体

基准水平面：0-0′ 平面

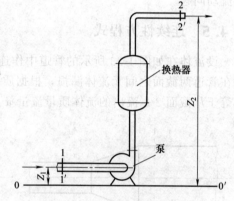

图 1-24 流动系统的总能量衡算

设 u_1、u_2 为流体分别在截面 1-1′ 与截面 2-2′ 处的流速，m/s；

p_1、p_2 为流体分别在截面 1-1′ 与截面 2-2′ 处的压强，Pa；

Z_1、Z_2 为截面 1-1′ 与截面 2-2′ 的中心到基准水平面 0-0′ 的垂直距离，m；

A_1、A_2 为截面 1-1′ 与截面 2-2′ 的面积，$\mathrm{m^2}$；

v_1、v_2 为流体分别在截面 1-1′ 与截面 2-2′ 处的比体积，$\mathrm{m^3/kg}$。

1kg 流体进、出系统时输入和输出的能量包括下面各项：

(1) 内能

物质内部能量的总和称为内能。1kg 流体输入与输出的内能分别以 U_1 和 U_2 表示，其单位为 J/kg。

(2) 位能

流体因受重力的作用，在不同的高度处具有不同的位能，相当于质量为 m 的流体自基准水平面升举到某高度 Z 所做的功，即

$$位能=mgZ$$

$$位能的单位=[mgZ]=kg \cdot \frac{m}{s^2} \cdot m = N \cdot m = J$$

所以单位质量流体所具有位能的单位为 J/kg。

1kg 流体输入与输出的位能分别为 gZ_1 和 gZ_2，其单位为 J/kg。位能是个相对值，随所选的基准水平面位置而定，在基准水平面以上的位能为正值，以下的为负值。

(3) 动能

流体以一定的速度运动时，便具有一定的动能。质量为 m，流速为 u 的流体所具有的动能为

$$动能 = \frac{1}{2}mu^2，动能的单位 = J$$

1kg 流体输入与输出的动能分别为 $\frac{1}{2}u_1^2$ 和 $\frac{1}{2}u_2^2$，其单位为 J/kg。

(4) 静压能 (压强能)

静止流体内部任一处都有一定的静压强。流动着的流体内部任何位置也都有一定的静压强。如果在内部有液体流动的管壁上开孔，并与一根垂直的管相接，液体便会在管内上升，上升的液柱高度便是运动着的流体在该截面处的静压强的表现。对于图 1-24 所示的流动系统，流体通过截面 1-1′ 时，由于该截面处有一定的压力，这就需要对流体做相应的功，以克服这个压力，才能把流体推进系统里去。于是通过截面 1-1′ 的流体必定要带着与所需的功相当的能量进入系统，流体所具有的这种能量称为静压能或流动功。

设质量为 m 的流体通过截面 1-1′ 流入，该流体推进此截面所需的作用力为 $p_1 A_1$，流体的体积为 $V_1 = m/\rho_1$，流体通过此截面所走的距离为 V_1/A_1，则流体带入系统的静压能为

$$输入的静压能 = p_1 A_1 \frac{V_1}{A_1} = p_1 V_1$$

对于 1kg 的流体，则

$$输入的静压能 = \frac{p_1 V_1}{m} = \frac{p_1}{\rho_1}，静压能的单位 = J/kg$$

同理，1kg 流体离开系统时输出的静压能为 p_2/ρ_2，单位也为 J/kg。

图 1-24 所示的稳定流动系统中，流体只能从截面 1-1′ 流入，而从截面 2-2′ 流出，因此上述输入与输出系统的四项能量，实际上就是流体在截面 1-1′ 及 2-2′ 上所具有的各种能量，其中位能、动能及静压能又称为机械能，三者之和称为总机械能或总能量。

此外，由于图 1-24 中的管路上还安装有换热器和泵，则进、出该系统的能量还有：

① 热 设换热器向 1kg 流体供应的是从 1kg 流体取出的热量 Q_e，其单位为 J/kg。若换热器对所衡算的流体加热，则 Q_e 为外界向系统输入的能量，若换热器对所衡算的流体冷却，则 Q_e 为系统向外界输出的能量。

② 外功 (净功) 1kg 流体通过泵 (或其他输送设备) 所获得的能量，称为外功或净功，有时还称为有效功，以 W_e 表示，其单位为 J/kg。W_e 按外界向系统输入的能量来考虑。

根据能量守恒定律，连续稳定流动系统的能量衡算是以输入的总能量等于输出的总能量为依据的，于是便可列出以 1kg 流体为基准的能量衡算式，即

$$U_1 + gZ_1 + \frac{u_1^2}{2} + \frac{p_1}{\rho_1} + Q_e + W_e = U_2 + gZ_2 + \frac{u_2^2}{2} + \frac{p_2}{\rho_2} \tag{1-34}$$

令

$$\Delta U = U_2 - U_1 \qquad g\Delta Z = gZ_2 - gZ_1$$

$$\Delta \frac{u^2}{2} = \frac{u_1^2}{2} - \frac{u_2^2}{2} \qquad \Delta\left(\frac{p}{\rho}\right) = \frac{p_1}{\rho_1} - \frac{p_2}{\rho_2}$$

式（1-34）又可写成

$$\Delta U + g\Delta Z + \Delta\frac{u^2}{2} + \Delta\left(\frac{p}{\rho}\right) = Q_c + W_e \tag{1-35}$$

式（1-34）与式（1-35）是稳定流动过程的总能量衡算式，也是流动系统中热力学第一定律的表达式。方程式中所包括的能量项目较多，可根据具体情况进行简化。

1.4.6.2　流动系统的机械能衡算式与伯努利方程式

上面的推导中，已经对流动过程中的总能量进行了衡算，在流体流动的研究过程中，我们关心的主要是机械能的变化情况，下面对机械能进行衡算。

在流体输送过程中，主要考虑各种形式机械能的转换。为便于使用式（1-34）或式（1-35），可把 ΔU 和 Q_c 从式中消去，从而得到适用于计算流体输送系统的机械能变化关系式。因图 1-24 中的换热器按加热器来考虑，则根据热力学第一定律知：

$$\Delta U = Q'_c - \int_{v_1}^{v_2} p\,\mathrm{d}v$$

式中，$\int_{v_1}^{v_2} p\,\mathrm{d}v$ 为 1kg 流体从截面 1-1′流到截面 2-2′的过程中，因被加热而引起的体积膨胀所做的功，J/kg；Q'_c 为 1kg 流体在截面 1-1′与 2-2′之间所获得的热，J/kg。

实际上，Q'_c 应当由两部分所组成：一部分是流体与环境所交换的热量，即图 1-24 中换热器所提供的热量 Q_c；另一部分是由于流体在截面 1-1′到截面 2-2′间流动时，为克服流动阻力而消耗一部分机械能，这部分机械能转变为热，致使流体的温度略微升高，而不能直接用于流体的输送，从实用上说，这部分机械能是损失掉了，因此常称为能量损失，设 1kg 流体在系统中流动，因克服流动阻力而损失的能量为 $\sum h_f$，其单位为 J/kg，则

$$Q'_c = Q_c + \sum h_f$$

式（1-35）可写成

$$\Delta U = Q_c + \sum h_f - \int_{v_1}^{v_2} p\,\mathrm{d}v \tag{1-35a}$$

将式（1-35a）代入式（1-35）得

$$g\Delta Z + \Delta\frac{u^2}{2} + \Delta(pv) - \int_{v_1}^{v_2} p\,\mathrm{d}v = W_e - \sum h_f$$

因为

$$\Delta(pv) = \int_1^2 \mathrm{d}(pv) = \int_{v_1}^{v_2} p\,\mathrm{d}v + \int_{p_1}^{p_2} v\,\mathrm{d}p$$

把上式代入式（1-35a）中可得

$$g\Delta Z + \Delta\frac{u^2}{2} + \int_{p_1}^{p_2} v\,\mathrm{d}p = W_e - \sum h_f \tag{1-36}$$

式（1-36）表示 1kg 流体流动时机械能的变化关系，称为流体稳定流动时的机械能衡算式，对可压缩流体与不可压缩流体均可适用。对于可压缩流体，式中 $\int_{p_1}^{p_2} v\,\mathrm{d}p$ 一项应根据过程的不同（等温、绝热或多变），按照热力学方法处理。由于一般输送过程中的流体，在多数情况下都可按不可压缩流体来考虑。因此，后面着重讨论这个公式应用于不可压缩流体时的情况。

将式（1-36）应用于不可压缩流体，即得到伯努利方程式。

不可压缩流体的比体积 v 或密度 ρ 为常数，故式（1-36）中的积分项变为

$$\int_{p_1}^{p_2} v\,\mathrm{d}p = v(p_2 - p_1) = \frac{\Delta p}{\rho}$$

于是式（1-36）可以写成

$$g\Delta Z+\Delta\frac{u^2}{2}+\frac{\Delta p}{\rho}=W_e-\sum h_f \tag{1-37}$$

或

$$gZ_1+\frac{p_1}{\rho}+\frac{u_1^2}{2}+W_e=gZ_2+\frac{u_2^2}{2}+\frac{p_2}{\rho}+\sum h_f \tag{1-37a}$$

若流体流动时不产生流动阻力，这种流体称为理想流体，则流体的能量损失 $\sum h_f=0$，这种流体称为理想流体，实际上并不存在真正的理想流体，这只是一种设想，但这种设想对解决工程实际问题具有重要的意义。对于理想流体，在没有外功加入时，即 $\sum h_f=0$ 及 $W_e=0$ 时，式（1-37a）便可简化为

$$gZ_1+\frac{p_1}{\rho}+\frac{u_1^2}{2}=gZ_2+\frac{p_2}{\rho}+\frac{u_2^2}{2} \tag{1-38}$$

式（1-38）是理想流体的伯努利方程式，式（1-37）和式（1-37a）是实际流体的伯努利方程式，习惯上都称为伯努利方程式。

> **伯努利方程式是流体流动中的机械能衡算式。**

1.4.6.3 伯努利方程式的意义及讨论

(1) 理想流体的机械能守恒

式（1-38）中，gZ 为单位质量液体所具有的位能，p/ρ 为单位质量液体所具有的静压能。因质量为 m、速度为 u 的流体所具有的动能为 $mu^2/2$，故伯努利方程式中的 $u^2/2$ 为单位质量流体所具有的动能。位能、静压能及动能均属于机械能，三者之和称为总机械能。对于理想流体，由于流动中不存在能量损失，在流动中总机械能保持不变，表明这三种形式的能量可以相互转换，但其和不变。也就是从 1-1′ 截面到 2-2′ 截面之间的任一截面上，三者之和均相等。

(2) 单位质量流体能量的讨论

式（1-37）是单位质量流体机械能衡算式，各项单位均为 J/kg，表示了流体流动过程中各种形式的机械能相互转换的数量关系。应该注意式中 gZ、$\dfrac{p}{\rho}$、$\dfrac{u^2}{2}$ 与 W_e、$\sum h_f$ 的区别。前三项是指在某截面上单位质量流体本身所具有的能量，后两项是指流体在两截面之间流动过程中单位质量流体所获得和所消耗的能量。

(3) 不同衡算基准下的伯努利方程

将式（1-37a）两端均除以 g 可得到

$$Z_1+\frac{p_1}{\rho g}+\frac{u_1^2}{2g}+H_e=Z_2+\frac{u_2^2}{2g}+\frac{p_2}{\rho g}+\sum H_f \tag{1-39}$$

上式中每一项的单位为 $\dfrac{N\cdot m}{kg\cdot\dfrac{m}{s^2}}=\dfrac{N\cdot m}{N}=m$，表示单位质量流体所具有的能量。在流体静力学中，把 Z 称为位压头，$\dfrac{p}{\rho g}$ 称为静压头。同样，$\dfrac{u^2}{2g}$ 称为动压头或速度压头。$Z+\dfrac{p}{\rho g}+\dfrac{u^2}{2g}$ 为总压头。因 Z、$\dfrac{p}{\rho g}$ 和 $\dfrac{u^2}{2g}$ 的量纲都是长度，所以各种单位质量流体的能量都可以用液柱高度表示。

(4) 可压缩流体

对于气体，若管道两截面间压差很小，如 $p_1-p_2\leqslant0.2p_1$，密度 ρ 变化也很小，可以

作为不可压缩流体处理，此时伯努利方程式仍可适用。计算时密度可采用两截面的平均值。这种处理方法所导致的误差在工程计算上是允许的。

(5) 静止流体的伯努利方程

如果系统内的流体是静止的，则 $u=0$；没有运动，自然没有阻力，即 $\sum h_f=0$；由于流体保持静止状态，也就不会有外功加入，即 $W_e=0$，于是式（1-37a）变为

$$gZ_1+\frac{p_1}{\rho}=gZ_2+\frac{p_2}{\rho}$$

上式与式（1-17）相同，所以流体静力学基本方程式实质上是伯努利方程式在流体静止状态下的一种特殊形式。

(6) 流体流动的能量分析

由伯努利方程式可知，在无外功加入时，只有当 1-1′截面处总机械能大于 2-2′截面处总机械能时，流体才能克服阻力自发地流至 2-2′截面。在实际生产中，常常需要将流体从总机械能较小的地方输送到较大的地方，这种过程是不能自动进行的。所以需要从外界向流体输入机械功 W_e，以补偿管路两截面处的总机械能之差以及流体流动的能量损失。

1.4.7　伯努利方程式的应用

伯努利方程式是流体流动的基本方程式，它的应用范围很广。就化工生产过程来说，该方程式常用来确定高位槽供液系统的液面高度，确定系统中指定位置的压强，求取做功设备的功率，确定系统流量等。

1.4.7.1　应用伯努利方程式的解题要点

(1) 作图与确定衡算范围

根据题意画出流动系统的示意图，并指明流体的流动方向。确定上下游截面，明确流动系统机械能的衡算范围。截面确定后，u、p、Z 与两截面所在的位置分别对应，W_e、$\sum h_f$ 与上游截面到下游截面的流动范围相对应。

(2) 截面的选取

两截面均应与流动方向相垂直，并且在两截面间的流体必须是连续的。所求的未知量应在截面上或在两截面之间，且截面上的 Z、u、p 等有关物理量，除所需求取的未知量外，都应该是已知的或能通过其他关系计算出来。

(3) 基准水平面的选取

选取基准水平面的目的是为了确定流体位能的大小，实际上在伯努利方程式中所反映的是位能差（$\Delta Z=Z_2-Z_1$）的数值。所以，基准水平面可以任意选取，但必须与地面平行。Z 值是指截面中心点与基准水平面间的垂直距离。为了计算方便，通常取基准水平面通过衡算范围的两个截面中的任一个截面。如该截面与地面平行，则基准水平面与该截面重合；如衡算系统为水平管道，则基准水平面应通过管道的中心线。

(4) 两截面上的压强

两截面的压强除要求单位一致外，还要求表示方法一致。伯努利方程式中实际上反映的是两截面的压强差，所以压强需要同时使用绝对压强或同时使用表压强来表示，而不能使用真空度表示。

(5) 单位必须一致

在用伯努利方程式之前，应把有关物理量换算成一致的单位，然后进行计算。注意计算

时要使用基本单位，即 Z、p、u、W_e、h_f、H_e、H_f 的单位分别为 m 、Pa、m/s、J/kg、J/kg、m、m 等。

1.4.7.2 伯努利方程式的应用

下面举例说明伯努利方程式的应用。

【例 1-10】 用泵将贮液池中常温下的水送到吸收塔顶部，贮液池水面维持恒定，各部分的相对位置如图 1-25 所示。输水管的直径为 $\phi76mm\times3mm$，排水管出口喷头连接处的压力为 6.15×10^4Pa，送水量 $34.5m^3/h$，水流经全部管道（不包括喷头）的能量损失为 160J/kg，试求泵的有效功率。又知在泵入口处安装了真空表，真空表距水面高度为 2m，从贮液池水面到真空表段管路的能量损失为 50J/kg，试求真空表的读数。

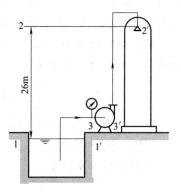

图 1-25 【例 1-10】附图

解： 以贮液池的水面为上游截面 1-1′，排水管出口与喷头连接处为下游截面 2-2′，并以 1-1′ 为基准水平面，在两截面之间列伯努利方程，即

$$gZ_1+\frac{p_1}{\rho}+\frac{u_1^2}{2}+W_e=gZ_2+\frac{p_2}{\rho}+\frac{u_2^2}{2}+\sum h_{f,1-2} \tag{1}$$

或

$$W_e=g(Z_2-Z_1)+\frac{p_2-p_1}{\rho}+\frac{u_2^2-u_1^2}{2}+\sum h_{f,1-2} \tag{2}$$

式中　$Z_1=0$，$Z_2=26m$，$p_1=0$（表压），$p_2=6.15\times10^4Pa$（表压），$\sum h_{f,1-2}=160J/kg$ 因贮液池的截面远大于管道截面，故 $u_1\approx0$。

$$u_2=\frac{V_s}{A}=\frac{34.5/3600}{\frac{\pi}{4}\times0.07^2}=2.49m/s$$

将上述各数值代入式（1）并取水的密度为 $1000kg/m^3$，得

$$W_e=26\times9.81+\frac{6.15\times10^4}{1000}+\frac{2.49^2}{2}+160=479.7J/kg$$

从上式可以看出，泵加入的机械能用于位能的增加、压强能的增大、速度能的提高及克服管路中的流动阻力。

泵的有效功率 $N_e=W_ew_s=W_eV_s\rho=479.7\times34.5\times1000/3600=4.60kW$。

以贮液池的水面为 1-1′ 截面，以真空表测压点所在的管路处为 3-3′ 截面，在两截面之间列伯努利方程

$$gZ_1+\frac{p_1}{\rho}+\frac{u_1^2}{2}=gZ_3+\frac{p_3}{\rho}+\frac{u_3^2}{2}+\sum h_{f,1-3}$$

式中，$Z_1=0$，$Z_3=2m$，$p_1=0$（表压），$\sum h_{f,1-3}=50J/kg$，$u_1\approx0$，$u_3=2.49m/s$。

$$\frac{p_3}{\rho}=g(Z_1-Z_3)+\frac{p_1}{\rho}+\frac{u_1^2-u_3^2}{2}-\sum h_{f,1-3}$$

$$p_3=\left[9.81\times(0-2)+0+\frac{0-2.49^2}{2}-50\right]\times1000=-72.7kPa$$

所以真空表的读数为 72.7kPa。

【例 1-11】 计算流体的输送量

有一垂直管道，内径由 $d_1 = 300\text{mm}$ 渐缩到 $d_2 = 150\text{mm}$。水从下而上自粗管流入细管，如图 1-26 所示。测得水在粗管和细管内的静压分别为 0.2MPa 和 0.16MPa（均为表压）。测压点的垂直距离为 3m。如两测压点之间的摩擦阻力为 0.1J/kg，试求水的流量为多少 m^3/h？

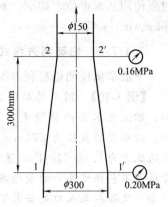

图 1-26 【例 1-11】附图

解：沿水流方向在上、下游取截面 1-1' 和 2-2'。在这两个截面之间列伯努利方程式

$$gZ_1 + \frac{p_1}{\rho} + \frac{u_1^2}{2} = gZ_2 + \frac{p_2}{\rho} + \frac{u_2^2}{2} + \sum h_f \qquad (1)$$

取 1-1' 面为基准水平面，则 $Z_1 = 0$，$Z_2 = 3\text{m}$。$p_1 = 0.16\text{MPa}$，$p_2 = 0.2\text{MPa}$，$\sum h_f = 0.1\text{J/kg}$

根据连续性方程有

$$\frac{\pi}{4}d_1^2 u_1 = \frac{\pi}{4}d_2^2 u_2，\text{所以 } u_1 = \left(\frac{d_2}{d_1}\right)^2 u_2 = 0.25u_2 \qquad (2)$$

联立式（1）、式（2），可得

$$\frac{u_1^2 - u_2^2}{2} = \frac{(0.25u_2)^2 - u_2^2}{2} = g(Z_2 - Z_1) + \frac{p_2 - p_1}{\rho} + \sum h_f$$

解得 $u_2 = 10.57\text{m/s}$，所以 $V_s = u_2 A_2 = 10.57 \times \frac{\pi}{4} 0.15^2 = 0.187\text{m}^3/\text{s} = 673.2\text{m}^3/\text{h}$

1.5 流体流动的阻力

由前述可知，使用伯努利方程式进行管路计算时，如流体为非理想流体，在流动过程中会产生阻力损失，需要对能量损失进行计算。本节将讨论流体质点的运动规律、能量损失的产生原因及计算方法。

1.5.1 流体流动类型与雷诺数

(1) 雷诺实验与雷诺数

雷诺（Reynolds）实验是为了直接观察流体流动时内部质点的运动情况及各种因素对流动状况的影响。图 1-27 为雷诺实验装置示意图。有一入口为喇叭状的玻璃管浸没在透明的

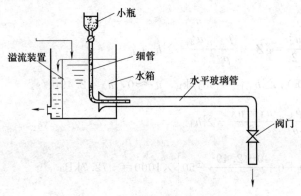

图 1-27 雷诺实验装置示意图

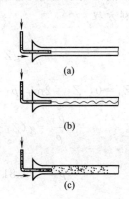

图 1-28 有色液体的流动情况

水槽内，管出口有调节水流量用的阀门，水槽上方的小瓶内装有有色示踪液体。实验时，有色液体从瓶中流出，经喇叭口中心处的针状细管流入管内。从有色液体的流动情况可以观察到管内水流中质点的运动情况，见图1-28。

流速较小时，管中心的有色液体在管内沿轴线方向成一条轮廓清晰的直线，平稳地流过整根玻璃管，与旁侧的水流不相混合。此实验现象表明，水的质点在管内都是沿着与管轴平行的方向作直线运动，相邻流动的质点之间不发生混合。当开大阀门使水流速逐渐增大到一定数值时，呈直线流动的有色细流便开始出现波动而成波浪形细线，并且不规则地波动，并随阀门的继续开大而波动加剧；速度增大到某一数值时，细线被冲断而向四周散开，最后可使整个玻璃管中的水呈现均匀的颜色。显然，此时流体的流动状况已发生了质的变化。

上述实验表明：流体在管道中的流动状态可分为两种类型：

① 当流体在管中流动时，若其质点始终沿着与管轴平行的方向作直线运动，质点之间互不混合，充满整个管的流体就如一层一层的同心圆筒在平行地流动，这种流动状态称为层流或滞流。

② 当流体流速增大到一定程度时，有色液体与水迅速混合，表明流体质点除了沿着管道向前流动外，各质点还作剧烈的无规则的径向脉动，这种流动状态称为湍流或紊流。从层流到湍流的变化可存在一过渡状态，这种状态是不稳定的。

(2) 雷诺数

根据不同的流体和不同的管径所获得的实验结果表明：影响流体流动类型的因素，除了流体的流速外，还有管径 d、流体密度 ρ 和流体的黏度 μ，这几个变量均会影响流动类型。u、d、ρ 越大，μ 越小，就越容易从层流转变为湍流。雷诺得出结论：上述中四个因素所组成的数群 $du\rho/\mu$，是判断流体流动类型的依据。该数群称为雷诺数（Reynolds number），用 Re 表示，即

$$Re = \frac{du\rho}{\mu} \tag{1-40}$$

雷诺数的量纲是

$$[Re] = \left[\frac{du\rho}{\mu}\right] = \frac{\mathrm{L} \cdot \dfrac{\mathrm{L}}{\mathrm{T}} \cdot \dfrac{\mathrm{M}}{\mathrm{L}^3}}{\dfrac{\mathrm{M}}{\mathrm{L} \cdot \mathrm{T}}} = \mathrm{L}^0 \cdot \mathrm{M}^0 \cdot \mathrm{T}^0 \tag{1-41}$$

上述结果表明，Re 是一个无量纲数群。不管采用何种单位制，只要 Re 中各物理量用同一单位制的单位，所求得 Re 的数值均相同（在 SI 制中，d、u、ρ 和 μ 的单位分别为 m、m/s、kg/m³ 和 Pa·s）。Re 实际上反映了流体流动中惯性力与黏滞力的比。当惯性力较大时，Re 较大，流体趋向于湍流流动；当黏滞力较大时，Re 较小，流体趋向于平稳流动。

(3) 层流和湍流与 Re 的关系

根据大量实验得知：$Re \leqslant 2000$ 时，流动类型为层流；当 $Re \geqslant 4000$ 时，流动类型为湍流；而在 $2000 < Re < 4000$ 范围内，流动类型不稳定，可能是层流，也可能是湍流，或是两者交替出现，与外界干扰情况有关。例如周围振动及管道入口处等都易出现湍流。这一范围称为过渡区。

> **雷诺数表示流体的流动状态。**

1.5.2　流体在圆管内流动时的速度分布

流体在圆管内流动时，管截面上质点的轴向速度沿半径方向的变化称为速度分布。由于

层流与湍流是本质完全不同的两种流动类型，两者的速度分布规律不同。

(1) 流体在圆管中层流时的速度分布

由实验可以测得层流流动时的速度分布，即沿着管径测定不同半径处的流速，标绘在图上，连成光滑曲线。可以发现，速度分布为抛物线形状，如图 1-29 所示。管中心的流速最大，向管壁的方向渐减，靠管壁的流速为零。由理论推导可知，其平均速度为最大速度的一半。

实验证明，层流速度的抛物线分布规律，并不是流体刚入管口就立刻形成的，而是要流过一段距离后才能充分发展成抛物线的形状。其发展过程说明如下：

假设流体在流入管口之前速度分布是均匀的（均为 u），进入管口之后，靠近管壁的一层非常薄的流体层，因附着在管壁上，其速度突然降为零。而流体在继续往管中流动的过程中，靠近管壁的各层流体，由于各层之间存在黏性的作用而逐渐滞缓下来。又由于各截面上的流量为一定值，管中心处各点的速度必然增大。当液体深入到一定距离之后，管中心的速度等于平均速度的两倍时，层流速度分布的抛物线规律才完全形成。尚未形成层流抛物线规律的这一段，称为层流的进口段。由于进口段内流体流动是不稳定的，考察流体流动状态以及测量流动参数要避开进口段。

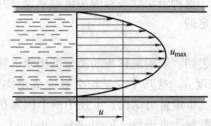 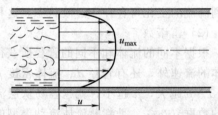

图 1-29　层流时流体在圆管中的速度分布　　　　图 1-30　湍流时流体在圆管中的速度分布

(2) 流体在圆管中湍流时的速度分布

流体作湍流流动时，流体中充满着各种大小的旋涡，流体质点除了沿管道轴线方向流动外，在半径方向上，流体质点的运动方向和速度大小随时在变化，即发生所谓的速度脉动。但由于管内流体是在稳定情况下流动的，对于整个管截面来说，流体的平均速度是不变的。在管中心部分为湍流的核心部分，流体质点除了沿管道轴线方向流动外，还在截面上横向脉动，产生旋涡。流速较快的质点带动较慢的质点，同时流速较慢的质点阻滞着流速较快的质点的运动。流体质点间从流速较快的区域向流速较慢的区域进行着湍流动量传递，由于湍流流动时轴向上的动量传递比层流要快，使管截面上的速度分布比较均匀。雷诺数越大，流体湍动程度越大，速度分布曲线顶部区域越宽阔而平坦。图 1-30 为湍流时流体在圆管中的速度分布。

值得注意的是，在靠近管壁的区域，由于流速较低，仍有一极薄的流体作层流流动，这一极薄流体层称为层流内层或层流底层。流体的湍流程度越大，层流底层越薄。层流底层的存在，对传质、传热有着重要影响。

1.5.3　边界层的概念

(1) 边界层的形成

为便于说明问题，以流体沿固定平板的流动为例，如图 1-31 所示。在平板前缘处流体以均匀一致的流

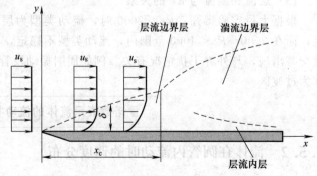

图 1-31　平板上的流动边界层

速 u_s 流动，当流到平板壁面时，由于流体具有黏性又能完全润湿壁面，则黏附在壁面上静止的流体层与相邻的流体层间产生内摩擦，而使相邻流体层的速度减慢，这种减速作用，由附着于壁面的流体层开始依次向流体内部传递，离壁面越远，减速作用越小。实验证明，减速作用并不遍及整个流动区域，而是离壁面一定距离后，流体的速度渐渐接近于未受壁面影响时的流速 u_s。靠近壁面流体的速度分布情况如图 1-31 所示。图中各速度分布曲线与 x 相对应。x 为自平板前缘的距离。

从上述情况可知，当流体流经固体壁面时，由于流体具有黏性，在垂直于流体流动方向上便产生了速度梯度。在壁面附近存在着较大速度梯度的流体层，称为流动边界层，简称边界层。如图 1-31 中虚线所示。边界层以外，黏性不起作用，即速度梯度可视为零的区域，称为流体的外流区或主流区。对于流体在平板上的流动，主流区的流速应与未受壁面影响的流速相等，所以主流区的流速仍用 u_s 表示。δ 为边界层的厚度，等于由壁面至速度达到主流速层的点之间的距离，由于边界层内的减速作用是逐渐消失的，所以边界层的界限应延伸至距壁面无穷远处。工程上一般规定边界层外缘的流速 $u=0.99u_s$，而将该条件下边界层外缘与壁面间的垂直距离定为边界层厚度，这种人为的规定，对解决实际问题所引起的误差可以忽略不计。应指出，边界层的厚度 δ 与从平板前缘算起的距离 x 相比是很小的。

由于边界层的形成，把沿壁面的流动简化成两个区域即边界层区与主流区。在边界层区内，垂直于流动方向上存在着显著的速度梯度 du/dy，即使黏度很小，摩擦应力 $\tau=\mu\dfrac{du}{dy}$ 仍然相当大，不可忽视。在主流区内，$du/dy\approx0$，摩擦应力可忽略不计，则此区流体可视为理想流体。

应用边界层的概念研究实际流体的流动，将使问题得到简化，从而可以用理论的方法来解决比较复杂的流动问题。边界层概念的提出对传热与传质过程的研究亦具有重要意义。

（2）边界层的分离

流体流过平板或在直径相同的管道中流动时，流动边界层紧贴在壁面上。如果流体流过曲面，如球体、圆柱体或其他几何形状物体的表面时，所形成的边界层还有一个极其重要的特点，即无论是层流还是湍流，在一定条件下都将会产生边界层与固体表面脱离的现象，并在脱离处产生旋涡，加剧流体质点间的相互碰撞，其结果造成流体的能量损失。

下面对流体流过曲面时所产生的边界层分离的现象进行分析。如图 1-32 所示，流体以均匀的流速垂直流过一无限长的圆柱体表面（以圆柱体上半部为例），由于流体具有黏性，在壁面上形成边界层，其厚度随流过的距离而增加。流体的流速与压强沿圆柱周边而变化，当液体到达点 A 时，受到壁面的阻滞，流速为零。点 A 称为停滞点或驻点。在点 A 处，液体的压强最大，后继而来的液体在高压作用

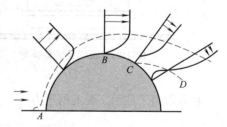

图 1-32　流体流过圆柱体表面的边界层分离

下被迫改变原来的运动方向，由点 A 绕圆柱表面而流动。在点 A 至点 B 间，因流通截面逐渐减小，边界层内流动处于加速减压的情况之下，所减小的压强能，一部分转变为动能，另一部分消耗于克服流体内摩擦而引起的流动阻力（摩擦阻力）。在点 B 处流速最大而压强最低。过点 B 以后，随流通截面的逐渐增加，液体又处于减速加压的情况，所减小的动能，一部分转变为压强能，另一部分消耗于克服摩擦阻力。此后，动能随流动过程继续减小，譬如说达到点 C 时，其动能耗尽，则点 C 的流速为零，压强为最大，形成了新的停滞点，后

继而来的液体在高压作用下，被迫离开壁面沿新的流动方向前进，故点 C 称为分离点。这种边界层脱离壁面的现象，称为边界层分离。

由于边界层自点 C 开始脱离壁面，所以在点 C 的下游形成了液体的空白区，后面的液体必然倒流回来以填充空白区，此时点 C 下游的壁面附近产生了流向相反的两股液体。两股液体的交界面称为分离面，如图 1-32 中曲面 CD 所示。分离面与壁面之间有流体回流而产生旋涡成为涡流区。其中流体质点进行着强烈的碰撞与混合而消耗能量。这部分能量损耗是由于固体表面形状而造成边界层分离所引起的，称为形体阻力。

所以，黏性流体流过固体表面的阻力为摩擦阻力与形体阻力之和，两者之和又称为局部阻力。流体流经管件、阀门、管子进出口等局部地方，由于流动方向和流道截面的突然改变，都会发生上述的情况。

1.6 流动阻力计算

流体在管路系统中从一个截面流到另一截面的过程中，由于流体层之间的分子动量传递而产生的内摩擦力，或由于流体之间的湍流动量传递而引起的摩擦力，使一部分机械能转化为热能，这部分机械能称为能量损失。管路一般由直管段和管件、阀门等组成。因此，流体在管路中的流动阻力可分为直管阻力和局部阻力。直管阻力是指流体流经直管时，由于流体流动产生的内摩擦力而引起的；局部阻力是流体流经管件、阀门等，由于形体阻力产生而引起的，下面分别讨论这两种阻力损失的计算方法。

> 流体的流动阻力包括直管阻力和局部阻力。

1.6.1 直管阻力计算式

如图 1-33 所示，流体在一段水平管内稳定流动，在截面 1-1′ 和 2-2′ 间列伯努利方程式

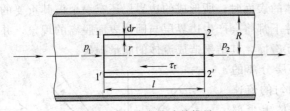

图 1-33 范宁公式的推导

$$gZ_1+\frac{p_1}{\rho}+\frac{u_1^2}{2}=gZ_2+\frac{p_2}{\rho}+\frac{u_2^2}{2}+h_f$$

式中，h_f 为流体从 1-1′ 面流到 2-2′ 面过程中产生的阻力，因为 $Z_1=Z_2$，$u_1=u_2=u$，所以

$$p_1-p_2=\rho h_f \qquad (1-42)$$

现对长度为 l 的流体柱作受力分析。

垂直作用于截面 1-1′ 上的压力　　　　$p_1A=p_1\frac{\pi d^2}{4}$

垂直作用于截面 2-2′ 上的压力　　　　$p_2A=p_2\frac{\pi d^2}{4}$

平行作用于流体柱表面的摩擦力　　　$F=\tau\pi dl$

根据牛顿第二定律，流体保持匀速运动的条件是：作用于流体柱上的合外力为零，即

$$(p_1-p_2)A=\tau\pi dl$$

则 $p_1-p_2=\frac{4l}{d}\tau$，将式（1-42）代入上式，得

$$h_f=\frac{4l}{\rho d}\tau \qquad (1-43)$$

该式为流体流动阻力与内摩擦力的关系式，但内摩擦力的表达式与流体流动状况有关，上式还需进一步变换。经常把流体流动阻力表示为动能的平方的函数，即式（1-39）写成

$$h_f = \frac{4\tau}{\rho} \times \frac{2}{u^2} \times \frac{l}{d} \times \frac{u^2}{2}$$

令 $\lambda = \frac{8\tau}{\rho u^2}$，则

$$h_f = \lambda \frac{l}{d} \times \frac{u^2}{2} \tag{1-44}$$

或

$$\Delta p_f = \rho h_f = \rho \lambda \frac{l}{d} \times \frac{u^2}{2} \tag{1-45}$$

式中　λ——摩擦系数；Δp_f——流体流动的压力降，Pa。

式（1-44）和式（1-45）称为范宁公式，适用于层流和湍流阻力损失的计算。λ 与流体流动状况、管路粗糙度有关，下面分别讨论层流和湍流时 λ 的计算方法。

1.6.2　摩擦系数计算方法

设流体在半径为 R 的水平直管内作层流流动，在管中心线处取一流体柱，其半径为 r，长度为 l，如图 1-34 所示，对该流体柱作受力分析。

作用于流体柱两端面的压力为 $p_1 \pi r^2$ 和 $p_2 \pi r^2$，设距管中心 r 处的流体速度为 u_r，$(r+dr)$ 处的相邻流体层的速度为 (u_r+du_r)，则流体的速度梯度为 du_r/dr，相邻流体层间内摩擦应力为 τ_r，根据牛顿黏性定律

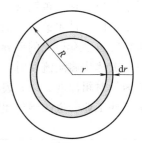

$$\tau_r = -\mu \frac{du_r}{dr}$$

式中，负号是由于沿半径方向的速度梯度为负。则作用在流体柱上的内摩擦力为

图 1-34　层流速度分布推导

$$\tau_r A = -\mu \frac{du_r}{dr}(2\pi r l) = -2\pi r l \mu \frac{du_r}{dr}$$

流体作匀速运动时，合外力为零，即

$$p_1 \pi r^2 - p_2 \pi r^2 = (p_1 - p_2)\pi r^2 = \Delta p \pi r^2 = -2\pi r l \mu \frac{du_r}{dr}$$

整理得

$$du_r = -\frac{\Delta p}{2\mu l} r \, dr$$

边界条件：$r=r$，$u_r=u$；$r=R$，$u_r=0$，积分得

$$u_r = \frac{\Delta p_i}{4\mu l}(R^2 - r^2) \tag{1-46}$$

式（1-46）即为流体在圆形直管内作层流流动的速度分布。可以看出，u 与 r 之间为抛物线关系，所以此方程称为抛物线方程。

根据管截面的速度分布，可求得通过整个截面的流量。如图 1-34 所示，取半径 r 处厚度为 dr 的一个微小环形面积，通过此环形面积的流量为

$$dV_s = 2\pi r \, dr u_r$$

则

$$V_s = \int_0^R 2\pi u_r r \, dr$$

而平均流速为

$$u = \frac{V_s}{A}$$

于是将式（1-46）代入并积分得

$$u = \frac{\Delta p_f}{2\mu l R^2} \int_0^R (R^2 - r^2) r\,dr = \frac{\Delta p_i}{8\mu l} R^2$$

从式（1-46）可得，$r = 0$ 时管中心的流速为 $u_r = \frac{\Delta p_i}{4\mu l} R^2$，即中心流速等于平均流速的 2 倍。把 $R = d/2$ 代入上式，经整理得

$$\Delta p = \frac{32\mu l u}{d^2} \tag{1-47}$$

式（1-47）为流体作层流流动时的直管阻力计算式，称为哈根-泊谡叶方程。将式（1-47）与式（1-45）相比较可知

$$\lambda = \frac{64\mu}{du\rho} = \frac{64}{Re} \tag{1-48}$$

式（1-48）为流体在圆管内作层流流动时 λ 与 Re 的关系式。

(1) 管壁粗糙度的影响

化工生产上所铺设的管道，按其材料的性质和加工情况，可大致分为光滑管与粗糙管。通常把玻璃管、黄铜管、塑料管等称为光滑管；把钢管和铸铁管等称为粗糙管。实际上，即使是用同一材质的管子铺设的管道，由于使用时间的长短、腐蚀与结垢的程度不同，管壁的粗糙度也会有很大的差异。

流体作湍流流动时，管壁粗糙度对能量损失有影响。管壁粗糙面凸出部分的平均高度，称为绝对粗糙度，以 ε 表示。绝对粗糙度 ε 与管内径 d 之比 ε/d 称为相对粗糙度。表 1-2 列出某些工业管道的绝对粗糙度。

表 1-2　某些工业管道的绝对粗糙度

金属管	粗糙度 ε/mm	非金属管	粗糙度 ε/mm
无缝黄铜管、铜管及铅管	0.01～0.05	干净玻璃管	0.0015～0.01
钢管、锻铁管	0.046	橡皮软管	0.01～0.03
新无缝钢管、镀锌铁管	0.1～0.2	木管道	0.25～1.25
新铸铁管	0.3	陶土排水管	0.45～6.00
具有轻度腐蚀的无缝钢管	0.2～0.3	很好整平的水泥管	0.33
具有显著腐蚀的无缝钢管	0.5 以上	石棉水泥管	0.03～0.05
旧铸铁管	0.85 以上		
铆钢	0.9～9		

流体作层流流动时，管壁上凹凸不平的地方都被有规则分层流动的流体所覆盖，而流动速度又比较缓慢，流体质点对管壁凸出部分不会有碰撞作用，所以在层流时，摩擦系数与管壁粗糙度无关。当流体作湍流流动时，靠管壁处总是存在着一个层流内层，其厚度为 δ_b，如果层流内层的厚度大于壁面的绝对粗糙度，即 $\delta_b > \varepsilon$，如图 1-35（a）所示，此时管壁粗糙度对摩擦系数的影响与层流相近，即摩擦系数与管壁粗糙度无关，在工程中此种流动情况的管子称为水力光滑管。随着 Re 的增加，层流内层的厚度逐渐变薄，当 $\delta_b < \varepsilon$ 时，如图 1-35（b）所示，壁面凸出部分便伸入湍流区内与流体质点发生碰撞，使湍动加剧。此时壁面粗糙度对摩擦系数的影响便成为重要的因素，Re 值越大，层流内层越薄，这种影响越显著。

(2) 流体湍流时摩擦系数与量纲分析

流体作湍流流动时的摩擦阻力不仅与 Re 有关，还与管壁的粗糙度有关。前面已经指出，在湍流状态下，由于流体质点的不规则运动，所产生的内摩擦力比层流要大得多，而且

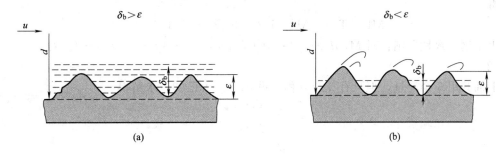

图 1-35　流体流过管壁面的情况

内摩擦力的大小不能用牛顿黏性定律来表示，所以必须通过实验研究的方法得到湍流摩擦系数的计算式。

通过实验可知，影响湍流阻力损失的因素有：流体的物理性质（包括黏度和密度）、管路的几何尺寸（包括管长和管径）、流体的流速、管路的相对粗糙度。将阻力损失写成上述影响因素的函数

$$\sum R = f(\rho,\mu,d,l,u,\varepsilon/d) \tag{1-49}$$

上式所包含的变量有 7 个，确定这样一个多变量的函数关系，实验的工作量必然很大，同时还要将实验结果关联成一个便于应用的关系式，往往很困难，有时几乎不可能。

利用量纲分析法可将简单变量的关系式变换成无量纲数群的关系式，而数群的数目比变量的数目要大大减少，这样，实验次数可以大大减少，数据关联工作也将大为简化。量纲分析法的基础是量纲一致性原则和 π 定理。

量纲一致性原则是指任何一个根据基本物理规律导出的物理方程，其中各项的量纲必然相同。π 定理是指任何一个物理方程都可以转变为无量纲形式，即以无量纲数群代替物理方程，无量纲数群的个数等于变量数减去基本量纲数。

根据对湍流时流动阻力性质的理解以及所进行的实验研究综合分析，可以得知，为克服流动阻力所引起的能量损失 Δp_f 应与流体流过的管径 d、管长 l、平均流速 u、流体的密度及黏度、管壁的粗糙度有关。

据此可以写成一般的不定函数形式，即

$$\Delta p_f = \phi(d,l,u,\rho,\mu,\varepsilon) \tag{1-50}$$

上面的表达式包括 7 个变量，可以应用量纲分析的方法进行简化。量纲分析研究方法可总结为以下步骤：

① 对所研究的过程做初步实验，找出所求函数的所有影响因素。这一步很重要，它决定了最后的表达式是否正确。

② 通过无量纲化将复杂的函数表达式变换为无量纲数群的形式。

③ 做实验确定具体的函数关系。

第①步的结果为式（1-49），将式（1-49）无量纲化。首先，将式（1-50）写成幂函数的形式，即

$$\Delta p_f = K d^a l^b u^c \rho^d \mu^e \varepsilon^f \tag{1-51}$$

其次，列出各物理量的量纲，即

$$[p] = MT^{-2}L^{-1};[d] = L;[l] = L;[u] = LT^{-1};[\rho] = ML^{-3};[\mu] = ML^{-1}T^{-1};[\varepsilon] = L$$

代入式（1-51），得

$$ML^{-1}T^{-2} = KL^a L^b (LT^{-1})^c (ML^{-3})^d (ML^{-1}T^{-1})^e L^f$$

整理得

$$ML^{-1}T^{-2} = M^{d+e}L^{(a+b-c-3d-e+f)}T^{(-c-e)}$$

由量纲一致性原则：对 M，$d+e=1$；对 L，$a+b+c-3d-e+f=-1$；对 T，$-c-e=-2$。

上面共用 6 个变量，但只有 3 个方程，设 b、e、f 已知，求解得

$$a=-b-e-f$$
$$c=2-e$$
$$d=1-e$$

将结果代入式（1-51）得

$$\Delta p = K d^{(-b-e-f)} l^b \mu^{(2-e)} \rho^{1-e} \mu^e \varepsilon^f$$

将指数相同的物理量合在一起，得

$$\frac{\Delta p}{\rho u^2} = K \left(\frac{l}{d}\right)^b \left(\frac{du\rho}{\mu}\right)^f \left(\frac{\varepsilon}{d}\right)^c \tag{1-52}$$

上式即为湍流时阻力损失的无量纲数群函数式。具体的函数关系仍需实验测定。可以看到，通过量纲分析法，将原来的 7 个变量减少到 4 个，减少了实验工作量。此外，量纲分析法还有以下优点：①可将小尺寸模型的实验结果应用于大型装置；②可将水、空气等介质的实验结果应用于其他流体。

将式（1-52）与范宁公式比较可知

$$\lambda = f(Re, \varepsilon/d) \tag{1-53}$$

只需测得式（1-52）所表达的关系，便可根据范宁公式求得湍流的摩擦阻力。

(3) 湍流流动的摩擦系数

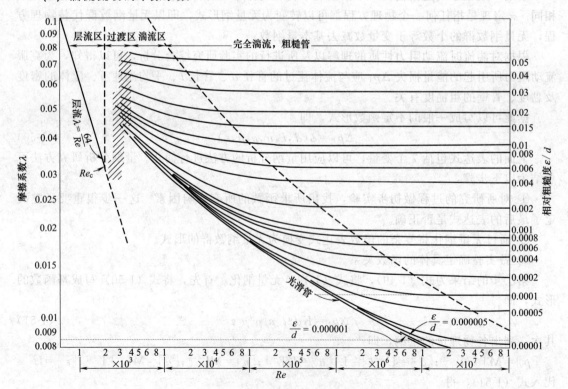

图 1-36 摩擦系数 λ 与雷诺数及相对粗糙度的关系

摩擦系数与 Re 及相对粗糙度的关系由实验确定，并绘在图 1-36 上。该图可分为 4 个区域：

① 层流区：$Re \leqslant 2000$，$\lambda = 64/Re$，λ 与 Re 为直线关系，而与 ε/d 无关。在此区域内，阻力损失与速度的一次方成正比。

② 过渡区：$2000 < Re < 4000$，流动类型不稳定，为安全起见一般按湍流计算 λ。

③ 湍流区：$Re \geqslant 4000$ 及虚线以下的区域，λ 与 Re 和 ε/d 均有关，$\lambda = f(Re, \varepsilon/d)$。

④ 完全湍流区（在图中虚线以上的区域）：λ 仅与 ε/d 有关，即 $\lambda = f(\varepsilon/d)$ 而与 Re 无关。Re 一定时，λ 随 ε/d 的增大而增大，由于在此区内阻力损失与速度的平方成正比，此区域也称为阻力平方区。

计算湍流摩擦系数 λ 除了可以查图，还可以采用经验公式计算。

① 布拉修斯（Blasius）公式

$$\lambda = \frac{0.3164}{Re^{0.25}} \tag{1-54}$$

适用于 $2.5 \times 10^3 < Re < 10^5$ 的光滑管。

② 考莱布鲁克（Colebrook）公式

$$\frac{1}{\sqrt{\lambda}} = 1.74 - 2\lg\left(\frac{2\varepsilon}{d} + \frac{18.7}{Re\sqrt{\lambda}}\right) \tag{1-55}$$

此式适用于湍流区的光滑管与粗糙管直至完全湍流区。在完全湍流区 Re 对 λ 的影响很小，式中含 Re 的项可以忽略。

③ 尼古拉则（Nikuradse）与卡门（Karman）公式

$$\frac{1}{\sqrt{\lambda}} = 2\lg\frac{d}{\varepsilon} + 1.14 \tag{1-56}$$

此式适用于 $\dfrac{d/e}{Re\sqrt{\lambda}} > 0.005$。

除此之外，λ 的计算式还有很多，读者可参考有关资料。需要说明的是，每一个经验公式都有各自的应用条件，选用时要注意。

1.6.3 非圆形管内流动阻力

前面所讨论的是流体在圆管内的流动阻力。在化工生产中，还会遇到非圆形管道或设备。当流体在非圆形管内湍流流动时，计算 Δp_f 时管径 d 可使用当量直径 d_e 代替。

当量直径是流体流经管道截面积的 4 倍除以流体润湿周边长度，即

$$d_e = \frac{4A}{\Pi} = 4r_H \tag{1-57}$$

式中　d_e——当量直径，m；Π——润湿周边长度，m；r_H——水力半径，m。

对于长为 a、宽为 b 的矩形管　$d_e = \dfrac{4ab}{2(a+b)} = \dfrac{2ab}{a+b}$

对于套管的环隙，当外管的内径为 d_2、内管的外径为 d_1 时

$$d_e = \frac{4\left(\dfrac{\pi}{4}d_2^2 - \dfrac{\pi}{4}d_1^2\right)}{\pi d_1 + \pi d_2} = d_2 - d_1$$

在层流情况下，当采用当量直径计算阻力时，$\lambda = C/Re$，C 可查表 1-3。

表 1-3　某些非圆形管的当量直径 d_e 及 C 值

非圆形管的截面形状	当量直径 d_e	C	非圆形管的截面形状	当量直径 d_e	C
正方形，边长为 a	a	57	长方形，边长为 $2a$，宽为 a	$1.3a$	62
等边三角形，边长为 a	$0.58a$	53	长方形，长为 $4a$，宽为 a	$1.6a$	73
环隙形，环宽度 $\delta = \dfrac{d_1 - d_2}{2}$	$2\delta = d_1 - d_2$	96			

1.6.4　局部阻力的计算

在流体输送管路上，除了直管外，还有管件、阀门和其他构件，当流体流过这些地方时，会产生局部阻力。局部阻力所引起的阻力损失有两种计算方法，即阻力系数法和当量长度法。

(1) 阻力系数法

局部阻力可按下式计算　　　$h_v = \zeta \dfrac{u^2}{2}$　或　$\Delta p_f = \zeta \dfrac{\rho u^2}{2}$ 　　　　(1-58)

式中　ζ——局部阻力系数。

管件不同，ζ 也不同，其值由实验测定，表 1-4 给出了某些管件和阀门的局部阻力系数。除了管件和阀门会产生局部阻力外，流体在管截面上的突然扩大和缩小也会产生局部阻力，如图 1-37 所示。

表 1-4　管件和阀门的局部阻力系数及当量长度与管径之比（管内湍流）

名称	阻力系数 ζ	当量长度与管径之比 l_e/d	名称	阻力系数 ζ	当量长度与管径之比 l_e/d
弯头，45°	0.35	17	标准截止阀（球阀）		
弯头，90°	0.75	35	全开	6.0	300
三通	1	50	半开	9.5	475
回弯头	1.5	75	角阀		
管接头	0.04	2	全开	2.0	100
活接头	0.04	2	止逆阀		
闸阀			球式	70.0	3500
全开	0.17	9	摇板式	2.0	100
半开	4.5	225	水表，盘式	7.0	350

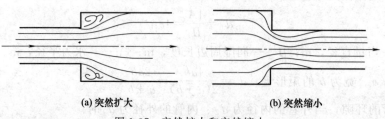

(a) 突然扩大　　　　　　　　　　(b) 突然缩小
图 1-37　突然扩大和突然缩小

突然扩大和缩小的局部阻力系数可按下式计算：

突然扩大时
$$\zeta = \left(1 - \frac{A_1}{A_2}\right)^2 \qquad\qquad (1-59)$$

突然缩小时
$$\zeta = 0.5\left(1 - \frac{A_1}{A_2}\right)^2 \qquad\qquad (1-60)$$

当流体从管道中流入截面较大的容器或气体从管道排放到大气中，$A_1/A_2 \approx 0$，$\zeta = 1$，流体自容器进入管的入口，相当于自很大的截面突然缩小到很小的截面，$A_2/A_1 \approx 0$，$\zeta = 0.5$。注意在计算突然扩大或突然缩小的局部阻力损失时，流速 u 均为直径较小管中的流速。

(2) 当量长度法

此法是将流体流过管件或阀门所产生的局部阻力损失，折合成流体流过长度为 l_e 的直管的阻力损失。l_e 称为管件、阀门的当量长度，l_e 由实验测定。有了 l_e 值可用下式计算局部阻力损失。

$$h_f = \lambda\frac{l_e}{d}\frac{u^2}{2} \quad \text{或} \quad \Delta p_f = \lambda\frac{l_e}{d}\frac{\rho u^2}{2} \qquad\qquad (1-61)$$

当量长度的实验结果常用 l_e/d 值表示，表 1-4 列出了某些管件和阀门的当量长度，l_e 的数值也可查图 1-38。

1.6.5 流体在管内流动的总阻力损失计算

管路系统中的总能量损失常称为总阻力损失，是管路上全部的直管阻力与局部阻力之和。对于一段直径为 d 的直管，总阻力损失计算式为

$$\sum h_f = \left(\lambda\frac{\sum l_i + \sum l_e}{d} + \sum\zeta_i\right)\frac{u^2}{2} \qquad\qquad (1-62)$$

式中　$\sum h_f$——管路系统中的总能量损失，J/kg；

$\quad\quad\ \sum l_i$——管路中各段直管的总长度，m；

$\quad\quad\ \sum l_e$——管路中全部管件和阀门的当量长度之和，m；

$\quad\quad\ \sum\zeta_i$——管路中部分管件和阀门的局部阻力系数之和。

由于管件和阀门的局部阻力可用两种方法计算。对于一个管件或阀门，若使用当量长度法，应包含在 $\sum l_e$ 中，若用阻力系数法，则应包含在 $\sum\zeta_i$ 中。在计算总阻力的时候要注意不要漏加、不要重复。

如果管路中串联的管子直径不同，由于各段流速不同，管路的总能量损失应分段计算后再相加求和。

【例 1-12】 如图 1-39 所示，用泵把 20℃的甲苯从地下贮罐送到高位槽，流量为 5×10^{-3} m³/s。高位槽液面比贮槽液面高 10m。泵吸入管用 $\phi89$mm×4mm 的无缝钢管，直管长度为 15m，管路上装有一个底阀（可按旋启式止回阀全开计），一个标准弯头；泵排出管为 $\phi57$mm×3.5mm 的无缝钢管，其直管部分总长为 30m，管路上装有一个全开的闸阀、一个全开的截止阀和三个标准弯头。贮罐及高位槽液面上方均为大气压。贮罐液面维持恒定。设泵的效率为 70%，试求泵的轴功率。（取管壁粗糙度 $\varepsilon = 0.3$mm）

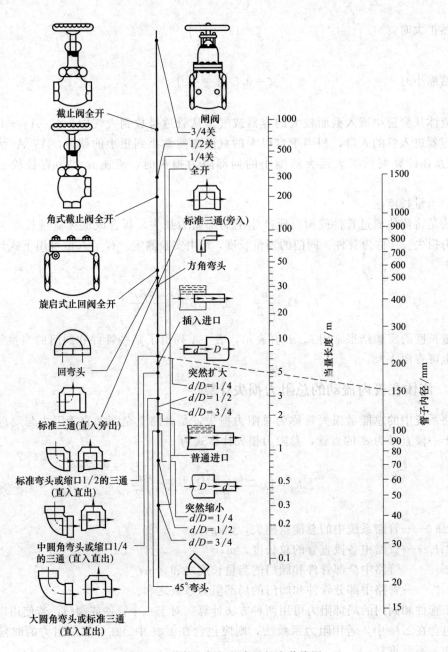

图 1-38　管件和阀门的当量长度共线图

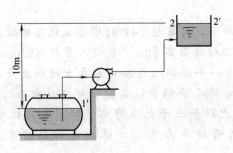

图 1-39　【例 1-12】附图

解： 如图 1-39 所示，取贮罐液面为 1-1′截面并为基准面，高位槽液面为截面 2-2′。在两截面间列伯努利方程式，得

$$gZ_1 + \frac{p_1}{\rho} + \frac{u_1^2}{2} + W_e = gZ_2 + \frac{p_2}{\rho} + \frac{u_2^2}{2} + \sum h_f$$

由于贮罐和高位槽截面均远大于相应的管道截面，故 $u_1 = u_2 = 0$，且 $p_1 = p_2$，于是上式变为

$$W_e = 10g + \sum h_f = 98.1 + \sum h_f$$

因吸入管路与排出管路直径不同，故应分别计算。

(1) 吸入管路能量损失

$$\sum h_{f1} = \left(\lambda_1 \frac{l_1 + \sum l_{e1}}{d_1} + \zeta_i \right) \frac{u_1^2}{2}$$

式中，$d_1 = (89 - 2 \times 4)\text{mm} = 81\text{mm} = 0.081\text{m}$，由图 1-38 可查出相应管件的当量长度为：底阀 $l_e = 6.3\text{m}$，标准弯头 $l_e = 2.7\text{m}$，所以

$$\sum l_e = 6.3 + 2.7 = 9\text{m}$$

管进口阻力系统为 0.5

$$u_1 = \frac{5 \times 10^{-3}}{\frac{\pi}{4} \times 0.081^2} = 0.97\text{m/s}$$

查得甲苯的物性为 $\rho = 867\text{kg/m}^3$，$\mu = 0.675 \times 10^{-3}\text{Pa·s}$，则

$$Re_1 = \frac{0.081 \times 0.97 \times 867}{0.675 \times 10^{-3}} = 1.01 \times 10^5$$

为湍流。

相对粗糙度 $\varepsilon/d = 0.3/81 = 0.0037$，查图 1-36 得 $\lambda_1 = 0.027$，所以

$$\sum h_{f1} = \left(0.027 \times \frac{5+9}{0.081} + 0.5 \right) \frac{0.97^2}{2} = 2.43\text{J/kg}$$

(2) 排出管路能量损失

$\sum h_{f2} = \left(\lambda_2 \frac{l_2 + \sum l_{e2}}{d_2} + \zeta_o \right) \frac{u_2^2}{2}$，式中 $d_2 = (57 - 2 \times 3.5)\text{mm} = 50\text{mm} = 0.05\text{m}$，由图 1-38 可查出相应管件的当量长度为：全开闸阀 $l_e = 0.33\text{m}$，截止阀全开 $l_e = 17\text{m}$，三个标准弯头 $l_e = 3 \times 1.6 = 4.8\text{m}$，所以

$$\sum l_{e2} = (0.33 + 17 + 4.8) = 22.13\text{m}$$

管进口阻力系统为 1

$$u_2 = \frac{5 \times 10^{-3}}{\frac{\pi}{4} \times 0.05^2} = 2.55\text{m/s}$$

$$Re_2 = \frac{0.05 \times 2.55 \times 867}{0.675 \times 10^{-3}} = 1.64 \times 10^5$$

仍为湍流。

相对粗糙度 $\varepsilon/d = 0.3/50 = 0.006$，查图 1-36 得 $\lambda_2 = 0.032$，所以

$$\sum h_{f2} = \left(0.032 \times \frac{30 + 22.13}{0.05} + 1 \right) \frac{2.55^2}{2} = 111.7\text{J/kg}$$

(3) 管路系统的总能量损失

$$\sum h_f = \sum h_{f1} + \sum h_{f2} = 2.43 + 111.7 = 114.1\text{J/kg}$$

于是 $\qquad W_e = 98.1 + 114.1 = 212.2 \text{J/kg}$

甲苯的质量流量为 $\qquad w_s = V_s \rho = 0.005 \times 867 = 4.34 \text{kg/s}$

泵的有效功率为 $\qquad N_e = w_s W_e = 212.2 \times 4.34 = 920.9 \text{W}$

泵的轴功率为 $\qquad N = N_e / \eta = 0.92 / 0.7 = 1.31 \text{kW}$

1.7 管路计算

管路计算是连续性方程式、伯努利方程式及能量损失计算式的具体应用。管路计算问题可分为设计型计算和操作型计算。设计型计算是指对于给定的流体输送任务，选用合理且经济的管路和输送设备；操作型计算是指管路系统的设置已经固定，要求核算某些条件下的输送能力或某些技术指标。上述两类计算可归纳为以下三种情况：

① 已知管径、管长和管路设置，以及流体的流量，求输送设备的功率。

② 已知管径、管长和管路设置以及允许的能量损失，求管路的输送量。

③ 已知管长、管路设置、流体的输送量和允许的能量损失，确定输送管路的管径。

第①种情况比较简单，对于第②、③种情况，由于流量或管径为未知，会产生非线性方程组。工程上常采用试差法或其他方法来求解。

化工管路按其连接和配置情况可分为两类：简单管路和复杂管路。下面分别举例说明这两种管路的计算方法。

1.7.1 简单管路

简单管路是指流体从进口到出口始终在一条管路中流动，没有分支或汇合的情况，既可以是管径不变的管路，又可以是由若干异径管及管件串联而成。

描述简单管路中各变量关系的控制方程共有 3 个，即

连续性方程 $\qquad \rho A u = 常数$

机械能衡算方程 $\qquad gZ_1 + \dfrac{p_1}{\rho} + \dfrac{u_1^2}{2} + W_e = gZ_2 + \dfrac{p_2}{\rho} + \dfrac{u_2^2}{2} + \sum h_f$

其中 $\qquad \sum h_f = \left(\lambda \dfrac{\sum l_i + \sum l_e}{d} + \sum \zeta_i \right) \dfrac{u^2}{2}$

阻力系统方程 $\qquad \lambda = f\left(\dfrac{du\rho}{\mu}, \dfrac{\varepsilon}{d} \right)$

它们构成一个非线性方程组。

下面举两个例子说明试差法的应用。

【例 1-13】 如图 1-40 所示，将常温水从水塔引至车间，管路为 $\phi 114 \text{mm} \times 4 \text{mm}$ 的钢管，总长为 150m（包括除进、出口外所有管件和阀门的当量长度）。水塔内液面保持恒定，并高于出口 10m，求管路中水的流量。

解：在水塔内液面 1-1′ 和管出口 2-2′（内侧）间列伯努利方程式

$$gZ_1 + \dfrac{p_1}{\rho} + \dfrac{u_1^2}{2} = gZ_2 + \dfrac{p_2}{\rho} + \dfrac{u_2^2}{2} + \sum h_f \qquad (1)$$

其中 $Z_1 - Z_2 = 10\text{m}$，$p_1 = p_2 = 0$（表压），$u_1 = 0$

$$\sum R = \left(\lambda \dfrac{l + \sum l_e}{d} + 0.5 \right) \dfrac{u^2}{2}$$

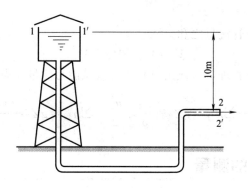

图 1-40 【例 1-13】附图

由上述条件可得

$$u=\sqrt{\frac{196.2}{1415\lambda+1.5}} \tag{2}$$

而

$$\lambda=f\left(\frac{\varepsilon}{d},Re\right) \tag{3}$$

可用试差法解上面方程组，即按下步骤求解：设 λ，由式（2）求 u，求 Re 查图 1-36 得 λ'，比较 λ' 与 λ，若 λ' 与 λ 不相等，则以 λ' 代替 λ 重复上述步骤，直到合适为止。λ 的初值通常取 $0.02\sim0.03$。

查附录得常温下水的黏度为 1.005×10^{-3} Pa·s，由以上步骤求得流速为 $u_2=2.37$ m/s，则体积流量为

$$V_s=3600\times\frac{\pi}{4}d^2u_2=3600\times\frac{\pi}{4}\times0.106^2\times2.37=75.25 \text{m}^3/\text{h}$$

1.7.2 复杂管路

管路中存在分支或合流时，称为复杂管路。复杂管路又可分为并联管路和分支管路。

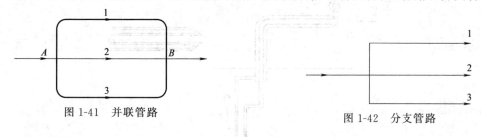

图 1-41 并联管路   图 1-42 分支管路

(1) 并联管路

管路出现分支又汇合的管路为并联管路。如图 1-41 所示，对于不可压缩流体，并忽略管路交叉点处的局部阻力损失，有：

① 总管流量等于各支管流量之和

$$V_s=V_{s1}+V_{s2}+V_{s3} \tag{1-63}$$

② 单位质量流体流经各支管的阻力损失相等

$$\sum h_{f1}=\sum h_{f2}=\sum h_{f3} \tag{1-64}$$

(2) 分支管路

流体从总管分流至几条支管或从几条支管汇合于总管，称为分支管路，如图 1-42 所示。

分支管路具有如下特点：

① 总管流量等于各支管流量之和

$$V_s = V_{s1} + V_{s2} + V_{s3} \tag{1-65}$$

② 单位质量流体在支管进口（或出口）的总机械能与能量损失之和相等

$$gZ_1 + \frac{p_1}{\rho} + \frac{u_1^2}{2} + \sum h_{f1} = gZ_2 + \frac{p_2}{\rho} + \frac{u_2^2}{2} + \sum h_{f2} = gZ_3 + \frac{p_3}{\rho} + \frac{u_3^2}{2} + \sum h_{f3}$$

1.8 流速和流量的测量

流体的流量是化工生产过程中的重要参数之一，为了控制生产过程能稳定进行。就必须经常了解操作条件，如压强、流量等，并加以调节和控制。进行科学实验时，也往往需要准确测定流体的流量。测量流量的仪表是多种多样的，下面仅介绍几种根据流体流动时各种机械能相互转换关系而设计的流速计与流量计。

可以应用流体流动原理进行流量的测量。

1.8.1 测速管

测速管又称毕托（Pitot）管，如图 1-43 所示，用来测量管路中流体的点速度。测速管系由两根弯成直角的同心套管组成。内管壁无孔，外管壁上近端点处沿管壁的圆周开有若干个测压小孔，两管之间环隙的端点是封闭的，为了减少误差，测速管的前端经常做成半球形以减少涡流。测量流速时，测量管的管口正对着流体的流动方向，测速管的内管与套管环隙分别与压差计的两端相连。

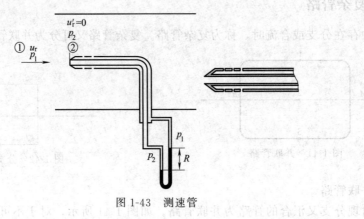

图 1-43　测速管

设在测速管前一段距离①处，点速度为 u_r，压强为 p_1，当流体流至测速管口点②处，因内管已充满被测流体，到达②处，速度降为零，于是动能转化为静压能。

$$\frac{p_2}{\rho} = \frac{p_1}{\rho} + \frac{u_r^2}{2}$$

$$\frac{\Delta p}{\rho} = \frac{p_2}{\rho} - \frac{p_1}{\rho} = \frac{u_r^2}{2}$$

$$u_r = \sqrt{\frac{2\Delta p}{\rho}} = \sqrt{\frac{2gR(\rho_0 - \rho)}{\rho}} \tag{1-66}$$

若被测流体为气体，因 $\rho_0 \gg \rho$，上式可简化为

$$u_r = \sqrt{\frac{2gR\rho_0}{\rho}} \tag{1-67}$$

测速管测得的是流体的点速度，因此可利用该测速管测出管截面上流体的速度分布。要想得到平均流速，可用测速管测出管中心处的最大速度 u_{max}。

如果是层流，$u = 1/2u_{max}$；若为湍流，可通过图 1-44 由 $du_{max}\rho/\mu$ 查得 u/u_{max}，求得 u。需要注意，图中所示的 u/u_{max} 与 Re_{max} 的关系，是在经过稳定段之后才出现的，因此用测速管测量流速时，测量点应在稳定段以后。

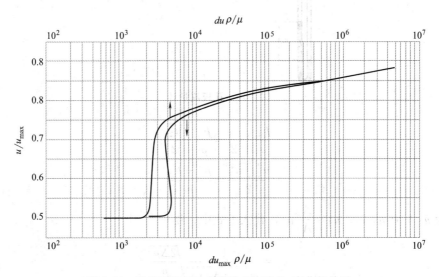

图 1-44　平均流速与最大流速之比随 Re 变化的关系

测速管的优点是产生的流动阻力较小，对流场影响较小，适用于测量大直径管路中的气体流速，一般要求测速管的外管直径不大于管道内径的 1/50。但测速管不能直接测出平均流速，且读数较小，常需配用微差压差计。当流体中含有固体杂质时，会将测速管堵塞，故不宜采用测速管。

1.8.2　孔板流量计

孔板流量计是在管道中安装一片中央带有圆孔的孔板构成的。如图 1-45 所示，在 1-1′ 截面的流速和压强分别为 u_1、p_1，当流体流过孔板的开孔（面积为 A_0）时，由于截面积减小，流速增大。开孔处的流速以 u_0 表示。从开孔处流出后，由于惯性作用，截面继续收缩到达 2-2′ 截面处（面积为 A_2），其截面收缩到最小，而流速达到最大 u_2，流通截面的最小处称为缩脉。再继续往前流动，流通截面逐渐扩大，当流到 3-3′ 截面处，流体又恢复到原有的流通截面，而流速也恢复到原来的流速。

在 1-1′ 截面处压力为 p_1，2-2′ 处为 p_2（最小），由于在孔板出口处，截面突然扩大，流体形成旋涡要消耗一部分能量，所以 3-3′ 处的压力 p_3 不能恢复到原来的 p_1。管道中流体的流量越大，在孔板前后产生的压差 $\Delta p = p_1 - p_2$ 也就越大，V_s 与 Δp 一一对应。所以只要用压差计测出孔板前后的压差 Δp，就能确定流量 V_s。这就是利用孔板流量计测量流量的原理。V_s 与 Δp 的关系推导如下。

在 1-1′ 截面和 2-2′ 截面间列伯努利方程式

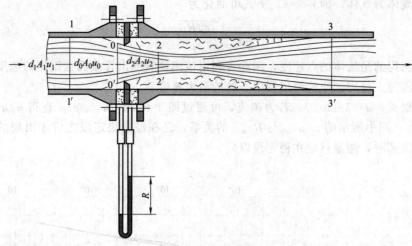

图 1-45　孔板流量计

$$\frac{p_1}{\rho} + \frac{u_1^2}{2} = \frac{p_2}{\rho} + \frac{u_2^2}{2}$$

$$\frac{u_2^2 - u_1^2}{2} = \frac{p_1 - p_2}{\rho}$$

因为 $u_1 A_1 = u_2 A_2$，$u_1 = \dfrac{A_2}{A_1} u_2$，代入上式中，得

$$u_2 = \frac{1}{\sqrt{1 - \left(\dfrac{A_2}{A_1}\right)^2}} \sqrt{\frac{2\Delta p}{\rho}}$$

由于 A_2 未知，在上式中要用 A_0 代替 A_2，另外，推导该式时没有考虑能量损失，考虑这两个因素，引入一个校正系数 C_0。

$$u_0 = C_0 \sqrt{\frac{2\Delta p}{\rho}} = C_0 \sqrt{\frac{2gR(\rho_0 - \rho)}{\rho}} \tag{1-68}$$

$$V_s = C_0 A_0 \sqrt{\frac{2Rg(\rho_0 - \rho)}{\rho}} \tag{1-69}$$

C_0 称为流量系数或孔流系数，其值由实验确定。

在应用孔板流量计测量速度时，可查图 1-46，从图上读取 C_0。由图可见，C_0 与孔板的孔径 d_0 和管直径 d_1 之比 d_0/d_1 及 Re 有关，对每一 d_0/d_1 值，当 Re 大于一定数值后，C_0 即为一常数。d_0/d_1 越大 C_0 也越大。对于标准孔板，当 $d_0/d_1 < 0.5$，$Re > 6 \times 10^6$ 时，$C_0 = 0.6 \sim 0.65$，但 Re 要用试差法计算。即先假定 Re 大于其限度值，根据已知 d_0/d_1 值，查出 C_0，由式（1-68）求出速度 u_0，再由连续性方程式求出 u_1，从而可计算出 Re。如果计算出的 Re 值大于其限度值，则表示原假定值正确，否则则需重新假设 Re，重复上述计算，直到假设的 Re 与计算的 Re 相符为止。

孔板流量计安装位置的上、下游都要有一段内径不变的直管，以保证通过孔板之前的速度分布稳定。通常要求上游直管长度为 $50d_1$，下游直管长度为 $10d_1$，若 A_0/A_1 较小，则这段长度可缩短一些。

孔板流量计的优点是结构简单，更换孔板方便，缺点是流体流经孔板的能量损失较大，

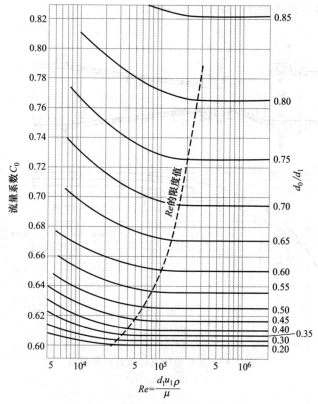

图 1-46　流量系数与 d_0/d_1 及 Re 和关系

并随 A_0/A_1 的减小而加大；孔板的边缘很容易腐蚀，所以流量计应定期校正。

【**例 1-14**】　在 $\phi 38mm \times 2.5mm$ 的管路上装有标准孔板流量计，孔板的孔径为 $16.4mm$，管中流动 $30℃$ 的水，用 U 形管压差计测量孔板两侧的压强差，以水银为指示液，测压连接管中充满水。现测得 U 形管压差计的读数为 $600mm$，试计算管中水的体积流量。

解　体积流量用下式计算

$$V_s = C_0 A_0 \sqrt{\frac{2Rg(\rho_0 - \rho)}{\rho}} \tag{1}$$

式中

$$A_0 = \frac{\pi}{4} d_0^2 = \frac{\pi}{4} \times 0.0164^2 = 0.000211 m^2$$

因 Re 未知，无法从图 1-46 查取 C_0，故设 Re 大于 Re 的限度值，由 $d_0/d_1 = 16.433 = 0.5$ 查得 $C_0 = 0.627$，代入式（1）得

$$V_s = 0.627 \times 0.000211 \times \sqrt{\frac{2 \times 0.6 \times 9.81 \times (13.6 \times 10^3 - 995.7)}{995.7}} = 0.00161 m^3/s$$

$$u_1 = \frac{V_s}{\frac{\pi}{4} d_1^2} = \frac{0.00161}{\frac{\pi}{4} \times 0.033^2} = 1.882 m/s$$

校核

$$Re = \frac{d_1 u_1 \rho}{\mu} = \frac{0.033 \times 1.882 \times 995.7}{0.8015 \times 10^{-3}} = 7.7 \times 10^4 > 6.4 \times 10^4$$

1.8.3　文丘里流量计

为了减少流体流经孔板的能量损失，可以用一段渐缩、渐扩管代替孔板，这样的流量计

称为文丘里流量计或文氏流量计，如图 1-47 所示。

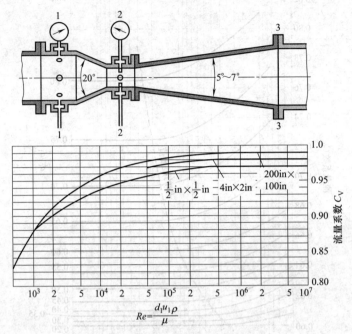

图 1-47　文丘里流量计及其流量系数

(1in＝0.0254m)

文丘里流量计的测量原理与孔板流量计相同，可用下式计算速度和流量

$$u_2 = C_V \sqrt{\frac{2gR(\rho_0 - \rho)}{\rho}}$$ (1-70)

$$V_s = C_V A_2 \sqrt{\frac{2Rg(\rho_0 - \rho)}{\rho}}$$ (1-71)

式中　u_2——喉管处的速度，m/s；

　　A_2——喉管处的截面积，m²；

　　C_V——文丘里流量计的流量系数，一般可取 $C_V = 0.98$。

文丘里流量计的优点是能量损失小，约为测得压头的 10%。但各部分尺寸都有严格要求，需要精细加工，因而造价较高。

1.8.4　转子流量计

转子流量计是由一根截面积逐渐向下缩小的垂直锥形玻璃管和一个能上下移动而比流体重的转子所构成的，如图 1-48。对于一定的流量，转子会停于一定的位置，说明作用于转子的上升力（即作用于转子下端与上端的压力差）与转子的净重力（转子的重力与浮力之差）相等。无论转子静止时停在什么位置，其 Δp 一定。当流量增大时，Δp 增大。转子的上升力大于净重力，转子上升，上升力逐渐下降，当上升力等于净重力时，转子停留在一个新的位置，Δp 又降至原来的数值。转子的停止位置越高，流量越大，反之越小。

设 V_f 为转子的体积，A_f 为转子的最大部分的截面积，ρ_f 为转子材质的密度，ρ 为被测流体的密度。

当转子在流体中处于平衡状态时，转子承受的压力差等于转子所受的重力减去流体对转

子的浮力

$$(p_1-p_2)A_f=V_f\rho_f g-V_f\rho g$$

$$\frac{p_1-p_2}{\rho}=\frac{V_f g(\rho_f-\rho)}{\rho A_f}$$

仿照孔板流量计 $u_R=C_R\sqrt{\dfrac{2\Delta p}{\rho}}$

$$V_s=u_R A_R=C_R A_R\sqrt{\frac{2gV_f(\rho_f-\rho)}{\rho A_f}} \qquad (1-72)$$

式中 A_R——转子与玻璃管间的环隙面积，m^2；

C_R——转子流量计的流量系数（与 Re、转子的形状有关）。

转子流量计的刻度，是出厂前用 20℃水或 20℃、101.325kPa（1atm）的空气（气体）标定的，当用于测量其他流体时，必须对原有的刻度进行校正。

在同一刻度下，两种流体的流量关系为

$$\frac{V_{s,2}}{V_{s,1}}=\sqrt{\frac{\rho_1(\rho_f-\rho_2)}{\rho_2(\rho_f-\rho_1)}} \qquad (1-73)$$

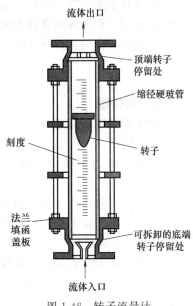

图 1-48 转子流量计

式中，下标 1 表示出厂标定时所用的流体；下标 2 表示实际工作时的流体。

转子流量计读取流量方便，能量损失小，能用于腐蚀性流体的测量，但由于是玻璃制品，不耐高压，安装时也容易破碎，并且转子流量计必须垂直安装。

孔板、文丘里流量计与转子流量计的主要区别在于：前面两种的节流口面积不变，流体流经节流口所产生的压强差随流量不同而变化，因此可通过流量计的压差计读数来反映流量的大小，这类流量计统称为差压流量计。而后者是使流体流经节流口所产生的压强差保持恒定，而节流口的面积随流量而变化，由此变动的截面积来反映流量的大小，即根据转子所处位置的高低来读取流量，故此类的流量计又称为截面流量计。

本 章 小 结

流体流动是重要而基础的单元操作，几乎所有其他的单元操作均会涉及。本章介绍了流体流动的基本原理、基础公式及其应用。在介绍了流体的密度、黏度等重要物性之后，论述了静力学方程的推导及应用。根据质量守恒得到了流体流动的连续性方程，根据机械能的衡算得到了伯努利方程。通过对管内流体流动状态的讲解和分析，得到了在不同流动状态下阻力损失的计算方法。并介绍了应用流体流动原理设计的流量计及其应用。

通过本章的学习，需要重点掌握与流体流动相关的连续性方程、伯努利方程及阻力计算方程以解决流体流动中的实际问题的方法。还需要应用流体流动的基本原理去解释实际生产生活中的现象和规律。

思 考 题

1. 估算汽车轮胎的胎压。
2. 简述阀门调节流量的原理。
3. 在管路系统中存在多入多出口的情况下，如何进行能量衡算？
4. 为什么层流的阻力系数只有一条线？

5. 查寻管子及管件的价格，分析其对成本的影响。

6. 伯努利方程的应用条件有哪些？

7. 边界层分离的条件是什么？

习　题

填空、选择题

1. 稳定流动中，流速只与_____有关，而不稳定流动中，流速除与____有关外，还与_____有关。

2. 在流体阻力实验中，以水作工质所测得的直管摩擦系数与雷诺数的关系适用于_____流体。

3. 当流体在管内流动时，如要测取管截面上流体的速度分布，应选用_____测量。

4. 当 Re 为已知时，流体在圆管内呈层流时的摩擦系数 $\lambda=$_____，在非光滑管内呈湍流时，摩擦系数 λ 与_____、_____有关。

5. 并联管路的特点是：①并联各管段压强降_____；②主管流量等于并联的各管段_____；③并联各管段中是管子长、直径小的管段通过的流量_____。

6. 减少流体在管路中流动阻力 $\sum h_f$ 的措施有：_____、_____、_____。

7. 流体在管内作层流流动时，速度分布呈_____，平均流速为管中心最大流速的_____。

8. 双液体 U 形差压计要求指示液的密度差（　　　　）。

A. 大　　　　　　B. 中等　　　　　　C. 小

计算题

9. 容器 A、B 分别盛有水和密度为 $900\mathrm{kg/m^3}$ 的酒精，水银压差计读数 R 为 15mm，若将指示液换成四氯化碳（体积与水银相同），而两容器内液面高度不变，压差计读数 R 为多少？（水银密度 $\rho_{水银}=13.6\times10^3\mathrm{kg/m^3}$，四氯化碳密度 $\rho_{CCl_4}=1.594\times10^3\mathrm{kg/m^3}$）

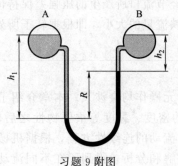

习题 9 附图

10. 水在如图所示的管中流动，截面 1-1′处的管内径为 0.2m，流速为 0.6m/s，截面 2-2′处的管内径为 0.1m。若忽略流体从截面 1-1′流动到截面 2 的能量损失，试计算在截面 1-1′、2-2′处水柱高度差 h 为多少米？

11. 如图所示，将密度为 $1200\mathrm{kg/m^3}$ 的碱液从碱液池中用离心泵打入塔内，塔顶表压为 $0.6\mathrm{kgf/cm^2}$。流量为 $15\mathrm{m^3/h}$，泵的吸入管阻力为 2m 碱液柱，排出管阻力（包括出入口等所有局部阻力）为 5m 碱液柱，试求：（1）泵的压头；（2）若吸入管内的流速为 1m/s，则泵真空表的读数为多少毫米汞柱？

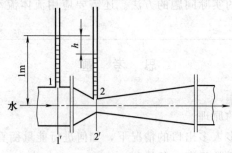

习题 10 附图

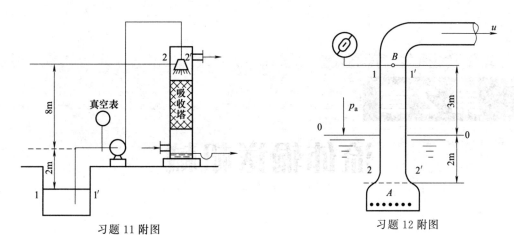

习题 11 附图

习题 12 附图

12. 如图所示为某泵的一段吸水管，内径为 200mm，管下端浸入贮水池水面以下 2m，管下口装有带滤水网的底阀，其阻力相当于 $10\dfrac{u^2}{2}$，在吸水管距水面 3m 处装有真空表，其读数为 300mmHg，若从 A 到 B 的阻力为 $0.1\dfrac{u^2}{2}$。试求：（1）吸水管入口 A 点的压力为多少？（2）吸水管内水的流量为多少？

本章主要符号说明

符号	意义与单位	符号	意义与单位
A	截面积，m^2	S	面积，m^2
C	系数	T	热力学温度，K
C_0, C_V	流量系数	u	流速，m/s
d	管道直径，m	u_{max}	流动截面上的最大速度，m/s
d_e	当量直径，m	v	比体积，m^3/kg
d_0	孔径，m	V	体积，m^3
g	重力加速度，m/s^2	V_s	体积流量，m^3/s
G	质量流速，$kg/(m^2 \cdot s)$	w_s	质量流量，kg/s
h_f	1kg 流体流动时为克服流动阻力而损失的能量，简称能量损失，J/kg	W_e	1kg 流体通过输送设备所获得的能量，或输送设备对 1kg 流体所作的有效功，J/kg
H_e	输送设备对流体所提供的有效压头，m	x_V	体积分数
H_f	压头损失，m	x_w	质量分数
K	系数	y	气相摩尔分数
L	长度，m	Z	高度，m
l_e	当量长度，m	**希腊字母**	
m	质量，kg		
M	分子量	α	倾斜角
N	输送设备的轴功率，kW	δ	边界层厚度，m
N_e	输送设备的有效功率，kW	δ_b	层流底层厚度，m
p	压强，Pa	ε	管道的绝对粗糙度，m
Δp_f	$1m^3$ 流体流动时所损失的机械能，或因克服流动阻力而引起的压强降，Pa	ζ	局部阻力系数
		λ	摩擦系数
r	半径，m	μ	黏度，$Pa \cdot s$
r_H	水力半径，m	ν	运动黏度，m^2/s
R	液柱压差计读数，m	Π	润湿周边长度，m
Re	雷诺数	ρ	密度，kg/m^3
		τ	内摩擦应力，Pa

第2章

流体输送机械

本章学习要求

1. 了解流体输送设备的作用。

2. 掌握离心泵的结构、特性曲线等基本知识。

3. 掌握工作点的概念及计算方法，了解不同的调节流量方式。

4. 了解其他类型的泵。

5. 了解风机的不同类型及基本使用。

2.1 概述

2.1.1 流体输送机械的基本要求

通过上一章的内容可以得到，在管路中流体会自发地从总机械能较高向总机械能较低的区域流动。但在化工生产中，常常需要将流体从低处输送到高处、从低压区送至高压区，或沿管道克服阻力送至较远的地方。为达到此目的，必须对流体加入外功，以克服流体阻力及补充输送流体时不足的机械能。为流体提供能量的机械称为流体输送机械，对流体输送机械的基本要求是：

① 满足工艺上对流量和能量的要求；

② 结构简单，投资费用低；

③ 运行可靠，效率高，日常维护费用低；

④ 能适应被输送流体的特性，如腐蚀性、黏性、可燃性等。

在上述的要求中，以满足流量和能量的要求最为重要。

2.1.2 流体输送机械的分类

化工生产中，输送的流体种类很多。流体的温度、压力等操作条件，流体的性质、流量以及所需要提供的能量等方面有很大的不同。为了适应不同情况下的流体输送要求，需要不同结构和特性的流体输送机械。流体输送机械根据工作原理的不同通常分为四类，即离心式、回转式、往复式、液体作用式，如表 2-1 所示。

气体与液体不同，气体具有可压缩性，而且气体的密度和黏度都较低。因此，气体输送机械与液体输送机械不尽相同。用于输送液体的机械称为泵，用于输送气体的机械称为风机及压缩机。

本章将结合化工生产的特点，讨论流体输送机械的作用原理、基本构造与性能及有关计

表 2-1　流体输送机械的分类

流体	离心式	回转式	往复式	液体作用式
液体	离心泵、旋涡泵、轴流泵	齿轮泵、螺杆泵	往复泵、柱塞泵、计量泵、隔膜泵	喷射泵、空气升液器
气体	离心式通风机、鼓风机与压缩机	罗茨鼓风机、液环（水环）压缩机与真空泵	往复压缩机与真空泵、隔膜压缩面	蒸汽或水喷射真空泵

算，以达到能正确选择和使用流体输送机械的目的。具体地说，就是根据输送任务，正确地选择输送设备的类型和规格，决定输送设备在管路中的位置，计算所消耗的功率等，使输送设备能在高效率下可靠地运行。本章以离心泵为重点进行讨论。

2.2　离心泵

离心泵是化工生产中最常用的一种液体输送机械，它的使用占化工用泵的 $80\%\sim90\%$，这是因为离心泵有以下优点：

① 结构简单，操作容易，便于调节和自控；

② 流量均匀，效率较高；

③ 流量和压头的适用范围较广；

④ 适于输送腐蚀性或含有悬浮物的液体。

当然，其他类型泵也有其本身的特点和适用场合，而且并非是离心泵所能完全代替的。因此在设计和使用时应视具体情况作出正确的选择。

2.2.1　离心泵的工作原理

图 2-1 是离心泵的装置简图，它的基本部件是旋转的叶轮和固定的泵壳。离心泵的蜗壳形泵壳内，有一固定在泵轴上的叶轮，叶轮上有 6～12 片稍微向后弯曲的叶片，叶片之间形成了使液体通过的通道。泵壳中央有一个液体吸入口与吸入管连接。液体经单向底阀和吸入管进入泵内。泵壳上的液体排出口与排出管连接。泵轴用电机或其他动力装置带动。

离心泵启动前，需要先将泵壳内灌满被输送的液体。启动后泵轴带动叶轮高速旋转，其转速一般为 1000～3000r/min。叶轮的旋转迫使叶片之间的液体随叶轮一起旋转，在离心力的作用下，液体沿着叶片间的通道从叶轮中心进口处被甩到叶轮外围并获得了能量，以很高的速度流入泵壳。液体流到蜗形通道后，由于截面逐渐扩大，液体的流速减慢，部分动能转换成静压能。于是液体以较高的压强，从排出口进入排出管，输送到所需的场所。图 2-2 表示了液体在泵内流动的情况。

当叶轮中心的液体被甩出后，泵壳的吸入口就形成

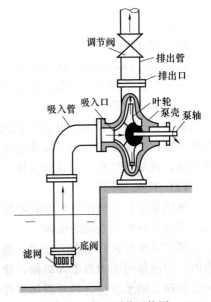

图 2-1　离心泵装置简图

图 2-2　液体在
泵内的流动

了一定的真空，外面的大气压力迫使液体经底阀吸入管进入泵内，填补了液体排出后的空间。这样，只要叶轮旋转不停，液体就不断地被吸入与排出。这就是离心泵的基本工作原理。

必须强调的是，离心泵是一种没有自吸能力的输送机械，即必须在吸入管道至泵壳内完全充满被输送液体的前提下才能正常工作。如果离心泵在启动前未充满被输送液体，则泵壳内存在空气。由于空气密度很小，叶轮旋转时所产生的离心力也很小。此时，在吸入口处所形成的真空度不足以将液体吸入泵内。这样，虽然启动了离心泵，但不能输送液体，此现象称为"气缚"，所以在启动前必须向壳内灌满液体。离心泵装置中吸入管路底阀的作用是防止启动前灌入的液体从泵底流出。滤网是为了防止固体物质进入泵内，损坏叶轮的叶片或妨碍泵的正常操作。排出管路上装有调节阀，可供开工、停工和调节流量时使用。

2.2.2　离心泵的主要部件

离心泵的主要部件有叶轮、泵壳和轴封装置等。

2.2.2.1　叶轮

从离心泵的工作原理可知，叶轮是离心泵的核心部件。高速旋转的叶轮将机械能传给液体，使液体的静压能和动能都有所提高，叶轮按结构可分为以下三种。

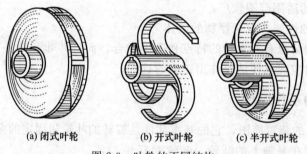

(a) 闭式叶轮　　　　(b) 开式叶轮　　　　(c) 半开式叶轮

图 2-3　叶轮的不同结构

(1) 闭式叶轮

如图 2-3 (a) 所示。闭式叶轮叶片两侧都有盖板，这种叶轮效率较高，应用最广，但只适用于输送清洁液体。一般离心泵大多采用闭式叶轮。

(2) 开式叶轮

如图 2-3 (b) 所示。开式叶轮两侧都没有盖板，制造简单，清洗方便。但由于叶轮和壳体不能很好地密合，部分液体会流回吸液侧，因而效率较低。它适用于输送含杂质较多的悬浮液，或输送浆状、糊状的液体。

(3) 半开式叶轮

如图 2-3 (c) 所示。半开式叶轮吸入口一侧没有前盖板，而另一侧有后盖板，它适用于输送含固体颗粒和杂质的液体。

闭式或半开式叶轮在工作时，离开叶轮的一部分高压液体可漏入后盖板与泵壳之间的缝隙内，因液体的压力高于入口侧，使叶轮遭受到向入口端推移的轴向推力。轴向推力能引起泵的振动，轴承发热，甚至损坏机件。为了减弱轴向推力，可在后盖板上钻几个小孔，称为平衡孔［见图 2-4 (a)］，让一部分高压液体漏到低压区以降低叶轮两侧的压力差。平衡孔对消除轴向推动力的作用是明显的，但由于液体通过平衡孔短路回流，增加了内泄漏量，因而降低了泵的效率。

按吸液方式的不同，叶轮可分为单吸式和双吸式两种，如图 2-4 所示。单吸式构造简单，液体从叶轮一侧被吸入；双吸式比较复杂，液体从叶轮两侧吸入。双吸式具有较大的吸液能力，而且基本上可以消除轴向推力。

根据叶轮上叶片的几何形状，可将叶片分为后弯、径向和前弯三种，由于后弯叶片有利于液体的动能转化为静压能，故而被广泛采用。

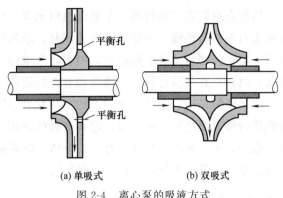

(a) 单吸式   (b) 双吸式

图 2-4　离心泵的吸液方式

2.2.2.2　泵壳

离心泵的泵壳多做成蜗壳形，其内有一个截面逐渐扩大的蜗形通道。叶轮在泵壳内沿着蜗形通道逐渐扩大的方向旋转。由于通道逐渐扩大，以高速度从叶轮四周抛出的液体可逐渐降低流速，减少能量损失，从而使部分动能有效地转化为静压能。因此，泵壳的作用不仅在于汇集液体，作导出液体的通道，而且又是一个能量转换装置。

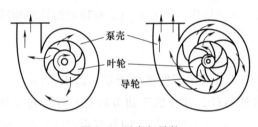

图 2-5　泵壳与导轮

有的离心泵为了减少液体进入蜗壳时的碰撞，在叶轮与泵壳之间安装一固定的导轮，如图 2-5 所示。导轮的叶片间形成了多个逐渐转向的孔道，使高速液体流过时能均匀而缓慢地将动能转化为静压能，且可减少能量损失。

2.2.2.3　轴封装置

由于泵轴转动而泵壳固定不动，在轴和泵壳的接触处必然有一定间隙。为避免泵内高压液体沿间隙漏出，或防止外界空气进入泵内，必须设置轴封装置。离心泵的轴封装置有图 2-6 所示的填料函和图 2-7 所示的机械密封两种。

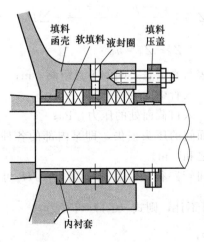

图 2-6　填料函

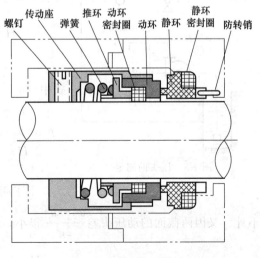

图 2-7　机械密封装置

填料密封装置（填料函）主要由填料函壳、软填料和填料压盖构成。软填料一般选用浸油或涂石墨的石棉绳。用螺钉将压盖压紧，填料压紧在填料函壳和转轴之间，以达到密封的目的。填料的密封装置结构简单，但需经常维修，且耗功率较大。因这种装置不能完全避免泄漏，故它不宜于输送易燃、易爆和有毒的液体。

机械密封是由一个装在转轴上的动环和另一固定在泵壳上的静环所构成。两个环形端面由弹簧的弹力使之贴紧在一起，起到密封的作用。机械密封适用于对密封要求较高的场合，如输送酸、碱、易燃、易爆及有毒的液体。随着磁能应用技术的发展，磁防漏技术已引起人们的注意。它可借助加在泵壳内的磁性液体达到密封和润滑作用。

2.2.3 离心泵的主要性能参数

为了正确选择和使用离心泵，需要了解离心泵的性能。离心泵的主要性能参数为流量、压头、功率、转速和汽蚀余量等。

(1) 流量 Q

泵的流量（又称送液能力）是指单位时间内泵所输送的液体体积，以 Q 表示，其单位为 m^3/s。我国生产的泵规格中也有用 m^3/h 或 L/s 表示的。离心泵的流量取决于泵的结构、尺寸（主要为叶轮的直径与叶片的宽度）和转速。应该指出，离心泵总是和特定的管路相联系的，因此离心泵的实际流量还与管路特性有关。

(2) 压头 H

离心泵的压头（又称扬程）是指离心泵对单位质量液体所提供的能量，以 H 表示，其单位为 m。离心泵的压头取决于泵的结构（如叶轮直径、叶片的弯曲方向等）以及转速和流量。对于某一特定的泵而言，在转速一定的条件下，压头与流量之间具有确定的关系。但由于流体在泵内的流动情况比较复杂，难以定量计算，所以泵的压头 H 与流量 Q 的关系一般通过实验测定。

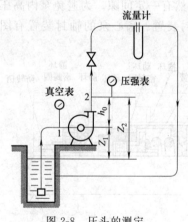

图 2-8 压头的测定

实验装置如图 2-8 所示。在泵的进、出口管路处分别安装真空表和压力表，在这两处管路截面 1、2 间列伯努利方程，即

$$H = (Z_2 - Z_1) + \frac{p_2 - p_1}{\rho g} + \frac{u_2^2 - u_1^2}{2g} + \sum H_f \quad (2\text{-}1)$$

$$Z_2 - Z_1 = h_0$$

式中 h_0——压力表与真空表之间的垂直距离，m；

u_2，u_1——泵出、入管中的液体流速，m/s；

p_2，p_1——泵出、入口截面处的压力，Pa；

$\sum H_f$——两截面间的压头损失，即泵内部的各种压头损失之和，m。

由于两截面之间管路很短，其压头损失 $\sum H_f$ 可忽略不计。又因两截面的动压头差 $\frac{u_2^2 - u_1^2}{2g}$ 很小，通常也可不计，则式（2-1）可写为

$$H = h_0 + \frac{p_2 - p_1}{\rho g} \quad (2\text{-}2)$$

【例 2-1】 用 20℃清水测定某离心泵的压头 H。当流量为 $10m^3/h$ 时，测得泵吸入口处真空表的读数为 21.3kPa，泵出口压力表的读数为 180kPa；两表间的垂直距离为 0.4m。试求该泵在此流量条件下的压头。

解 由附录查得 20℃清水的密度为 $\rho = 998.2kg/m^3$。

根据题意有 $h_0 = 0.4m$；$p_1 = 21.3kPa$（真空度），$p_2 = 180kPa$（表压）

所以 $H = h_0 + (p_2 - p_1)/\rho g = 0.4 + (180 + 21.3) \times 10^3/(998.2 \times 9.81) = 20.96m$

(3) 效率 η

离心泵工作时，泵内存在各种功率损失，因此从原动机输入的轴功率 N 不能全部转变为液体的有效功率 N_e，致使泵的有效压头和流量都较理论值为低，通常用效率来反映能量损失。

离心泵的能量损失包括以下几项：

① 泵内的流体流动摩擦损失（又称水力损失），使叶轮给出的能量不能全部被液体获得，仅获得有效压头 H，水力损失可用水力效率 η_h 来表示；

② 泵内有部分高压液体泄漏到低压区，使排出液体的流量小于流经叶轮的流量，而造成的功率损失称为流量损失（又称容积损失），容积损失可用容积效率 η_v 来表示；

③ 泵轴与轴承之间的摩擦，以及泵轴密封处的摩擦等造成的功率损失，称为机械损失，机械损失可用机械效率 η_m 来表示。

离心泵的效率反映上述三项能量损失的总和，故又称为总效率。因此总效率为上述三个效率的乘积，即

$$\eta = \eta_h \eta_v \eta_m \tag{2-3}$$

离心泵的效率与泵的大小、类型、制造精密程度及其所输送的液体性质有关。一般小型泵的效率为 50%～70%，大型泵可达 90% 左右。

(4) 轴功率 N

离心泵的轴功率是指泵轴所需的功率。当泵直接由电动机带动时，它即是电机传给泵轴的功率，以 N 表示，其单位为 W 或 kW。离心泵的轴功率通常随设备的尺寸、流体的黏度、流量等的增大而增大，其值可用功率表等装置进行测量。

离心泵的有效功率是指液体从叶轮获得的能量，二者之间关系为

$$N = \frac{N_e}{\eta} \tag{2-4}$$

而

$$N_e = HQ\rho g \tag{2-5}$$

式中，N——轴功率，W；N_e——有效功率，W；Q——泵在输送条件下的流量，m^3/s；H——泵在输送条件下的压头，m；ρ——输送液体的密度，kg/m^3；g——重力加速度，m/s^2。

如离心泵的功率用 kW 来计量，则

$$N = \frac{QH\rho}{102\eta} \tag{2-6}$$

离心泵启动或运转时可能超过正常负荷，所以电机的功率应比泵的轴功率大些，电机功率大小在泵样本中有说明。

2.2.4 离心泵的特性曲线及其影响因素

2.2.4.1 离心泵的特性曲线

将实验测得的离心泵的流量 Q 与压头 H、轴功率 N 及效率 η 间的关系，通过特定的坐

标系绘成一组关系曲线，称为离心泵的特性曲线或工作性能曲线。此曲线通常由泵的制造商提供并附于离心泵样本或说明书中，供用户选择和操作离心泵时参考。

> 离心泵的特性曲线由泵的型号及泵的转速确定。

图 2-9 表示某型号离心泵在转速 $n=2900\text{r/min}$ 下用 20℃清水测得的特性曲线。其中：
① $H\text{-}Q$ 曲线表示 H 与 Q 的关系，通常 H 随 Q 的增大而减小。不同型号的离心泵，

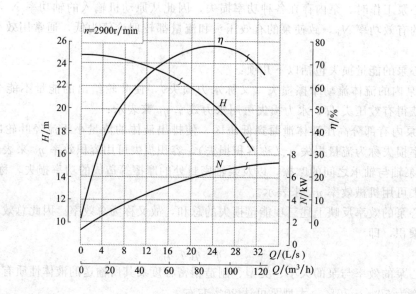

图 2-9　某离心泵的特性曲线

$H\text{-}Q$ 曲线的形状有所不同。有的离心泵 $H\text{-}Q$ 曲线较平坦，其特点是流量变化较大而压头变化不大；而有的泵 $H\text{-}Q$ 曲线陡峭，当流量变动很小时，压头变化很大，适用于压头变化大而流量变化小的情况。

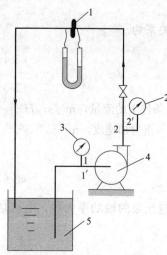

图 2-10　【例 2-2】附图
1—流量计；2—压强表；
3—真空表；4—离心泵；
5—贮槽

② $N\text{-}Q$ 曲线表示 N 与 Q 的关系，N 随 Q 的增大而增大。当 $Q=0$ 时，N 最小。所以在离心泵启动前应先关闭泵的出口阀门，以减小启动电流以达到保护电机的目的。

③ $\eta\text{-}Q$ 曲线表示 η 与 Q 的关系，开始 η 随 Q 的增大而增大，达到最大值后，又随 Q 的增大而减小。曲线上最高的效率点通常称为设计点。泵在与最高效率点相对应的流量及压头下工作最为经济，与最高效率点对应的 Q、H、N 值称为最佳工况参数。离心泵的铭牌上标出的性能参数就是指该泵在运行时效率最高点的性能参数。实际生产中，泵不可能正好在设计点下运转，所以各种离心泵都规定一个高效区，一般取最高效率以下 7%范围内为高效区。

【例 2-2】　为了测量一台离心泵的性能，采用本题附图所示和稳定流动系统。在转速为 2900r/min 时，以 20℃的清水为介质测得以下数据：

孔板流量计压差计读数为 $1.2\times10^5\text{Pa}$，泵出口处压强

表读数为 $2.55×10^5$Pa，泵入口处真空表读数为 $2.67×10^4$Pa，电动机所消耗的电功率为 6.2kW。由实验提供的流量曲线查得，流量计读数为 $1.2×10^5$Pa 时，对应的流量为 12.5L/s。两测压点间的垂直距离为 0.5m。泵由电动机直接带动，传动效率可视为 1，电动机的效率为 0.93。泵的吸入与排出管路具有相同的管径。

试求该泵在输送条件下的压头、轴功率和效率。

解：（1）泵的压头 真空计和压强表所处的截面分别为 1-1′ 截面及 2-2′ 截面，在两截面间列以单位质量流体为基准的伯努利方程，即

$$Z_1+\frac{p_1}{\rho g}+\frac{u_1^2}{2g}+H_e=Z_2+\frac{p_2}{\rho g}+\frac{u_2^2}{2g}+H_{f,1-2}$$

式中，$Z_2-Z_1=0.5$m。

$$p_1=-2.67×10^4\text{Pa（表压）}$$
$$p_2=2.55×10^5\text{Pa（表压）}$$

吸入与排出管路的直径相同，故 $u_1=u_2$。

两测压口到泵的管路很短，其间流动阻力可忽略不计，则 $H_{f,1-2}≈0$，所以

$$H=0.5+\frac{2.55×10^5+2.67×10^4}{1000×9.81}=29.2\text{m}$$

（2）泵的轴功率 功率表测得功率为电动机的输入功率，由于电动机直接带动，传动效率可视为 1，所以电动机输出的功率等于泵的轴功率。电动机本身消耗一部分功率，其效率为 0.93，于是轴功率为

$$N_{轴}=N_{电}×\eta_{电机}×\eta_{传动}=6.2×0.93×1=5.77\text{kW}$$

（3）泵的效率

$$\eta=\frac{QH\rho g}{N_{轴}}=\frac{12.5×29.2×1000×9.81}{5.77×1000}=62\%$$

在上题的实验中，如果改变出口阀门的开度，测出各个不同的送水量下的有关数据，计算出相应的 H、N 和 η 值，并将这些数据标绘于坐标纸上，即得该泵在固定转速之下的特性曲线。

2.2.4.2 影响离心泵性能的主要因素

(1) 液体物性对离心泵性能的影响

① 密度的影响 离心泵的压头、流量、效率均与液体的密度无关。所以离心泵特性曲线中的 H-Q 及 η-Q 曲线保持不变。但泵的轴功率与输送液体的密度有关，随液体密度而改变。因此，当被输送液体与水不同时，原离心泵特性曲线中的 N-Q 曲线不再适用，此时泵的轴功率需使用式（2-6）重新计算。

② 黏度的影响 若被输送液体的黏度大于常温下清水的黏度，则泵体内部液体的能量损失增大，泵的压头、流量都要减小，效率下降，而轴功率增大，亦即泵的特性曲线将发生改变，对小型泵的影响尤为显著。当液体的运动黏度 $\nu(\nu=\mu/\rho)>2×10^{-5}$ m²/s 时，需要参考有关手册予以校正。

(2) 转速对离心泵特性的影响

离心泵的特性曲线是在一定转速 n 下测定的，当 n 改变时，泵的流量 Q、压头 H 及功率 N 也相应改变。对同一型号泵、同一种液体，在效率 η 不变的条件下，Q、H、P 随 n 的变化关系如下式

$$\frac{V_{s2}}{V_{s1}}=\frac{n_2}{n_1}, \quad \frac{H_2}{H_1}=\left(\frac{n_2}{n_1}\right)^2, \quad \frac{N_2}{N_1}=\left(\frac{n_2}{n_1}\right)^3 \tag{2-7}$$

式中，Q_1、H_1、N_1 及 Q_2、H_2、N_2 分别为转速是 n_1 和 n_2 时的特性参数。式（2-7）称为离心泵的比例定律。当泵的转速变化在 $\pm 20\%$、泵的效率可视为不变时，用上式进行计算误差不大。

若在转速为 n_1 的特性曲线上多选几个点，利用比例定律算出转速为 n_2 时的相应数据，并将结果标绘在坐标纸上，即可得到转速为 n_2 时的离心泵特性曲线。

（3）叶轮直径对离心泵特性的影响

当离心泵的转速一定时，通过切割叶轮直径 D，使其变小，也能改变特性曲线，即改变流量 Q、压头 H 及功率 N。对同一型号泵、同一液体、同一转速，当叶轮直径 D 的切割量小于 5% 时，泵的效率不变。此时，泵的 Q、H、N 随 D 的变化关系如下式

$$\frac{V_{s2}}{V_{s1}}=\frac{D_2}{D_1}, \quad \frac{H_2}{H_1}=\left(\frac{D_2}{D_1}\right)^2, \quad \frac{N_2}{N_1}=\left(\frac{D_2}{D_1}\right)^3 \tag{2-8}$$

式中，Q_1、H_1、N_1 及 Q_2、H_2、N_2 分别为 D_1 和 D_2 时的特性参数。

为方便用户的使用，通常离心泵的生产厂家以原叶轮为基准，按规范对叶轮分别进行 $1\sim2$ 次切割，用 A 或 B 表示切割序号，以供用户选购。

2.2.5　离心泵的工作点与流量调节

离心泵安装在一定的管路系统中，以一定转速工作时，其流量与压头不仅与离心泵本身的特性有关，而且与管路的工作特性有关。即在输送液体的过程中，泵与管路是相互制约的。

2.2.5.1　管路特性曲线

管路特性可用管路特性方程或管路特性曲线来表示，它表示管路中流量（或流速）与压头的关系。

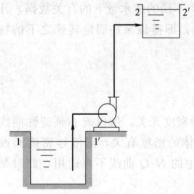

图 2-11　输送系统示意图

图 2-11 是一个输送系统示意图。若贮槽与受液槽的液面及液面上的压力均保持恒定，液体在管路系统中流动时所需的外加压头可通过在两槽液面间列伯努利方程式求得，即

$$H=\Delta Z+\frac{\Delta p}{\rho g}+\frac{\Delta u^2}{2g}+\sum H_f$$

对于特定的管路系统，$\Delta Z+\Delta p/\rho g$ 为固定值，与管路中的液体流量 Q 无关，令 $A=\Delta Z+\Delta p\rho g$。因液体贮槽与高位槽的截面比管路截面大很多，则槽中液体流速很小，可忽略不计，即 $\Delta u^2/2g\approx 0$。上式可简化为

$$H=A+\sum H_f \tag{2-9}$$

式中的压头损失为

$$\sum H_f=\left(\lambda\frac{L+\sum L_e}{d}+\sum\zeta\right)\frac{u^2}{2g}$$

将 $u=Q/(\pi d^2/4)$ 代入上式得

$$\sum H_f=\frac{8}{\pi^2 g}\left(\lambda\frac{l+\sum l_e}{d^5}+\frac{\sum\zeta}{d^4}\right)Q^2 \tag{2-10}$$

式中，Q——管路中液体流量，$\mathrm{m^3/s}$；d——管子内径，m；$l+\sum l_e$——管路中的直管长度与局部阻力的当量长度之和，m；ζ——局部阻力系数；λ——摩擦系数。

对于给定的管路，且当阀门开度一定时，d、l、l_e 及 ζ 均为定值，湍流时摩擦系数 λ 的变化很小，一般多处于阻力平方区，λ 可视为常数，所以可令

$$B=\frac{8}{\pi^2 g}\left(\lambda\frac{L+\sum L_e}{d^5}+\frac{\sum\zeta}{d^4}\right)$$

则式（2-10）可写成

$$\sum H_f = BQ^2 \tag{2-11}$$

将式（2-11）代入式（2-9）中得

$$H = A + BQ^2 \tag{2-12}$$

式（2-12）称为管路特性方程，表示在给定管路系统中，在一定操作条件下，流体通过该管路系统时所需要的压头和流量的关系。将此关系标绘在相应的坐标图上，即得图 2-12
所示 H-Q 曲线，该曲线称为管路特性曲线，或管路阻力曲线。式中，B 为管路特性系数，它与管路长度、管径、摩擦系数及局部阻力系数有关。B 值较大的管路，称为高阻力管路；B 值较小的管路，则称为低阻力管路。上线的形状由管路布局与操作条件来确定，而与泵的性能无关。

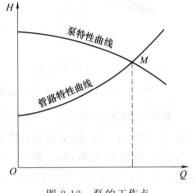

图 2-12　泵的工作点

2.2.5.2　离心泵的工作点

输送液体是靠泵和管路共同完成的。一台离心泵安装在一定的管路系统中工作，包括阀门开度也一定时，就有一定的流量与压头。此流量与压头是离心泵特性曲线与管路特性曲线交点处的流量与压头。此点称为泵的工作点，如图 2-13 中 M 点所示。显然，在 M 点对应的流量 Q 下所对应的压头 H，既是管路系统所要求的压头，又是离心泵所能提供的压头。也可以联立求解泵特性方程与管路特性方程得到工作点的流量与压头。若工作点对应效率是在最高效率区，则说明该工作点是适宜的。

2.2.5.3　流量调节

离心泵在指定的管路上工作时，由于生产任务发生变化，出现泵的工作流量与生产要求不相适应；或已选好的离心泵在特定的管路中运转时，所提供的流量不一定符合输送任务的要求等情况。对于这两种情况，都需要对泵进行流量调节。而离心泵的流量调节实际上就是改变泵的工作点。由于离心泵的工作点为泵的特性曲线和管路特性曲线所决定，改变任一曲线均可达到调节流量的目的。

（1）改变管路特性曲线——改变泵出口阀门开度

改变离心泵出口管路上阀门的开度，即可改变管路特性曲线。例如，原来的管路特性曲线为曲线Ⅱ，工作点在 M 点，当阀门关小时，阀门的当量长度增大，导致相同流量对应的管路阻力加大，所以管路特性曲线变陡，如图 2-13 中曲线Ⅰ所示。工作点由 M 点移至 A 点，流量由 Q_M 降至 Q_A。当阀门开大时，当量长度减小，相同流量对应的管路阻力减小，管路特性曲线变得平坦，如图中曲线Ⅲ所示，工作点移至 B 点，流量加大到 Q_B。采用阀门来调节流量快速简便，且流量可以连续变化，适合化工连续生产的特点，因而应用十分广

泛。其缺点是阀门开度关小时，阀的局部阻力增大使得管路的总流动阻力增大，因流动阻力加大需要额外消耗一部分能量，且使得泵往往工作在低效区，因此经济性较差。这种通过改变管路特性曲线的形状，从而达到改变离心泵的工作点的方法，称为管路特性曲线调节法。

  (2) 改变泵的转速

  改变离心泵转速调节流量，实质上是维持管路特性曲线不变，而改变泵的特性曲线。如图 2-14 所示。

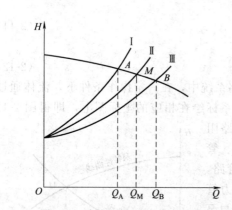

图 2-13   阀门开度对工作点的影响

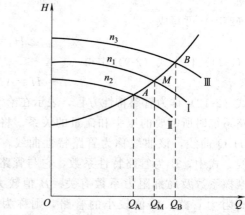

图 2-14   叶轮转速对工作点的影响

  泵原来的转速为 n_1，工作点为 M；若转速降至 n_2，泵的特性曲线 H-Q 向下移，工作点由 M 变至 A 点，流量由 Q_M 降至 Q_A；若转速提高至 n_3，H-Q 曲线便向上移，工作点移至 B 点，流量加大到 Q_B。由式（2-6）可知，流量随转速的下降而减小，动力消耗也相应降低。因此，从能量消耗的角度来看是很合理的。现代的化工生产过程中已经十分普遍地采用变频器进行流量的调节。

  此外，根据式（2-7），减少叶轮直径也可以改变泵的特性曲线，使泵的流量变小并降低能耗，但一般可调节范围不大，与前者相同，难以做到流量的连续调节，且直径减小不当还会降低泵的效率，故实际生产中也很少采用。

  这种通过改变离心泵特性曲线的形状，从而达到改变离心泵的工作点的方法，称为泵特性曲线调节法。

  【例 2-3】 某输水系统，泵和管路的特性方程分别为泵 $H = 30 - 0.01Q^2$，管路 $H = 10 + 0.05Q^2$。

式中，Q 的单位是 m^3/h。

  试求：(1) 该系统的输水量为多少？(2) 若要求输水量为 $16m^3/h$，应采取什么措施，两条特性曲线有何变化？

  解：(1) 离心泵在工作时 $H_泵 = H_管$，即

$$30 - 0.01Q^2 = 10 + 0.05Q^2$$

解得 $Q = 18.3 m^3/h$。

  (2) 若要求输水量为 $16m^3/h$，由于流量减小程度不大，可采用调节出口阀的措施。在此情况下，泵的特性方程不变，而管路的特性方程式将有所改变。根据式（2-12），式中的 A 未发生变化，只是 B 发生改变，即

$$30 - 0.01Q^2 = 10 + BQ^2$$

将 $Q = 16m^3/h$ 代入上式，可求得 $B = 0.068$，则新的管路特性方程为

$$H = 10 + 0.068Q^2$$

（3）离心泵的并联与串联

在实际生产过程中，当单台离心泵不能满足输送任务时，可采用离心泵的并联或串联操作。下面以两台性能相同的泵为例，讨论离心泵组合操作的特性。

① 离心泵的并联　设将两台型号相同的泵并联于管路系统中，且各自的吸入管路相同，则两台泵的流量和压头必定相同。显然，在同一压头下，并联泵的流量为单台泵的两倍。并联泵的特性曲线可以使用如下方法得到：依据图 2-15 上单台泵特性曲线 Ⅰ 上一系列坐标点，保持纵坐标不变，而将横坐标加倍，连接一系列加倍横坐标值的点便可得到两台泵并联操作的合成特性曲线 Ⅱ。

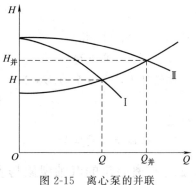

并联泵的工作点由并联特性曲线与管路特性曲线的交点决定。由图可见，由于流量加大使管路流动阻力加大，并联后的总流量必低于单台泵流量的两倍，而且并联压头略高于单台泵的压头。并联泵的总效率与单台泵的效率相同。

② 离心泵的串联　两台型号相同的泵串联操作时，每台泵的流量和压头也各自相同。因此，在同一流量下，两台串联泵的压头为单台泵压头的两倍。串联泵的合成特性曲线可用图 2-16 上单台泵特性曲线 Ⅰ 保持横坐标不变，纵坐标加倍的方法合成曲线 Ⅱ。

图 2-15　离心泵的并联

同样，串联泵的工作点由合成特性曲线与管路特性曲线交点来决定。由图可见，两台泵串联操作的总压头必低于单台泵压头的两倍，流量大于单台泵，串联泵的效率为串联状况下单台泵的效率。

③ 离心泵组合方式的选择　生产中采用何种组合方式能够取得最佳经济效果，应视管路要求的压头和特性曲线形状而定。

a. 如果单台泵所能提供的最大压头小于管路两端的 $\Delta Z + \Delta p/\rho g$ 值，则只能采用泵的串联操作。

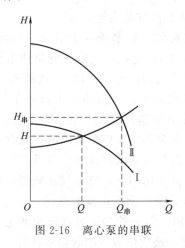

图 2-16　离心泵的串联

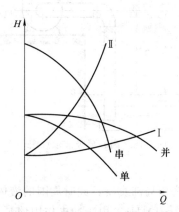

图 2-17　离心泵组合方式的选择

b. 对于管路特性曲线较平坦的低阻力型管路（如图 2-17 中曲线 Ⅰ 所示），采用并联组合方式可获得较串联组合方式高的流量和压头；反之，对于管路特性曲线较陡的高阻力型管路（如图 2-17 中曲线 Ⅱ 所示），则宜采用串联组合方式。

【例 2-4】　已知某泵的特性方程式为 $H = 20 - 2Q^2$，式中 H 为泵的压头（m），Q 为流量（m^3/min）。现该泵用于两敞口容器之间送液（两容器的液面差为 10m），已知单泵使用时流量为 $1m^3/min$。欲使流量增加 50%，试问应将相同的两台泵并联还是串联使用？

解：设管路的特性方程式为 $H=A+Q^2$。根据已知条件：当 $Q=0$ 时，$H=10m$；当 $Q=1$ 时，单泵特性曲线为，$H=20-2\times1^2=18m$。因此，管路特性方程式为 $H=10+8Q^2$。

（1）两台泵并联操作

令管路总流量为 Q，每台泵的流量为 $\frac{1}{2}Q$，单台泵的压头不变，则

$$10+8Q^2=20-2\left(\frac{1}{2}Q\right)^2$$

解得 $Q=1.08m^3/min$。

（2）两台泵串联操作

此情况下，单台泵的流量和管路内的总流量相同，泵的压头加倍，即

$$10+8Q^2=2(20-2Q^2)$$

解得 $Q=1.58m^3/h$。

因此，欲使流量增加 50%，需要采用两泵的串联组合方式。

2.2.6 离心泵的汽蚀现象与安装高度

2.2.6.1 汽蚀现象

从离心泵工作原理的分析中可知，由离心泵的吸入管路到离心泵入口，并无外界对液体做功，液体是由于离心泵入口的静压力低于外界压力而使液体流入泵内的，所以存在离心泵的安装高度问题。

离心泵的吸液管路如图 2-18 所示。以贮液槽的液面为基准面，列出槽液面 0-0 与 1-1 截面间的伯努利方程，得

$$\frac{p_1}{\rho g}=\frac{p_0}{\rho g}-H_g-\frac{u_1^2}{2g}-\sum H_f \qquad (2-13)$$

式中，H_g 为泵的安装高度，m。

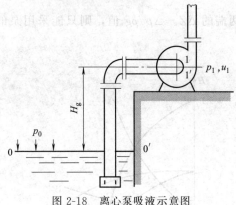

图 2-18 离心泵吸液示意图

由此式可知，贮槽液面上方 p_0 一定时，若泵的安装高度 H_g 越高，或吸液管路内液体流速 u_1 与压头损失 $\sum H_f$ 越大，则 p_1 就越小。但 p_1 的减小是有限制的，一旦当泵入口处压力 p_1 减小到等于或小于输送温度下液体的饱和蒸气压时，液体将在泵的吸入口附近沸腾汽化并产生大量的气泡；这些气泡随同液体从泵低压区流向高压区后，在高压作用下迅速凝结或破裂，因气泡的消失产生局部真空，此时周围的液体以极高的速度冲向原气泡所占据的空间，冲击频率可高达 $10^4\sim10^5 Hz$；由于冲击作用使泵体震动并产生噪声，且叶轮局部处在巨大冲击力的反复作用下，使材料表面疲劳，从开始的点蚀到生成裂缝，最终形成海绵状物质剥落，使叶轮或泵体受到破坏，这种现象称为离心泵的汽蚀现象。

汽蚀有以下危害性：①气泡产生量较大时，泵内液体流动的连续性遭到破坏，泵的流量、压头和效率均会明显下降，泵不能正常操作，并可能产生气缚现象；②产生噪声和振动，影响离心泵的正常运行和工作环境；③泵壳和叶轮的材料遭受损坏，降低了泵的使用

寿命。

从上述分析可知，气蚀的产生是由于叶片入口附近的液体压强小于该温度下的饱和蒸气压。而产生低压强的原因是多样的，例如泵的安装高度过高、入口管路阻力过大、液体温度过高等。为避免发生汽蚀现象，就需要保证入口处的压强高于输送温度下液体的饱和蒸气压。

2.2.6.2 离心泵的最大安装高度

为了避免汽蚀的发生，泵的安装高度不能太高，合理确定泵的安装高度是防止发生汽蚀现象的有效措施。在国产离心泵标准中，采用以下两种抗汽蚀性能指标来限定泵吸入口附近的最低压力。

(1) 离心泵的汽蚀余量

为防止汽蚀现象发生，在离心泵入口处液体的静压头 ($p_1/\rho g$) 与动压头 ($u_1^2/2g$) 之和必须大于操作温度下液体的饱和蒸气压头 ($p_s/\rho g$) 某一数值，此数值即为离心泵的汽蚀余量。可见汽蚀余量的定义式为

$$NPSH = \frac{p_1}{\rho g} + \frac{u_1^2}{2g} - \frac{p_s}{\rho g} \tag{2-14}$$

式中   NPSH——离心泵的汽蚀余量，对油泵也可用符号 Δh 表示，m；

p_s——操作温度下液体的饱和蒸气压，Pa。

前面指出，泵内发生汽蚀的临界条件是叶轮入口附近（假设截面为 $k\text{-}k'$，图中未绘出）的最低压强等于液体的饱和蒸气压 p_v。此时泵入口处（截面 1-1'）的压强必等于某确定的最小值 $p_{1,\min}$。若在泵入口 1-1' 和叶轮入口附近 $k\text{-}k'$ 两截面间列伯努利方程式，可得

$$\frac{p_{1,\min}}{\rho g} + \frac{u_1^2}{2g} = \frac{p_s}{\rho g} + \frac{u_k^2}{2g} + H_{f,1-k} \tag{2-15}$$

根据汽蚀信息量定义式（2-14）和式（2-15），可得

$$(NPSH)_c = \frac{p_{1,\min} - p_s}{\rho g} + \frac{u_1^2}{2g} = \frac{u_k^2}{2g} + H_{f,1-k} \tag{2-16}$$

式中 $(NPSH)_c$——临界汽蚀余量，m。

由式（2-13）可知，当流量一定且流体流动进入阻力平方区时，汽蚀余量仅仅与泵的结构和尺寸有关，因此它是离心泵的抗汽蚀性能。

$(NPSH)_c$ 是由泵制造厂通过实验测定得到的。实验方法是，在一固定流量下，通过关小泵吸入管路的阀门，逐渐降低 p_1，直至泵内恰发生汽蚀（以泵的压头较正常值下降3%作为发生汽蚀的依据）时测得相应的 $p_{1,\min}$，然后按式（2-16）即可计算出该流量下泵的临界汽蚀余量。$(NPSH)_c$ 随流量增加而加大。

为确保离心泵的正常操作，通常将所测得的临界汽蚀余量加上一定的安全量，称为必需汽蚀余量，记为 $(NPSH)_r$。在离心泵性能表中给出的是必需汽蚀余量 $(NPSH)_r$。在一些离心泵的性能曲线图中，也绘出 $(NPSH)_r$ 与 Q 的变化关系曲线，如图 2-19 所示。

应予指出，泵性能表给出的 $(NPSH)_r$ 值是按输送 20℃ 的清水测定得到的。当输送其他液体时应乘以校正系数予以修正。但因一般校正系数小于 1，故通常将它作为外加的安全因素，不再校正。

(2) 离心泵的允许吸上真空度

如前所述，为避免汽蚀现象，泵入口处压强 p_1 应为允许的最低绝对压强，但习惯上常把 p_1 表示为真空度。若当地大气压为 p_a，则泵入口处的最高真空度为 $p_a - p_1$，单位为 Pa。

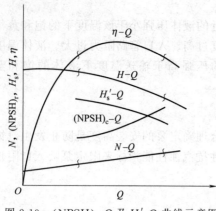

图 2-19 (NPSH)$_r$-Q 及 H'_s-Q 曲线示意图

若真空度以输送液体的液柱高度来计量，则此真空度称为离心泵的允许吸入真空度，以 H'_s 来表示，即

$$H'_s = \frac{p_a - p_1}{\rho g} \qquad (2\text{-}17)$$

式中　H'_s——离心泵允许吸上真空度，指在泵入口处可允许达到的最高真空度，m 液柱；

　　　　p_a——当地大气压强，Pa；

　　　　p_1——泵吸入口处允许的最低绝对压强，Pa；

　　　　ρ——被输送液体的密度，kg/m^3。

应予指出，H'_s 既然是真空度，其单位应是压强的单位，通常以 m 液柱来表示。在水泵的性能表里一般把它的单位写成 m（实际上应为 mH$_2$O），这一点应特别注意，免得在计算时产生错误。但在伯努利方程式中 $(p_a - p_1)/\rho g$ 又具有静压头的物理意义，且两者在数值上是相等的。

泵的允许吸上真空度 H'_s 是泵的抗汽蚀性能参数，其值与泵的结构、流量、被输送液体的性质及当地大气压等因素有关。H'_s 值通常由泵的制造厂实验测定。实验是在大气压为 98.1kPa（10mH$_2$O）下，以 20℃清水为介质进行的。实验值列在一些泵样本或说明书的性能表中。一些泵的特性曲线上也给出 H'_s-Q 曲线，如图 2-19 所示。由图可见，H'_s 随 Q 增大而减小。这一规律与 (NPSH)$_r$-Q 变化关系恰好相反。

若输送其他液体，且操作条件与上述的实验条件不符时，可按下式对水泵性能表上的 H'_s 值进行换算。

$$H_s = \left[H'_s + (H_a - 10) - \left(\frac{p_s}{9.81 \times 10^3} - 0.24 \right) \right] \frac{1000}{\rho} \qquad (2\text{-}18)$$

式中　H_s——操作条件下输送液体时的允许吸上真空度，m 液柱；

　　　　H'_s——实验条件下输送水时的允许吸上真空度，mH$_2$O；

　　　　H_a——泵安装地区的大气压强，mH$_2$O，其值随海拔高度不同而异，可参阅表 2-2；

　　　　p_s——操作条件下液体的饱和蒸气压，Pa；

　　　　10——实验条件下的大气压，mH$_2$O；

　　　0.24——20℃下水的饱和蒸气压，mH$_2$O；

　　　1000——实验条件下水的密度，kg/m^3；

　　　　ρ——操作条件下液体的密度，kg/m^3。

表 2-2　不同海拔高度的大气压强

海拔高度/m	0	100	200	300	400	500	600	700	800	1000	1500	2000	2500
大气压强/mH$_2$O	10.33	10.20	10.09	9.95	9.85	9.74	9.60	9.50	9.39	9.19	8.64	8.15	7.62

（3）离心泵的允许安装高度

离心泵的允许安装高度（又称允许吸上高度）是指泵的吸入口与吸入贮槽液面间可允许达到的最大垂直距离，以 H_g 表示。

在图 2-17 中，假设离心泵在可允许的安装高度下操作，于贮槽液面 0-0′ 与泵入口处 1-1′ 两截面间列伯努利方程式，可得

$$H_g = \frac{p_0 - p_1}{\rho g} - \frac{u_1^2}{2g} - H_{f,0-1} \qquad (2\text{-}19)$$

式中　H_g——泵的允许安装高度，m；

$\quad\quad H_{f,0-1}$——液体流经吸入管路的压头损失，m；

$\quad\quad p_1$——泵入口处可允许的最小压强，也可写成 $p_{1,min}$，Pa。

若贮槽上方与大气相通，则 p_0 即为大气压强 p_a，上式可表示为

$$H_g = \frac{p_a - p_1}{\rho g} - \frac{u_1^2}{2g} - H_{f,0-1} \qquad (2\text{-}20)$$

若已知离心泵的必需汽蚀余量，则由式（2-14）和式（2-19）可得

$$H_g = \frac{p_0 - p_s}{\rho g} - (NPSH)_r - H_{f,0-1} \qquad (2\text{-}21)$$

若已知离心泵的允许吸上真空度，则由式（2-17）和式（2-19）可得

$$H_g = H'_s - \frac{u_1^2}{2g} - H_{f,0-1} \qquad (2\text{-}22)$$

根据泵性能表上历列的是汽蚀余量或是允许吸上真空度，相应地选用式（2-21）或式（2-22）来计算离心泵的允许安装高度。通常为安全起见，离心泵的实际安装高度应比允许安装高度低 $0.5\sim1m$。

【例 2-5】 某台离心泵，从样本上查得允许汽蚀余量 $\Delta h = 2.0 mH_2O$。若泵吸入口距水面以上 4m 高度处，吸入管路的压头损失为 $1.5 mH_2O$，当地大气压为 0.1MPa。

试求：（1）用此泵将敞口蓄水池中 40℃ 的水输送出去，泵的安装高度是否合适？（2）若水温为 80℃，此时泵的安装高度是否合适？

解：（1）40℃ 水的饱和蒸气压 $p_s = 7.377 kPa$，密度 $\rho = 992.2 kg/m^3$，已知：$p_0 = 100 kPa$，$\sum H_f = 1.5 mH_2O$，$\Delta h = 2.0 mH_2O$，则

$$H_{gmax} = \frac{p_0 - p_s}{\rho g} - \Delta h - \sum H_f = \frac{(100 - 7.377) \times 10^3}{992.2 \times 9.81} - 2.0 - 1.5 = 6.02m > 4m$$

说明安装高度合适。

（2）80℃ 水的饱和蒸气压 $p_s = 47.36 kPa$，密度 $\rho = 971.8 kg/m^3$

$$H_{gmax} = \frac{p_0 - p_s}{\rho g} - \Delta h - \sum H_f = \frac{(100 - 47.36) \times 10^3}{971.8 \times 9.81} - 2.0 - 1.5 = 2.02m < 4m$$

由于实际安装高度大于最大安装高度，在输送过程中会发生汽蚀现象，故泵的安装高度不合适。

由上例可看出，当液体的输送温度较高或沸点较低时，由于液体的饱和蒸气压较高，就要特别注意泵的安装高度。若泵的允许安装高度较低，可采用下列措施：

① 尽量减小吸入管路的压头损失，可采用较大的吸入管径，缩短吸入管的长度，减少拐弯，并省去不必要的管件和阀门等；

② 把泵安装在贮罐液面以下，使液体利用位差自动灌入泵体内，称为"倒灌"。

2.2.7　离心泵的类型与选用

(1) 离心泵的类型

由于化工生产及石油工业中被输送液体的性质相差悬殊，对流量和压头的要求千变万化，因而设计和制造出种类繁多的离心泵。按叶轮数目分为单级泵和多级泵；按叶轮吸液方

式可分为单吸泵和双吸泵；按泵输送液体性质和使用条件分为清水泵、油泵、耐腐蚀泵、杂质泵、高温泵、高温高压泵、低温泵、液下泵等。20世纪80年代后问世的磁力泵在科研和工业生产中得到广泛应用。各种类型的离心泵按照其结构特点各自成为一个系列，并以一个或几个汉语拼音字母作为系列代号。在每一个系列中，由于有各种规格，因而附以不同的字母和数字予以区别。下面对化工生产过程中常用离心泵的类型作简要介绍。

① 清水泵　清水泵（IS型、D型、Sh型）是化工生产最常用的泵型，适用于输送各种工业用水以及物理、化学性质类似于水的其他液体，其中以IS型泵最为先进。该类型泵是我国按国际标准（ISO）设计、研制的第一个新产品。它具有结构可靠、振动小、噪声低等特点，与我国生产的老产品（B型或BA型）比较，其机械效率提高3%～6%，是理想的节能产品。

IS型泵的结构如图2-20所示，它只有一组叶轮，从泵的一侧吸液，叶轮装在伸出轴承外的轴端处，如同伸出的手臂一样，故称为单级单吸悬臂式离心水泵。

IS型泵的型号以字母加数字所组成的代号表示。例如IS50-32-200型泵，IS表示泵的型式；50代表吸入口径；32代表排出口径；200为叶轮的直径。以上数字均以mm为单位。

IS型泵的全系列扬程范围为8～98m，流量范围为4.5～360m³/h。若要求的扬程较高而流量并不太大时，可采用多级泵，如图2-21所示。这种泵在同一泵壳内有多级叶轮，液体串联通过各叶轮。国产多级泵的系列代号为D，称为D型离心泵。叶轮级数一般为2～9级，最多为12级。全系列扬程范围为14～351m，流量范围为10.8～850m³/h。

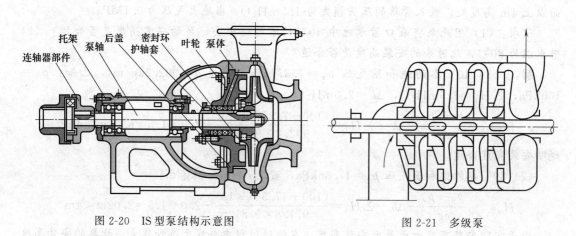

托架　泵轴　后盖　密封环　叶轮　泵体
连轴器部件　护轴套

图2-20　IS型泵结构示意图　　　　　　　　　图2-21　多级泵

D型离心泵的型号表示方法以D12-25×3型泵为例：其中D为型号；12表示公称流量（公称流量是指最高效率时流量的整数值）；25表示该泵在效率最高时的单级扬程，m；3表示级数，即该泵在效率最高时的总扬程为75m。

若泵送液体的流量较大而所需扬程并不高时，则可采用双吸泵。双吸泵的叶轮有两个吸入口，如图2-22所示。国产双吸泵的系列代号为Sh。全系列扬程范围为9～140m，流量范围为120～12500m³/h。

Sh型泵的代号编制原则与上述表示方法略有不同。如100S90型泵，100表示吸入口的直径，mm；S表示泵的类型为双吸式离心泵；90表示最高效率时的扬程，m。

② 油泵　输送石油产品的泵称为油泵（Y型泵）。因为油品易燃易爆，因此要求油泵必须有良好的密封性能，当输送高温油品（200℃以上）时，需采用具有冷却措施的高温泵，其轴承和轴封装置均需借助冷却水夹套进行冷却。

国产油泵的系列代号为 Y，有单吸和双吸、单级和多级（2～6 级）之分。全系列的扬程范围为 60～603m，流量范围为 6.25～500m³/h。

油泵的型号表示方法以 50Y60A 为例：50 代表吸入口的直径，mm；Y 表示离心式油泵；60 表示公称扬程（公称扬程是指最高效率时扬程的整数值），m；A 为叶轮切割序号，表示该泵装配的是比标准直径小一号的叶轮。

③ 耐腐蚀泵　当输送酸、碱及浓氨水等腐蚀性液体时应采用耐腐蚀泵。该类泵中所有与腐蚀性液体接触的部件都用抗腐蚀材料制造，其系列代号为 F。F 型泵多采用机械密封装置，以保证高度密封要求。F 泵全系列扬程范围为 15～105m，流量范围为 2～400m³/h。

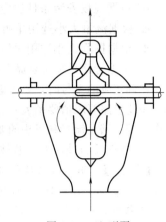

图 2-22　Sh 型泵

耐腐蚀泵可采用多种耐腐蚀材料制造，在 F 后面再加一个字母表示材料代号，例如：FH 表示由灰口铸铁制造，用于输送浓硫酸。

耐腐蚀泵的型号表示方法以 25FB-16A 型泵为例：25 代表吸入口的直径，mm；F 代表耐腐蚀泵；B 代表所用材料为 1Cr18Ni9 不锈钢；16 代表泵在最高效率时的扬程，m；A 为叶轮切割序号，表示该泵装配的是比标准直径小一号的叶轮。

④ 液下泵　液下泵（又称潜液泵），如图 2-23 所示，也是化工生产中广为采用的一种离心泵。它的泵体通常置于贮槽液面以下，实际上是一种将泵轴伸长并竖直安置的离心泵。

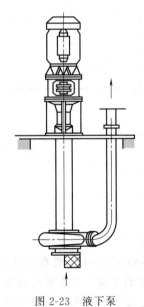

图 2-23　液下泵

由于泵体浸在液体之内，对轴封的要求不高，适用于输送化工生产过程中各种腐蚀性液体，既节省了空间又改善了操作环境。其缺点是效率不高。

⑤ 杂质泵　杂质泵用于输送悬浮液及稠厚的浆液，其系列代号为 P。根据其用途又可细分为污水泵 PW、砂泵 PS、泥浆泵 PN 等。对这类泵的要求是：不易被杂质堵塞、耐磨、容易拆洗。所以该泵的特点是叶轮流道宽，叶片数目少，常采用半闭式或开式叶轮。其缺点是泵的效率低。

⑥ 磁力泵　磁力泵是高效节能的特种离心泵，系列代号为 C，其结构特点是采用一对永磁性联轴器将电机力矩透过隔板和气隙传递给一个密封容器带动叶轮旋转。由于采用永磁联轴驱动，无轴封，消除液体渗漏，使用极为安全，在泵运转时无摩擦，故高效节能。该泵与液体接触的部分可用耐腐蚀、高强度的刚玉陶瓷、工程塑料、不锈钢等材料制造，因而具有良好的耐腐蚀性，主要用于输送不含固体颗粒的酸、碱、盐溶液和挥发性、剧毒性液体等。特别适用于输送易燃易爆液体。

C 型磁力泵全系列扬程范围为 1.2～100m，流量范围为 0.1～100m³/h。磁力泵一般安装为倒灌式，开车前必须使泵内充满被输送的液体。

(2) 离心泵的选用

离心泵的选用，通常可按下列步骤进行。

① 根据被输送液体的性质和操作条件，确定泵的类型。

a. 根据输送介质决定选用清水泵、油泵、耐腐蚀泵等；

b. 根据现场安装条件决定选用卧式泵、立式泵等；

c. 根据流量大小选用单吸泵、双吸泵等；

d. 根据扬程大小选用单级泵、多级泵等。

② 根据管路系统对泵提出的流量和压头的要求，从泵的样本、产品目录中选出合适的型号。在确定泵的型号时，要考虑操作条件的变化而给出一定的裕量，即所选泵所能提供的流量和压头比管路要求值要稍大一点，并使泵在高效范围内工作。当遇到几种型号的泵同时在最佳工作范围内满足流量和压头的要求时，应选择效率最高者，并参考泵的价格作出适当的选择。

③ 核算泵的轴功率　若被输送液体的密度大于水的密度，则要核算泵的轴功率。

【例 2-6】 用离心泵从敞口贮槽向敞口的高位槽中输送水，两液面位差为 12m，泵的排出管采用 $\phi108mm\times4mm$ 的钢管，其长度为 110m（包括排出管路所有的当量长度），摩擦系数可取为 0.028，泵吸入管路的阻力损失不大于 $1mH_2O$。若要求输水量为 $60m^3/h$，现库房内有 4 台离心泵，其性能如表 2-3，试选用一台适宜的泵。

表 2-3　【例 2-6】附表

序号	型号	$Q/(m^3/h)$	H/m	$n/(r/min)$	$\Delta h/m$	$\eta/\%$	N/kW	$N_{电}/kW$	参考价/元
1	IS125-100-400	60	52.0	1450	2.5	53	16.1	30	1500
		100	60.0		2.5	65	21		
		120	48.5		3.0	67	23.6		
2	IS125-100-250	60	21.5	1450	2.5	63	5.59	11	1300
		100	20.0		2.5	76	7.17		
		120	18.5		3.0	77	7.84		
3	IS125-100-200	60	14.0	1450	2.5	62	3.83	7.5	1100
		100	12.5		2.5	76	4.48		
		120	11.0		3.0	75	4.79		
4	IS100-80-125	60	24.0	2900	4.0	67	5.86	11	800
		100	20.0		4.5	78	7.00		
		120	16.5		5.0	74	7.28		

解：管内流速

$$u=\frac{Q/3600}{\frac{\pi}{4}d^2}=\frac{60/3600}{0.785\times0.1^2}=2.12m$$

管路所需压头

$$H=\Delta Z+\frac{\Delta p}{\rho g}+\sum H_f$$

已知 $\Delta Z=13m$，$\Delta p=0$，则

$$H=12+1+\lambda\frac{l+\sum l_e}{d}\cdot\frac{u^2}{2g}=13+0.028\times\frac{110}{0.1}\times\frac{2.12^2}{2\times9.81}=20.06m$$

根据流量 $Q=60m^3/h$，压头 $H=20.06m$ 选择 4 号泵，即选择 IS100-80-125 型离心泵。

评析：在泵的类型确定的前提下，一般是根据流量、压头选择泵的型号。1 号泵的压头和轴功率 N 均过大，选用它不经济；3 号泵的压头不能满足要求；2 号、4 号泵均能满足要求，但考虑价格因素，最终确定选用 4 号泵。

2.3　其他类型化工用泵

为满足液体的不同输送要求，在生产过程中还会用到其他类型的化工用泵，如往复泵、计量泵、齿轮泵、螺杆泵、旋涡泵等。下面对上述类型泵的结构、工作原理、操作特性等作简要介绍。

2.3.1　往复泵

往复泵是一种容积式泵，在化工生产过程中应用较为广泛，主要适用于小流量、高扬程的场合。它是依靠活塞的往复运动并依次开启吸入阀和排出阀，从而吸入和排出液体。

2.3.1.1　往复泵的工作原理

如图 2-24 所示，往复泵的主要部件有泵缸、活塞、活塞杆、吸入阀和排出阀。吸入阀和排出阀均为单向阀。当活塞在外力的作用下从左向右运动时，泵缸内的工作容积增大而形成低压，排出阀在压出管内液体的压力作用下关闭，吸入阀则被泵外液体的压力推开，将液体吸入泵缸内。当活塞移到右端，工作室的容积最大，吸入行程结束。随后，活塞便自右向左移动，泵缸内液体受到挤压，压力增大，使吸入阀关闭而排出阀打开，并将液体排出。活塞移至左端时，排液结束，完成了一个工作循环。活塞在泵缸内两端间移动的距离，称为冲程（行程）。

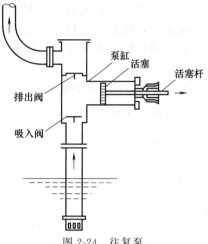

图 2-24　往复泵

往复泵启动前不用灌泵，即往复泵具有自吸能力。但实际操作中，仍希望在启动时泵缸内有液体，这样不仅可以立即吸、排液体，而且可避免活塞在泵缸内干摩擦，以减少磨损。往复泵的转速（即往复频率）对泵的自吸能力有影响。若转速太大，流体流动阻力增大，当泵缸内压力低于液体饱和蒸气压时，会造成泵的抽空，而失去吸液能力。因此，往复泵转速不能太高，一般控制在 $80\sim200\text{r/min}$，吸入高度（安装高度）$4\sim5\text{m}$。

2.3.1.2　往复泵的类型与流量

具有一个泵缸的往复泵，在一个循环中，活塞往复一次，吸入和排出液体各一次，称为单动泵。单动泵供液的不均匀性是往复泵的严重缺点，它使整个管路内的液体处于变速运动状态，增加了惯性能量损失，引起泵吸液能力的下降。同时，某些对流量均匀性要求较高的场合，也不适宜采用往复泵。单动泵的流量曲线如图 2-25（a）所示。

为了改善单动泵流量的不均匀性，设计出了双动泵和三联泵。图 2-26 为双动泵的示意

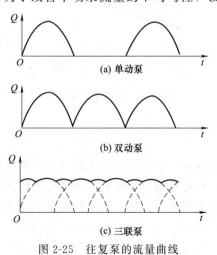

(a) 单动泵

(b) 双动泵

(c) 三联泵

图 2-25　往复泵的流量曲线

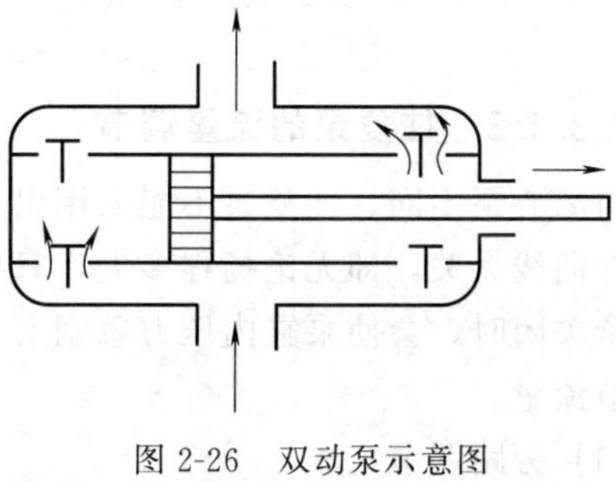

图 2-26　双动泵示意图

图。在活塞两侧的泵缸内均装有吸入阀和排出阀,活塞每往复一次各吸液和排液两次,使吸入管路和压出管路总有液体流过,所以送液连续。但由于活塞运动的不均速性,流量曲线仍有起伏。由于活塞连杆占据一定容积,使两行程的排液量不完全相同。双动泵和三联泵的流量曲线分别如图 2-25(b)、(c)所示。为使流量平稳,还可在气缸排出管线上增设空气室,当一侧压力较高排液量较大时,将有一部分液体压入该侧的空气室内暂存起来,当该侧压力下降至一定程度,流量减少时,在空气室内压力作用下,可将室内的液体压出,补充到排出液中。这样,依靠空气室内空气的压缩和膨胀作用进行缓冲调节,使泵的流量更为平稳。

单动往复泵的工作过程是由吸入和排出液体的两个行程组成的循环过程。若忽略阀门开关的滞后现象及液体的泄漏,则单动泵和双动泵的平均理论流量 Q_T 分别为

单动泵
$$Q_T = \frac{zA_F s n_r}{60} \qquad (2\text{-}23)$$

双动泵
$$Q_T = \frac{z(2A_F - A_f)s n_r}{60} \qquad (2\text{-}24)$$

式中　z——泵缸数目;A_F——活塞面积,m^2;s——活塞冲程,m;n_r——活塞每分钟往复次数,min^{-1};A_f——活塞杆截面积,m^2。

往复泵系正位移泵,其理论流量只与活塞面积、位移以及单位时间内往返次数等泵的参数有关,与管路的情况无关。对于某一特定的往复泵,其理论流量为定值,即 Q_T=常数。实际上,由于阀门不能及时开关,活塞与泵体间存在间隙,且随压头增高而使泄漏量增大等原因,往复泵的实际流量 Q 小于理论流量。往复泵的特性曲线如图 2-27 所示。

往复泵的工作点仍是泵特性曲线和管路特性曲线的交点,如图 2-28 所示,其压头只取决于管路系统的实际需要而与流量无关。可见,对于往复泵只要泵的机械强度及原动机功率允许,管路系统需要多高的压头即可提供多高的压头。所以,在化工生产中,当要求压头较高而流量不大时,常采用往复泵。

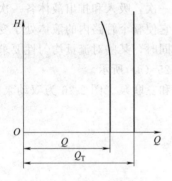

图 2-27　往复泵特性曲线

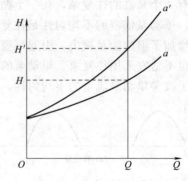

图 2-28　往复泵的工作点

2.3.1.3　往复泵的流量调节

与离心泵不同,往复泵不能采用出口阀门来调节流量。这主要是因为往复泵的流量与管路特性曲线无关,即无论扬程多大,只要往复一次,就能排出一定体积的液体,所以出口阀门完全关闭时,会使泵缸内压力急剧上升,使泵缸或电动机等损坏。通常往复泵采用下列方法调节流量。

(1)旁路调节

如图 2-29 所示，改变旁路阀门的开度，以增减泵出口回流到进口处的流量，来调节进入管路系统的流量。当泵出口的压力超过规定值时，旁路管线上的安全阀会被高压液体顶开，液体流回进口处，使泵出口处减压，以保护泵和电机。这种调节简便，但增加功率消耗。

（2）改变转速和活塞行程

由式（2-23）、式（2-24）可以看出，改变原动机的转速以调节活塞的往复频率或改变活塞的行程，均可以改变往复泵的流量。这种方法经济性好，但操作不便。

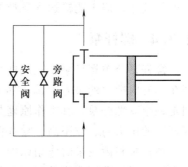

图 2-29　往复泵流量调节示意图

2.3.2　计量泵

在连续或半连续的生产过程中，往往需要按照工艺流程的要求来精确地输送定量的液体，有时还需要将若干种液体按比例地输送，计量泵就是为了满足这些要求而设计制造的。计量泵是往复泵的一种，基本构造和操作原理与往复泵相同。计量泵有两种基本形式：柱塞式和隔膜式，其结构如图 2-30 和图 2-31 所示。它们都是通过偏心轮把电机的旋转运动变成柱塞的往复运动。隔膜式与柱塞式的区别在于隔膜式使用金属薄片或耐腐蚀橡皮制成的隔膜将柱塞与被输送液体隔开，这样便于输送腐蚀性液体或悬浮液体。由于偏心轮的偏心距离可以调整，使柱塞的冲程随之改变。若单位时间内柱塞的往复次数不变，则泵的流量与柱塞的冲程成正比，所以可通过调节冲程而达到比较严格地控制和调节流量的目的。若用一台电机带动几台计量泵，可使每台泵的液体按一定比例输出，故这种泵又称为比例泵。

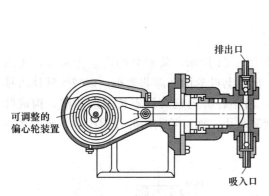

图 2-30　柱塞式计量泵

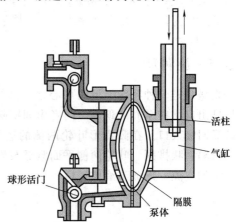

图 2-31　隔膜式计量泵

2.3.3　齿轮泵

齿轮泵是正位移泵的一种，如图 2-32 所示。泵壳内的两个齿轮相互啮合，按图中所示的方向转动。在泵的吸入口，两个齿轮的齿向两侧拨开，形成低压区，液体吸入。齿轮旋转时，液体封闭于齿穴和泵壳体之间，被强行压向排出端。在排出端两齿轮的齿互相合拢，形成高压区将液体排出。

齿轮泵可以产生较高的压头，但流量较小。它适用于输送

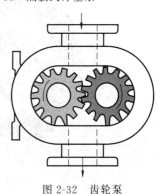

图 2-32　齿轮泵

黏稠的液体，但不能输送含颗粒的悬浮液。

2.3.4　螺杆泵

螺杆泵分单螺杆泵、双螺杆泵、三螺杆泵、五螺杆泵等。图2-33（a）为单螺杆泵，螺杆在具有内螺纹的泵壳中偏心转动，将液体沿轴向推进，最终由排出口排出。图2-33（b）则是一个双螺杆泵，其工作原理与齿轮泵十分相似，利用两根相互啮合的螺杆来输送液体。螺杆泵的压头高、效率高、噪音低，适用于在高压下输送黏稠性液体。

螺杆泵和齿轮泵的作用原理和往复泵的区别在于：往复泵（包括柱塞泵和隔膜泵）是靠活塞的往复运动所造成的容积变化来吸液和排液的，而螺杆泵和齿轮泵则是靠泵体内转子的旋转运动造成的容积变化而吸液和排液的。所以，螺杆泵和齿轮泵又称为旋转泵。它们也都属于正位移泵，其流量调节也需采用旁路调节。

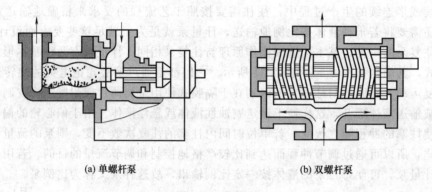

(a) 单螺杆泵　　　　　　　　　　(b) 双螺杆泵

图 2-33　螺杆泵

2.3.5　旋涡泵

旋涡泵是一种特殊类型的离心泵，其结构如图2-34所示。旋涡泵的内壁为圆形，吸入口与排出口均在泵壳的顶部，两者由间壁隔开。间壁与叶轮的间隙非常小，以减少液体由排出口漏回吸入口。在圆盘形叶轮两侧的边缘处，沿半径方向铣有许多长条形凹槽，构成叶片，以辐射状排列。叶轮两侧平面紧靠泵壳，间隙很小。而叶轮上的叶片周围，与泵壳之间有一定的空隙，形成了液体流道。

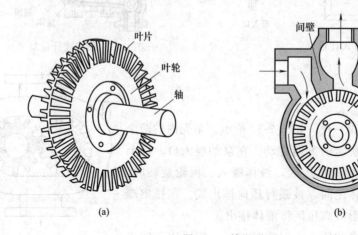

(a)　　　　　　　　　　　(b)

图 2-34　旋涡泵

泵壳内充满液体后，当叶轮旋转时，叶片推着液体向前运动的同时，叶片槽中的液体在离心力的作用下，甩向流道，流道内的液体压力增大，导致流道与叶片槽之间产生旋涡流。叶片带着液体从吸入口流到排出口的过程中，经过许多次的旋涡流作用，液体压力逐渐增大，最后达到出口压力而排出。流量较小时，旋涡流作用次数较多，压头和功率均较大。当流量增大时，压头急剧降低，故一般适用于小流量液体的输送。因为流量小时功率大，所以旋涡泵在启动时，不要关闭出口阀，并且应采用旁路调节流量。

旋涡泵的结构简单，可以用耐腐蚀材料制造，适用于高压头、小流量的场合，不宜输送黏度大或含固体颗粒的液体。

2.4 气体输送机械

在化工生产中，常会涉及原料、半成品或成品以气体状态存在的过程。对此类过程，也需要通过输送机械赋予一定的外加能量，从而将其从一个地方送到另一个地方。同时，由于化工生产往往是在一定温度和压力条件下进行的，这就需要通过特定的机械来创造必要的压力条件。因此，生产中除大量使用液体输送机械之外，还广泛使用着气体输送机械。

气体输送机械有许多与液体输送相似之处，但是气体具有压缩性，当压力变化时，其体积和温度将随之发生变化。气体输送机械通常根据终压（出口表压）或出口压力与进口压力之比（称为压缩比）来进行分类：

通风机：终压（表压）不大于 15kPa，压缩比不大于 1.15；鼓风机：终压（表压）为 15～300kPa，压缩比小于 4；压缩机：终压（表压）在 300kPa 以上，压缩比大于 4。

真空泵：将低于大气压的气体从容器或设备内抽到大气中，出口压力为大气压或略高于大气压，压缩比根据所造成的真空度决定。

2.4.1 离心式通风机、鼓风机和压缩机

离心式气体输送机械和离心泵的工作原理相似，但在结构上随压缩比的变化而有某些差异。通风机都是单级的，对气体只起输送作用；鼓风机和压缩机都是多级的，两者对气体都有明显的压缩作用。在离心压缩机系统中，需要采取冷却措施，以防气体温度过高。

2.4.1.1 离心式通风机

常用的通风机有离心式和轴流式两种，轴流式通风机的送气量较大，但风压较低，常用于通风换气，而离心式通风机使用广泛。

(1) 离心式通风机的基本结构和工作原理

离心式通风机的结构如图 2-35 所示，它的机壳也是蜗壳形的，但出口气体流道的断面有方形和圆形两种。一般低、中压通风机的叶片多是平直的，与轴心成辐射状安装。中、高压通风机的叶片则是弯曲的。高压通风机的外形与结构与单级离心泵更为相似。

离心式通风机的工作原理和离心泵的相似，高速旋转的叶轮带动壳内气体进行旋转运动，因离心力作用，气体流向叶轮的边缘处，气体的压力和速度均有所增加，气体进入蜗形外壳时，一部分动能转变为静压能，从而使气体具有一定的静压能与动能而排出；同时，中心处产生低压，将气体由吸入口不断吸入机体内。

(2) 离心式通风机的主要性能参数与特性曲线

离心式通风机的主要性能参数有风量、风压、轴功率和效率。

① 风量　风量是气体通过进风口的体积流量，以符号 Q 表示，单位为 m^3/s 或 m^3/h。

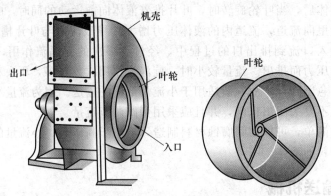

图 2-35 离心式通风机

② 风压 风压是指单位体积的气体流过风机时所获得的能量，以 H_T 表示，单位为 Pa。由于气体通过风机的压力变化较小，在风机内的气体可视为不可压缩流体，对风机进出截面（分别以下标 1、2 表示）作能量衡算，可得风机的压头为

$$H=(Z_2-Z_1)+\frac{p_2-p_1}{\rho g}+\frac{u_2^2-u_1^2}{2g}+\sum H_{f,1-2} \tag{2-25}$$

为使用上方便，习惯上以 $1m^3$ 气体为计算基准，于是上式改为

$$H_T=\rho g(Z_2-Z_1)+(p_2-p_1)+\frac{\rho(u_2^2-u_1^2)}{2}+\rho g\sum H_{f,1-2}$$

式中，$\rho g(Z_2-Z_1)$ 与 $\rho g\sum H_{f,1-2}$ 都不大，当气体直接由大气进入风机，u_1 也较小，若均忽略不计，则上式又可简化为

$$H_T=(p_2-p_1)+\frac{\rho u_2^2}{2}=H_p+H_k \tag{2-26}$$

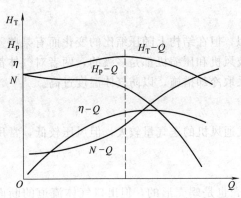

图 2-36 离心式通风机特性曲线

从上式可以看出，通风机的压头由两部分组成，其中（p_2-p_1）称为静风压 H_p；$\rho u_2^2/2$ 称为动风压 H_k，两者之和为全风压 H_T。图 2-36 中所示 H_T-Q 和 H_p-Q 曲线即分别表示全风压和静风压与流量的关系。

由式（2-26）看出，风机的风压随进入风机的气体密度而变。风机性能表上的风压，一般都是在20℃、101.3kPa 的条件下用空气作介质测定的。该条件下空气的密度为 $1.2kg/m^3$ 若实际操作条件与上述实验条件不同，则在选择离心式通风机时，应将操作条件下的风压 H_T' 按下式换算为实验条件下的风压 H_T，即

$$H_T=H_T'\frac{\rho}{\rho}=H_T'\frac{1.2}{\rho'} \tag{2-27}$$

式中　ρ'——操作条件下空气的密度，kg/m^3。

③ 轴功率与效率 离心式通风机的轴功率为

$$P=\frac{H_T Q}{1000\eta} \tag{2-28}$$

式中　P——轴功率，kW；Q——风量，m^3/s；H_T——风压或全风压，Pa；η——效率，

因按全风压定出，故又称为全风压效率。

应用式（2-28）计算轴功率时，式中的 Q 与 H_T 必须是同一状态下的数值。

风机的轴功率与被输送气体的密度有关，风机性能表上所列出的轴功率均为实验条件下即空气的密度为 $1.2\mathrm{kg/m^3}$ 时的数值，若所输送的气体密度与此不同，可按下式进行换算，即

$$P' = P\frac{\rho}{1.2} \tag{2-29}$$

式中　P'——气体密度为 ρ 时的轴功率，kW；

　　　P——气体密度为 $1.2\mathrm{kg/m^3}$ 时的轴功率，kW。

（3）离心式通风机的选用

离心式通风机的选用与离心泵的选用类似，其选择步骤如下：

① 计算风压　根据管路布局和工艺条件，计算输送系统所需的实际风压，并按式（2-27）换算为风机实验条件下的风压 H_T。

② 确定风机的类型　根据所输送气体的性质（如清洁空气、易燃、易爆或腐蚀性气体以及含尘气体等）与风压的范围，确定风机的类型。若输送的是清洁空气，或与空气性质相近的气体，可选用一般类型的离心式通风机，常见的有 4-72 型、8-18 型和 9-27 型。第一类属于中、低压通风机，后两类属于高压通风机。

③ 选用设备　根据以风机进口状态计的实际风量和实验条件下的风压，从风机样本的性能表或特性曲线选择适宜的风机型号。选择原则与离心泵的相同。

【例 2-7】用离心式通风机将 30℃、101.325kPa 下流量为 $15000\mathrm{m^3/h}$ 的空气送入加热器，加热至 90℃后进入干燥器。输送系统所需全风压为 2100Pa（按 60℃、常压计）。（1）试选择合适型号的通风机；（2）若将所选定的通风机安装到加热器后是否满足输送要求。

解：（1）由附录查得 60℃、常压空气的密度为 $1.06\mathrm{kg/m^3}$，故实验条件下的风压为

$$H_T = H_T'\frac{1.2}{\rho} = 2100 \times \frac{1.2}{1.06} = 2377.4\mathrm{Pa}$$

根据风量 $Q = 15000\mathrm{m^3/h}$ 和风压 $H_T = 2377.4\mathrm{Pa}$，查得 4-72-11No.6c 型离心式通风机可满足要求。其性能见表 2-4。

表 2-4　【例 2-7】附表

转速/(r/min)	风压/Pa	风量/(m³/h)	效率	功率/kW
2240	2432.1	15800	91%	14.1

（2）若将通风机安装到加热器之后，假定其转速及风压不变，但通风机入口气体状态为 90℃、101.325kPa，与此对应的空气流量为

$$Q = 15000 \times \frac{273+90}{273+30} = 17970.3\mathrm{m^3/h}$$

可知，将通风机安装到加热器之后，在维持原转速不变的情况下，将不能满足输送要求。

2.4.1.2　离心鼓风机与离心压缩机

离心鼓风机（又称透平风机）与离心压缩机结构类似于多级离心泵，每级叶轮之间都有导轮，工作原理和离心式通风机相同。离心鼓风机与离心压缩机的规格、性能及用途见有关产品目录或手册。

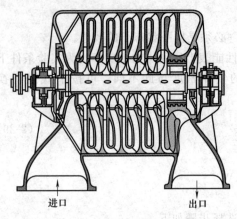

图 2-37　五级离心鼓风机示意图

图 2-37 为一台五级离心鼓风机示意图。气体由进气口吸入后，依次经过各级叶轮和导轮，最后由排气口排出。

离心鼓风机的送风量大，多级离心鼓风机产生的风压仍不太高，各级叶轮的直径大小大致相同，各级的压缩比亦不大。所以离心鼓风机无需冷却装置。

离心压缩机的特点是叶轮级数多，通常在 10 级以上，叶轮转速高，一般在 5000r/min 以上。这样就可以产生很高的出口压强。由于压缩比高，气体体积缩小很多，温度升高大，故压缩机都分成几段，每段包括若干级，叶轮的直径逐渐缩小，叶轮宽度也逐渐缩小，在各段之间设有中间冷却器。

离心压缩机生产能力大，供气均匀，机体内易损部件少，能安全可靠连续运行，维修方便，且机体无润滑油污染气体，因此，除要求很高的压缩比外，大都采用离心压缩机。

2.4.2　往复式压缩机

往复式压缩机的基本结构和工作原理与往复泵相似。但因为气体的密度小，可压缩，故压缩机的吸入和排出活门必须更加灵巧精密；为移除压缩产生的热量以降低气体的温度，必须附设冷却装置。

图 2-38 为单作用往复式压缩机的工作过程。当活塞运动至气缸的最左端（图中 A 点），压出行程结束。但因为机械结构上的原因，虽然活塞已达行程的最左端，但气缸左侧还有一些容积，称为余隙容积。由于余隙的存在，吸入行程开始阶段为余隙内压强为 p_2 的高压气体膨胀过程，直至气压降至吸入气压 p_1（图中 B 点）吸入活门才开启，压强为 p_1 的气体被吸入缸内。在整个吸气过程中，压强 p_1 基本保持不变，直至活塞移至最右端（图中 C 点），吸入行程结束。当压缩行程开始，吸入活门关闭，缸内气体被压缩。当缸内气体的压强增大至稍高于 p_2（图中 D 点）排出活门开启，气体从缸体排出，直至活塞移至最左端，排出过程结束。

由此可见，压缩机的一个工作循环是由膨胀、吸入、压缩和排出四个阶段组成的。四边形 $ABCD$ 所包围的面积，为活塞在一个工作循环中对气体所做的功。

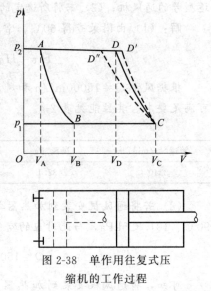

图 2-38　单作用往复式压缩机的工作过程

根据气体和外界的换热情况，压缩过程可分为等温（CD''）、绝热（CD'）和多变（CD）三种情况。由图 2-38 可见，等温压缩消耗的功最小，因此压缩过程中希望能较好冷却，使其接近等温压缩。实际上，等温和绝热条件都很难达到，所以压缩过程都是介于两者之间的多变过程。如不考虑余隙的影响，则多变压缩后的气体温度 T_2 和一个工作循环所消耗的外功 W 分别为

$$T_2 = T_1 \left(\frac{p_2}{p_1}\right)^{\frac{k-1}{k}} \tag{2-30}$$

$$W = p_1 V_C \frac{k}{k-1} \left[\left(\frac{p_2}{p_1}\right)^{\frac{k-1}{k}} - 1\right] \tag{2-31}$$

式中，k 称为多变指数，为一实验常数；V_C 为吸入体积。

式（2-30）和式（2-31）说明，影响排气温度 T_2 和压缩功 W 的主要因素是：

① 压缩比越大，T_2 和 W 也越大；

② 压缩功 W 与吸入气体量（即式中的 $p_1 V_C$）成正比；

③ 多变指数 k 越大，则 T_2 和 W 也越大。压缩过程的换热情况影响 k 值，热量及时全部移除，则为等温过程，相当于 $k=1$；完全没有热交换，则为绝热过程，$k=\gamma$；部分换热则 $1<k<\gamma$。值得注意的是 γ 大的气体 k 也较大。空气、氢气等，$\gamma=1.4$，而石油气 $\gamma \approx 1.2$，因此在石油气压缩机用空气试车或用氮气置换石油气时，必须注意超负荷及超温问题。

压缩机在工作时，余隙内气体无益地进行着压缩膨胀循环，且使吸入气量减少。余隙的这一影响在压缩比 p_2/p_1 大时更为显著。当压缩比增大至某一极限时，活塞扫过的全部体积恰好使余隙内的气体由 p_2 膨胀至 p_1，此时压缩机已不能吸入气体，即流量为零。这是压缩机的极限压缩比。此外，压缩比增高，气体温升很高，甚至可能导致润滑油变质，机件损坏。因此，当生产过程的压缩比大于 8 时，尽管离压缩极限尚远，也应采用多级压缩。

图 2-39 为两级压缩机原理示意图。在第一级中气体沿多变线 ab 被压缩至中间压强 p，以后进入中间冷却器等压冷却到原始温度，体积缩小，图中以 bc 线表示。在第二级压缩中，从中间压强开始，图中以 cd 线表示。这样，由一级压缩变为两级压缩后，其总的压缩过程较接近于等温压缩，所节省的功用阴影面积 $bcdd'$ 所代表。两级压缩机结构如图 2-40 所示。

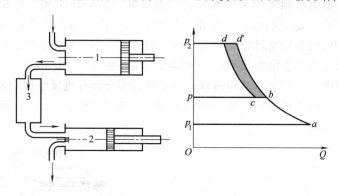

图 2-39　两级压缩机原理

在多级压缩中，每级压缩比减小，余隙的不良影响减弱。

往复式压缩机的产品有多种，除空气压缩机外，还有氨气压缩机、氢气压缩机、石油气压缩机等，以适应各种特殊需要。

往复式压缩机的选用主要依据生产能力和排出压强（或压缩比）两个指标。生产能力用 m^3/min 表示，以吸入常压空气来测定。在实际选用时，首先根据所输送气体的特殊性质，决定压缩机的类型，然后再根据生产能力和排出压强，从产品样本中选用适用的压缩机。

与往复泵一样，往复式压缩机的排气量也是脉动的。为使管路内流量稳定，压缩机出口应连接气柜。气柜兼起沉降器作用，气体中夹带的油沫和水沫在气柜中沉降，定期排放。为安全起见，气柜要安装压力表和安全阀。压缩机的吸入口需装过滤器，以免吸入灰尘杂物，

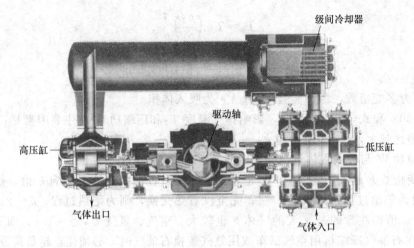

图 2-40　两级压缩机结构

造成机件的磨损。

2.4.3　真空泵

真空泵用于从设备或系统中抽出气体而使其中保持低于外界大气压的绝对压强，也就是将气体从低于大气压强的状态压缩提压至某一压力（通常为大气压）而排出。真空泵的型式很多，下面就化工厂常用的几种型式作简要介绍。

(1) 水环真空泵

水环真空泵主要由呈圆形的泵壳和带有辐射状叶片的叶轮组成。叶轮偏心安装，如图 2-41 所示。泵内充有一定量的水，当叶轮旋转时，水在离心力作用下形成水环。水环具有密封作用，将叶片间的空隙密封分隔为大小不等的气室，当气室由小变大时，形成真空，在吸入口气体被吸入；当气室由大到小时，气体被压缩，在排气口排出。

水环真空泵属湿式真空泵，结构简单。由于旋转部分没有机械摩擦，使用寿命长，操作可靠，适用于抽吸夹带有液体的气体。但效率低，一般为 $30\%\sim50\%$，所能造成的真空度还受泵体内水温的限制。

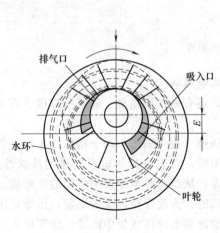

图 2-41　水环真空泵

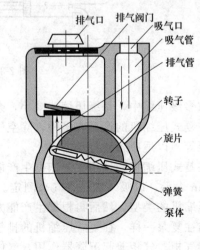

图 2-42　旋片真空泵的工作原理

（2）旋片真空泵

图 2-42 为旋片真空泵。主要由泵壳、带有两个旋片的偏心转子和排气阀片组成。当转子按图中所示箭头方向旋转时，旋片在弹簧及自身离心力的作用下，紧贴壁面随转子滑动，这样使吸气工作室扩大，形成真空，气体被吸入。当旋片转子转至垂直状态时，吸气完毕。随转子的继续旋转，气体被压缩，当气体压强超过排气阀上方的压强时，阀被顶开，气体通过油层经排气口排出。泵在工作时，旋片始终将泵腔分为吸气、排气两个工作室，即转子每转一周，完成两次吸、排气过程。

旋片泵的主要部分浸没于真空油中，以确保对各部件缝隙的密封和对相互摩擦部件的润滑。旋片泵属干式真空泵，适用于抽除干燥或含有少量可凝性蒸气的气体，不适宜抽除含尘和与润滑油起化学反应的气体。旋片真空泵可达较高的真空度，如能有效控制管路与泵等接口处的空气漏入，且采用高质量的真空油，真空度可达 99.99％以上。

（3）往复式真空泵

往复式真空泵的工作原理与往复式压缩机相同，结构上也无大差异，只是因抽吸的气体压强很小，要求排出和吸入阀门更加轻巧灵活，易于启动。此外，当往复式真空泵达较高真空度时，泵的压缩比很高，如 95％的真空度，压缩比约为 20，为减少余隙的不利影响，真空泵气缸设有一连通活塞左、右两端的平衡气道。在排气终了时让平衡气道短时间连通，使余隙中的残留气体从活塞的一侧流至另一侧，从而减少余隙的影响。

往复式真空泵属干式真空泵，不适宜抽吸含有较多可凝性蒸气的气体。

（4）喷射真空泵

喷射真空泵利用工作流体通过喷嘴高速射流时静压能部分转换为动能而产生真空将气体吸入泵内，在泵体内被抽吸的气体与工作流体混合，并随流道的增大，速度逐渐降低，压强随之升高，而后排出。喷射泵的工作流体可以是蒸汽或液体，图 2-43 所示为单级蒸汽喷射泵。喷射泵结构简单，无运动部件，但效率低，工作流体消耗

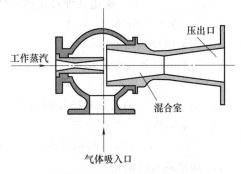

图 2-43　单级蒸汽喷射泵

大。单级喷射真空泵的真空度可达大气压的 90％，如果将几个喷射泵串联起来用（即多级喷射泵），可获得更高的真空度。

本 章 小 结

流体输送设备是为流体提供机械能的设备，根据输送流体的不同分为泵和风机。本章重点介绍了离心泵的工作原理、参数及应用，给出了工作点的概念及流量调节的不同方法。对于正位移泵及风机也进行了介绍。从工程思想来说，需要掌握每种设备的优点、缺点及特点。

通过本章的学习，需重点掌握离心泵的计算及选用过程，能够根据工程中的需求选择合适的设备。并了解在安装和使用设备中需要注意的事项。

思 考 题

1. 何谓"气缚"现象？产生此现象的原因是什么？如何防止"气缚"？
2. 一离心泵将江水送至敞口高位槽，若管路条件不变，随着江面的上升，泵的压头

H_e，管路总阻力损失 H_f，泵入口处真空表读数、泵出口处压力表读数将分别作何变化？

3. 何为泵的"汽蚀"？如何避免"汽蚀"？

4. 为什么离心泵启动前应关闭出口阀，而旋涡泵启动前应打开出口阀？

习　题

填空、选择题

1. 离心泵在一管路中工作，要求流量为 $Q[m^3/h]$，阀门全开时管路所需扬程为 H_e [m]，而在泵的特性曲线上与 Q 对应的扬程为 $H[m]$，效率为 η，则阀门关小损失的轴功率为_____，占泵的轴功率的_____%。

2. 离心泵的性能参数包括_____、_____、_____、_____。

3. 离心泵铭牌上标明的流量和扬程指的是_____时的流量和扬程。

4. 离心泵的扬程是指单位_____流体流过泵后_____的增加值，其单位为_____。

5. 在测定离心泵性能曲线的装置中，一般应在泵的进口处安装_____，泵的出口处安装_____，出口处的_____必须安在_____之前，在出口管路上还应安装测量_____的仪表（或相应的装置）。

6. 离心泵的特性曲线通常包括_____曲线、_____和_____曲线，这些曲线表示在一定_____下，输送某种特定的液体时的性能。

7. 离心泵停车时要（　　　）

A. 先关出口阀后断电　　　　　　　　　B. 先断电后关出口阀

C. 先关出口阀先断电均可　　　　　　　D. 单级式的先断电，多级式的先关出口阀

8. 离心泵的工作点（　　　）

A. 由泵铭牌上的流量和扬程所决定　　　B. 即泵的最大效率所对应的点

C. 由泵的特性曲线所决定　　　　　　　D. 由泵的特的性曲线与管路特性曲线的交点

9. 离心泵名牌上标示的扬程为（　　　）

A. 功率最大时的扬程　　　　　　　　　B. 最大流量时的扬程

C. 泵的最大扬程　　　　　　　　　　　D. 效率最高时的扬程

10. 以下物理量不属于离心泵的性能参数（　　　）

A. 扬程　　　　B. 效率　　　　C. 轴功率　　　　D. 理论功率（有效功率）

11. 离心泵的调节阀（　　　）

A. 只能安在进口管路上　　　　　　　　B. 只能安在出口管路上

C. 安装在进口管路和出口管路上均可　　D. 只能安在旁路上

12. 离心泵调节阀的开度改变时，则（　　　）

A. 不会改变管路性能曲线　　　　　　　B. 不会改变工作点

C. 不会改变泵的特性曲线　　　　　　　D. 不会改变管路所需的压头

计算题

13. 用水测定离心泵性能实验中，当流量为 $26m^3/h$ 时，泵出口压强表读数为 $1.55kgf/cm^2$，泵入口处真空表读数为 185mmHg，轴功率为 2.45kW，转速为 2900r/min。真空表与压强表两测压口间的垂直距离为 0.4m，泵的进出口管径相等，两测压口间管路的阻力可忽略不计，试计算该泵的效率，并列出该效率下泵的性能参数。

14. 某厂拟用 65y-60B 型油泵由贮槽向另一设备内输送密度为 $800kg/m^3$ 的油品，流量

为 15m³/h，贮槽内为常压，设备内表压为 1.8kgf/cm²，泵升扬高度为 5m，吸入管和排出管路的全部阻力损失分为 1m 和 4m。油品的饱和蒸气压为 600mmHg。（1）核算该泵是否适用？（2）若油泵入口位于贮槽液面以下 1.2m 处，问此泵能否正常操作？

15. 用离心泵在管内径为 50mm，管长为 150m（包括当量长度）的管路中输送水。管路终端势能比始端势能高 [10mH₂O]（势能＝压强能＋位能），两端截面动压头均可忽略。当泵出口阀全开时，流量 $Q=0.0039m³/s$，摩擦因素 $\lambda=0.03$。当阀门全关时，泵出口压强表读数为 3.2at（工程大气压），泵进口处真空表读数为 200mmHg。真空表与压强表之间垂直距离可忽略，求：（1）阀门全开时泵的有效功率；（2）设泵的特性曲线可用 $H=A-BQ^2$ 表示，求 A、B 之值各为多少？（式中，压头 H 单位为 m，流量 Q 的单位为 m³/h）。

16. 用离心泵向某设备送水，已知：离心泵特性曲线方程为 $H=40-0.01Q^2$；管路特性曲线方程为 $H=20+0.04Q^2$。式中，Q 的单位为 m³/h；H 的单位为 m。（1）求泵的送水量；（2）若输送系统其他条件不变，将阀门关小，使流量减少到原来的 3/4，试计算因关小阀门而额外的压头损失为多少（假定管内流动处于阻力平方区）？

17. 某一型号的离心泵其特性曲线关系为 $H=50-0.085Q^2$，式中，H 单位为 m；Q 单位为 m³/h。试写出同一种型号的两台泵并联和串联时的特性曲线方程。

18. 某离心泵工作转数为 $n=2900r/min$，其特性曲线可用 $H=30-0.01Q^2$（m）表示，当泵的出口阀全开时，管路系统的压头可用性能曲线 $H_e=10+0.04Q^2$（m）表示，上述式中 Q 的单位均为 m³/h，若泵的效率为 $\eta=0.6$，水的密度 $\rho=1000kg/m³$。

求：（1）泵的最大输水量为多少？（2）当所需供水量为最大输水量的 75％时：① 采用出口阀节流调节，节流损失的压头增加为多少？② 采用变速调节，泵的转速应为多少？

本章主要符号说明

符号	意义与单位	符号	意义与单位
A	活塞的截面积，m²	p	压强，Pa
d	管道直径，m	p_a	当地大气压，Pa
D	叶轮或活塞直径，m	p_s	液体的饱和蒸气压，Pa
H	泵的压头，m	Q	泵或风机的流量，m³/s 或 m³/h
H_f	压头损失，m	S	活塞的冲程，m
H_g	离心泵的允许安装高度，m	Z	位压头，m
H_s	离心泵的允许吸上真空度，m	**希腊字母**	
l	长度，m	ζ	阻力系数
l_e	当量长度，m	η	效率
n_r	活塞的往复次数，min⁻¹	λ	摩擦系数
N	泵或压缩机的轴功率，W 或 kW	μ	黏度，Pa·s
N_e	泵的有效功率，W 或 kW	ρ	密度，kg/m³
NPSH	离心泵的汽蚀余量，m		

第 3 章

非均相物系分离

本章学习要求

1. 了解固体颗粒（粉末）、流体（气体、液体）、流体输送机械（泵、风机等）以及颗粒与流体分离过程的概念。

2. 熟悉固体颗粒基本特性、颗粒群的流动特性以及流体中颗粒的特性。

3. 熟悉简化流体流经不规则通道的数学模型等工程技术方法。

4. 了解固体颗粒与流体之间的依存与分离关系（沉降、悬浮、过滤、流态化等），混合流体输送机械与分离过程之间的供需关系。

5. 熟悉过滤过程的设计与操作规律。

3.1 概述

本章介绍利用流体力学原理（颗粒与流体之间相对流动）实现非均相物系的分离、流态化等工业过程。

3.1.1 混合物的分类

在自然界、工农业生产以及日常生活里我们会接触到很多混合物，如空气、雾、泥水、牛奶等。在化工生产过程中，很多原料、半成品、排放的废物等大多为混合物，为了满足生产要求和环境保护，常常要对混合物进行分离。混合物大致分为均相混合物和非均相混合物两大类，若物系内部物料性质均匀，没有相界面，则为均相混合物或均相物系，溶液（l-l）及混合气体（g-g）都是均相混合物；非均相混合物是由两个或两个以上的相组成的混合物。在非均相物系中，处于分散状态的物质，如分散于流体中的固体颗粒、液滴或气泡，称为分散物质或分散相；包围分散物质且处于连续状态的物质称为连续物质或连续相。根据连续相的状态，非均相物系分为两种类型：

① 气态非均相物系（g-s），如含尘气体、含雾气体等；

② 液态非均相物系（l-s），悬浮液、乳浊液及泡沫液等。

3.1.2 非均相混合物分离在化工生产中的应用

非均相物系分离在化工生产中的主要应用概括起来有如下几个方面：

① 收集分散物质　例如收取从气流干燥器或喷雾干燥器出来的气体以及从结晶器出来

的晶浆中带有的固体颗粒，这些悬浮的颗粒作为产品必须回收；又如回收从催化反应器出来的气体中夹带的催化剂颗粒以循环使用。

② 净化分散介质　某些催化反应，原料气中夹有杂质会影响催化剂的性能，必须在气体进反应器之前清除催化反应原料气中的杂质，以保证催化剂的活性。

③ 环境保护与安全生产　为了保护人类生态环境，清除工业污染，要求对排放的废气、废液中的有害物质加以处理，使其达到规定的排放标准，很多含碳物质或金属细粉与空气混合会形成爆炸物，必须除去这些物质以消除爆炸的隐患。

3.1.3　常见非均相物系的分类和分离方法

非均相混合物按聚集状态分类，常见的有气-固相、气-液相、液-固相、液-液相、固-固相。

非均相混合物通常采用机械的方法分离，即利用非均相混合物中分散相和连续相的物理性质（如密度、颗粒形状、尺寸等）的差异，使两相之间发生相对运动而使其分离。工业上多采用机械的方法对两相进行分离。分离的方法是设法造成分散相和连续相之间的相对运动，其分离规律遵照流体力学基本规律。常见方法有如下几种：

① 沉降分离法　颗粒相对于流体（静止或运动）运动而实现悬浮物系分离的过程称为沉降分离。沉降分离法是利用连续相与分散相的密度差异，借助某种机械力的作用，使颗粒和流体发生相对运动而得以分离。根据机械力的不同，可分为重力沉降、离心沉降和惯性沉降。重力沉降是微粒（分散相）借助本身的重力在分散介质中沉降而获得分离。离心分离是利用微粒（分散相）所受离心力的作用将其从分散介质中分离，亦称离心沉降。

② 过滤分离法　过滤是利用两相对多孔介质穿透性的差异，在某种推动力的作用下，使非均相混合物得以分离的操作。根据推动力不同，可分为重力过滤、加压（或真空）过滤和离心过滤。

③ 静电分离法　静电分离法是利用两相带电性的差异，借助于电场的作用，使两相得以分离，属于此类的操作有电除尘、降雾等。

④ 湿洗分离法　湿洗分离法是使气固混合物穿过液体，固体颗粒黏附于液体而被分离出来。工业上常用的此类分离设备有泡沫除尘器、湍球塔、文氏管洗涤器等。

⑤ 流态化分离法　流态化分离法是将大量的固体颗粒悬浮于流动的流体之中，并在流体作用下使颗粒作翻滚运动，类似于液体沸腾。

3.2　沉降

在外力场的作用下，利用分散相和连续相之间的密度差，使之发生相对运动而实现非均相混合物的分离称为沉降分离。显然，实现沉降分离的前提条件是分散相和连续相之间存在密度差，并且有外力场的作用。根据外力场的不同，沉降分离分为重力沉降和离心沉降；根据沉降过程中颗粒是否受到其他颗粒或器壁的影响而分为自由沉降和干扰沉降；根据作业的目的和要求不同，重力沉降可分为澄清、浓缩、分离作业等 3 种类型：

① 澄清　澄清的目的在于回收溶液，要求获得清澈的溶液，基本上不含固体。例如浸取后矿浆的沉降分离；堆浸液少量悬浮物的分离净化等。其最终产物除澄清液外，其浓缩的底流悬浮液含液量较高，根据工艺的不同，可以进一步回收或作为废弃物处理。

② 浓缩　浓缩的目的在于回收固体，要求尽可能为高浓度的底流矿浆。

③ 分离作业　对以上两种作业即澄清和浓缩要求为同时兼顾的作业，固液分离沉降作业多属此类操作。

3.2.1　颗粒的特性

表述颗粒特性的主要参数为颗粒的形状、大小（体积）和表面积。

3.2.1.1　单一颗粒的特性

（1）球形颗粒

球形颗粒通常用直径（粒径）表示其大小。球形颗粒的各有关特性均可用单一的参数，即直径 d 全面表示

$$V = \frac{\pi}{6} d^3 \tag{3-1}$$

$$S = \pi d^2 \tag{3-2}$$

$$a = \frac{6}{d} \tag{3-3}$$

式中　d——颗粒直径，m；V——球形颗粒的体积，m^3；S——球形颗粒的表面积，m^2；a——比表面积（单位体积颗粒具有的表面积），m^2/m^3。

（2）非球形颗粒

工业上遇到的固体颗粒大多是非球形的。非球形颗粒可用当量直径及形状系数来表示其特性。

① 体积当量直径 d_e　当量直径是根据实际颗粒与球体某种等效性而确定的。根据测量方法及在不同方面的等效性，当量直径有不同的表示方法。工程上，体积当量直径应用比较多。

令实际颗粒的体积等于当量球形颗粒的体积 $\left(V_p = \frac{\pi}{6} d_e^3 \right)$，则体积当量直径定义为

$$d_e = \sqrt[3]{\frac{6V_p}{\pi}} \tag{3-4}$$

式中　d_e——体积当量直径，m；V_p——非球形颗粒的实际体积，m^3。

② 形状系数 ϕ_s　形状系数又称球形度，它表征颗粒的形状与球形的差异程度。根据定义可以写出

$$\phi_s = \frac{S_p}{S} \tag{3-5}$$

式中　ϕ_s——颗粒的形状系数或球形度；S_p——颗粒的表面积，m^2。S——与该颗粒体积相等的圆球的表面积，m^2。

由于体积相同时球形颗粒的表面积最小，因此，任何非球形颗粒的形状系数皆小于 1。对于球形颗粒，$\phi_s = 1$。颗粒形状与球形差别越大，ϕ_s 值越低。

对于非球形颗粒，必须有两个参数才能确定其特征。通常选用体积当量直径和形状系数来表征颗粒的体积、表面积和比表面积，即

$$V_p = \frac{\pi}{6} d_e^3 \tag{3-1a}$$

$$S_p = \pi \frac{d_e^2}{\phi_s} \tag{3-2a}$$

$$a_p = \frac{6}{\phi_s d_e}$$ (3-3a)

3.2.1.2 颗粒群的特性

工业中遇到的颗粒大多是由大小不同的粒子组成的集合体，称为非均一性粒子或多分散性粒子；而将具有同一粒径的颗粒称为单一性粒子或分散性粒子。

(1) 粒度分布

不同粒径范围内所含粒子的个数或质量，即粒径分布。可采用多种方法测量多分散性粒子的粒度分布。对于大于 $40\mu m$ 的颗粒，通常采用一套标准筛进行测量。这种方法称为筛分分析。泰勒标准筛的目数与对应的孔径如表 3-1 所示。

表 3-1 泰勒标准筛规格

目数	3	4	6	8	10
孔径/μm	6680	4699	3327	2362	1651
目数	14	20	35	48	65
孔径/μm	1168	833	417	295	208
目数	100	150	200	270	400
孔径/μm	147	104	74	53	38

当使用某一号筛子时，通过筛孔的颗粒量称为筛过量，截留于筛面上的颗粒量则称为筛余量。称取各号筛面上的颗粒筛余量即得筛分分析的基本数据。目前各种筛制正向国际标准组织 ISO 筛系统一。

(2) 颗粒的平均粒径

颗粒平均直径的计算方法很多，其中最常用的是平均比表面积直径。设有一批大小不等的球形颗粒，其总质量为 G，经筛分分析得到相邻两号筛之间的颗粒质量为 G_i，筛分直径（两筛号筛孔的算术平均值）为 d_i。根据比表面积相等的原则，颗粒群的平均比表面积直径可写为

$$\frac{1}{d_a} = \sum \frac{1}{d_i} \frac{G_i}{G} = \sum \frac{x_i}{d_i} \quad \text{或} \quad d_a = \frac{1}{\sum \frac{x_i}{d_i}}$$ (3-6)

式中 d_a——平均比表面积直径，m；d_i——筛分直径，m；x_i——d_i 粒径段内颗粒的质量分数。

3.2.2 重力沉降

重力沉降是借助重力的作用，使流体和颗粒之间发生相对运动，把流体和颗粒分离的操作。工业生产中，借助重力沉降分离非均相混合物的设备常见的有降尘室和连续沉降槽。降尘室用于分离含尘气体，而连续沉降槽用于分离悬浮液。

3.2.2.1 球形颗粒的自由沉降速度

自由沉降是无干扰沉降，要求物系中分散相的颗粒为球形，且颗粒的光洁度、直径、密度相同，颗粒的浓度较稀，沉降设备的尺寸相对较大，器壁对颗粒的沉降无干扰作用，连续相的流动对颗粒的沉降无干扰作用。满足上述条件方可视为自由沉降。

如图 3-1 所示，直径为 d_s，密度为 ρ_s 的光滑球形颗粒，处于密度为 ρ 的静止液体中，颗粒的密度 ρ_s 大于液体密度 ρ，颗粒将在重力作用下沉降运动。分析颗粒的受力情况，在

图 3-1 球形颗粒在静止流体中的受力情况

垂直方向上，颗粒在最初只受指向地心的重力 F_b 和向上的浮力 F_b，即

$$F_g = \frac{1}{6}\pi d_s^3 \rho_s g \quad \text{（重力，向下）}$$

$$F_b = \frac{1}{6}\pi d_s^3 \rho g \quad \text{（浮力，向上）}$$

由于 $\rho_s > \rho_g$，故 $F_g > F_b$，颗粒将在（$F_g - F_b$）作用下，向下加速运动。当颗粒开始向下运动时，颗粒将受到液体向上作用的局部阻力 F_d，其方向向上。

$$F_d = \zeta A \frac{\rho u^2}{2} = \zeta \frac{\pi}{4} d_s^2 \frac{\rho u^2}{2} \quad \text{（阻力，向上）}$$

式中 F_d——颗粒所受阻力，N；ζ——阻力系数，无量纲；A——颗粒在沉降方向上的投影面积，m^2；u——颗粒与流体的相对运动速度，m/s。

若以颗粒沉降的方向为正方向，颗粒在瞬间受到的合力为 $\sum F$，根据牛顿第二定律有

$$\sum F = F_g - F_b - F_d = ma \tag{3-7}$$

或

$$\frac{\pi}{6} d_s^3 (\rho_s - \rho) - \frac{1}{4}\pi d_s^2 \left(\frac{\rho u^2}{2}\right) = \frac{1}{6}\pi d_s^3 \rho_s a \tag{3-8}$$

式中 m——颗粒的质量，kg；a——加速度，m/s^2。

当流体和颗粒一定时，（$F_g - F_b$）为常数，颗粒开始沉降的瞬间，速度 u 为零，F_d 也为零，加速度 a 具有最大值。颗粒开始沉降后，阻力 F_d 随着 u 的增大而增大，因此，a 逐渐减小。当 u 增加到某一定数值时，F_g、F_b、F_d 达平衡，即 $\sum F = 0$，$a = 0$，颗粒开始匀速沉降运动，此时颗粒相对于流体的运动速度称为颗粒的自由沉降速度，用 u_t 表示。根据 $\sum F = 0$，可求出沉降速度

$$u_t = \sqrt{\frac{4 g d_s (\rho_s - \rho)}{3 \zeta \rho}} \tag{3-9}$$

式（3-9）即为球形颗粒的自由沉降速度基本计算式。

由于在沉降过程中，颗粒尺寸较小，加速阶段较短，可以忽略不计，只考虑匀速阶段。

3.2.2.2 阻力系数 ζ

用式（3-9）计算沉降速度时，首先需要确定阻力系数 ζ 值。通过量纲分析可知，ζ 是颗粒与流体相对运动时雷诺数 Re_t 的函数，由实验测得的综合结果示于图 3-2 中。图中雷诺数 Re_t 的定义为

$$Re_t = \frac{d u_t \rho}{\mu}$$

由图看出，球形颗粒的曲线（$\phi_s = 1$）按 Re_t 值大致分为三个区，各区内的曲线可分别用相应的关系式表达。

层流区或斯托克斯（Stokes）定律区（$10^{-4} < Re_t < 1$）

$$\zeta = \frac{24}{Re_t} \tag{3-10}$$

过渡区或阿伦（Allen）定律区（$1 < Re_t < 10^3$）

$$\zeta = \frac{18.5}{Re_t^{0.6}} \tag{3-11}$$

湍流区或牛顿（Newton）定律区（$10^3 < Re_t < 2 \times 10^5$）

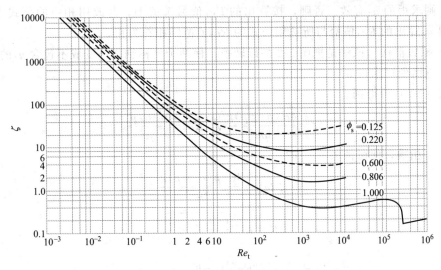

图 3-2 ζ-Re_t 关系曲线

$$\zeta = 0.44 \qquad\qquad (3\text{-}12)$$

将式（3-10）~式（3-12）分别代入式（3-9），便可得到颗粒在各区相应的沉降速度公式，即

层流区
$$u_t = \frac{d^2(\rho_s - \rho)g}{18\mu} \qquad\qquad (3\text{-}13)$$

过渡区
$$u_t = 0.27\sqrt{\frac{d(\rho_s - \rho)g}{\rho}Re_t^{0.6}} \qquad\qquad (3\text{-}14)$$

湍流区
$$u_t = 1.74\sqrt{\frac{d(\rho_s - \rho)g}{\rho}} \qquad\qquad (3\text{-}15)$$

式（3-13）、式（3-14）及式（3-15）分别称为斯托克斯公式、阿伦公式及牛顿公式，见表 3-2。

表 3-2　球形颗粒阻力系数在各区内表达式

流型	定律	Re 范围,阻力系数 ζ	计算公式
层流	Stokes(斯托克斯)式	$10^{-4} < Re_t < 1 ; \zeta = \dfrac{24}{Re_t}$	$u_t = \dfrac{d^2(\rho_s - \rho)g}{18\mu}$
过渡状态	Allen(阿伦)式	$1 < Re_t < 10^3 ; \zeta = \dfrac{18.5}{Re_t^{0.6}}$	$u_t = 0.27\sqrt{\dfrac{d(\rho_s - \rho)gRe_t^{0.6}}{\rho}}$
湍流	Newton(牛顿)式	$10^3 < Re_t < 2 \times 10^5 ; \zeta = 0.44$	$u_t = 1.74\sqrt{\dfrac{d(\rho_s - \rho)g}{\rho}}$

3.2.2.3　沉降速度计算

计算在给定介质中球形颗粒的沉降速度，可采用以下方法。

① 试差法　根据式（3-13）~式（3-15）计算沉降速度 u_t 时，需要预先知道沉降雷诺数 Re_t 值才能选用相应的计算式。但是，u_t 为待求，Re_t 值也就为未知。所以，沉降速度 u_t 的计算需要用试差法，即先假设沉降属于某一流型（譬如层流区），则可直接选用与该流型相应的沉降速度公式计算 u_t，然后按 u_t 检验 Re_t 值是否在原假设的流型范围内，如果与原假

设一致，则求得的 u_t 有效。否则，按算出的 Re_t 值另选流型，并改用相应的公式求 u_t，直到按求得 u_t 算出的 Re_t 值恰与所选用公式的 Re_t 值范围相符为止。

② 摩擦数群法　该法是把图 3-2 加以转换，使两个坐标轴之一变成不包含 u_t 的量纲为 1 的数群，进而便可求得 u_t。

由式（3-9）可得到

$$\zeta = \frac{4d(\rho_s - \rho)g}{3\rho u_t^2}, \quad Re_t^2 = \frac{d^2 u_t^2 \rho^2}{\mu^2}$$

令 ζ 与 Re_t^2 相乘，便可消去 u_t，即

$$\zeta Re_t^2 = \frac{4d^3 \rho(\rho_s - \rho)g}{3\mu^2} \tag{3-16}$$

再令

$$K = d \sqrt[3]{\frac{\rho(\rho_s - \rho)g}{\mu^2}} \tag{3-17}$$

则

$$\zeta Re_t^2 = \frac{4}{3}K^3 \tag{3-17a}$$

因 ζ 是 Re_t^2 的已知函数，则 ζRe_t^2 也必然是 Re_t 的已知函数，故图 3-2 的 ζ-Re_t 曲线便可转化成图 3-3 的 ζRe_t^2-Re_t 曲线。计算 u_t 时，可先由已知数据算出 ζRe_t^2 值，再由 ζRe_t^2-Re_t 曲线查得 Re_t，最后由 Re_t 反算 u_t，即

$$u_t = \frac{\mu Re_t}{d\rho}$$

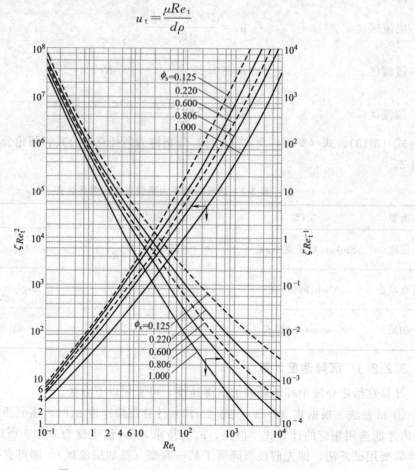

图 3-3　ζRe_t^2-Re_t 及 ζRe_t^{-1}-Re_t 关系曲线

如果计算在一定介质中具有某一沉降速度 u_t 的颗粒的直径，也可用类似的方法解决。令 ζ 与 Re_t^{-1} 相乘，得

$$\zeta Re_t^{-1} = \frac{4\mu(\rho_s - \rho)g}{3\rho^2 u_t^3} \tag{3-18}$$

ζRe_t^{-1}-Re_t 曲线绘于图 3-3 中。由 ζRe_t^{-1} 从图中可查得 Re_t，再根据沉降速度 u_t 计算 d，即

$$d = \frac{\mu Re_t}{\rho u_t}$$

摩擦数群法对于已知 u_t 求 d 或对于非球形颗粒的沉降计算均非常方便。

③ 用量钢为 1 的数群 K 值判别流型　将式（3-13）代入雷诺数的定义式，得

$$Re_t = \frac{d^3(\rho_s - \rho)\rho g}{18\mu^2} = \frac{K^3}{18}$$

当 $Re_t = 1$ 时，$K = 2.62$，此值即为斯托克斯定律区的上限。同理，将式（3-15）代入 Re_t 的定义式，可得牛顿定律区的下限 K 值为 69.1。这样，计算已知直径的球形颗粒的沉降速度时，可根据 K 值选用相应的公式计算 u_t，从而避免采用试差法。

3.2.2.4　影响沉降速度因素

上面的讨论，都是针对表面光滑、刚性球形颗粒在流体中作自由沉降的简单情况。所谓自由沉降是指在沉降过程中，颗粒之间的距离足够大，任一颗粒的沉降不因其他颗粒的存在而受到干扰，以及可以忽略容器壁面的影响。单个颗粒在空间中的沉降或气态非均相物系中颗粒的沉降都可视为自由沉降。如果分散相的体积分数较高，颗粒间有显著的相互作用，容器壁面对颗粒沉降的影响不可忽略，则称为干扰沉降或受阻沉降。液态非均相物系中，当分散相浓度较高时，往往发生干扰沉降。下面讨论实际沉降操作中影响沉降速度的因素。

① 流体的黏度　在层流沉降区内，由流体黏性引起的表面摩擦力占主要地位。在湍流区，流体黏性对沉降速度已无影响，由流体在颗粒后半部出现的边界层分离所引起的形体阻力占主要地位。在过渡区，表面摩擦阻力和形体阻力二者都不可忽略。在整个范围内，随雷诺数 Re_t 的增大，表面摩擦阻力的作用逐渐减弱，而形体阻力的作用逐渐增长。当雷诺数 Re_t 超过 2×10^5 时，出现湍流边界层，此时反而不易发生边界层分离，故阻力系数 ζ 值突然下降，但在沉降操作中很少达到这个区域。

② 颗粒的体积分数　前述各种沉降速度关系式中，当颗粒的体积分数小于 0.2% 时，理论计算值的偏差在 1% 以内。当颗粒体积分数较高时，由于颗粒间相互作用明显，便发生干扰沉降。

③ 器壁效应　容器的壁面和底面均增加颗粒沉降时的曳力，使颗粒的实际沉降速度较自由沉降速度低。当容器尺寸远远大于颗粒尺寸时（例如在 100 倍以上），器壁效应可忽略，否则需加以考虑。在斯托克斯定律区，器壁对沉降速度的影响可用下式修正

$$u_t' = \frac{u_t}{1 + 2.1\left(\dfrac{d}{D}\right)} \tag{3-19}$$

式中　u_t'——颗粒的实际沉降速度，m/s；D——容器直径，m。

④ 颗粒形状的影响　同一种固体物质，球形或近球形颗粒比同体积非球形颗粒的沉降要快一些。非球形颗粒的形状及其投影面积 A 均影响沉降速度。

几种 ϕ_s 值下的阻力系数 ζ 与雷诺数 Re_t 的关系曲线，已根据实验结果标绘在图 3-4 中。

对于非球形颗粒，雷诺数 Re_t 中的直径 d 要用颗粒的当量直径 d_e 代替。

由图 3-3 可见，颗粒的球形度越小，对应于同一 Re_t 值的阻力系数 ζ 越大，但 ϕ_s 值对 ζ 的影响在层流区内并不显著，随着 Re_t 的增大，这种影响逐渐变大。

3.2.2.5 重力沉降设备

(1) 分级设备

分级器的最简单类型如图 3-4 所示，其中一个大的容器被分成几个段。含有各种尺寸固体颗粒的液体浆液加料进入容器。较大的、较快沉降的颗粒沉降在靠近进口的底部，较慢沉降的颗粒沉降在靠近出口的底部。加料进口的线速度随着流通截面积的扩大而降低。容器中的垂直挡板让几个部分的固体收集起来。沉降速度方程的推导不在这里赘述。

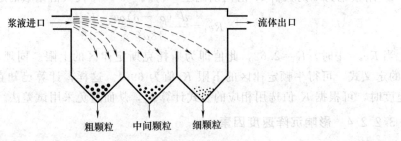

图 3-4　简单重力沉降分级器

(2) 锥形选粒分级器

重力沉降室的另一种类型是锥形选粒器，如图 3-5 所示，它由一组在流动方向上直径渐大的锥形容器串联而成。浆液进入第一个容器时，最大的、最快沉降的颗粒被分离出来。溢流进入下一个容器，在那里其他颗粒被分离出来。这个过程在接着的容器中继续进行。在每一个容器中上部流动进口水的速度是被控制的，以便在每个容器中分离出期望的尺寸范围。

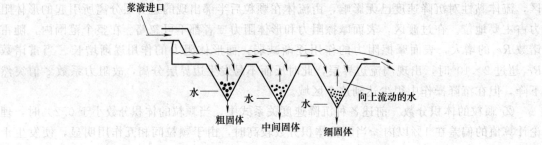

图 3-5　锥形选粒分级器

(3) 沉积增稠器

采用重力将稀浆液分离成清液和含固体浓度较高的浆液的过程被称沉积。工业上，沉积操作常常在设备中连续进行，这种设备称为增稠器。连续的增稠器带有缓慢旋转的齿耙，以除去沉积物或浓缩的浆液，如图 3-6 所示。图 3-6 中浆液加入到容器中心的液面下几英尺处。在容器顶部边缘的周围是清液溢流的出口。齿耙用来将底部的沉积物刮入中心的排出口排出。这个缓慢的搅拌帮助除去沉积物中的水。

(4) 降尘室

降尘室是依靠重力沉降从含尘气体中分离出尘粒的设备，常见的降尘室如图 3-7 所示。含尘气体进入降尘室后，颗粒随气流向出口流动，水平流速为 u，同时向下沉降，沉降速度

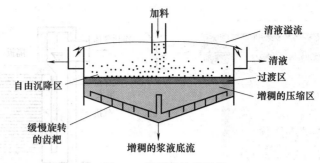

图 3-6　锥形选粒增稠器

为 u_t。只要颗粒能够在气体通过降尘室的时间内降至室底，便可从气流中分离出来。图 3-7 表示了颗粒在降尘室中的运动情况。设降尘室长为 L，宽度为 b，高度为 H，含尘气体通过降尘室的体积流量（降尘室的生产能力）为 V_s。现在讨论直径为 d_s 的球形颗粒在降尘室被分离的条件。

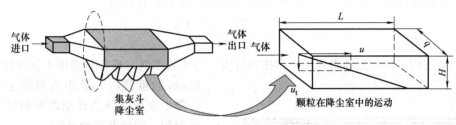

图 3-7　降尘室及降尘室中颗粒运动受力分析

颗粒在降尘室中沉降到室底所需时间

$$\theta_t = \frac{H}{u_t} \tag{3-20}$$

颗粒在降尘室中的停留时间为

$$\theta = \frac{L}{u} \tag{3-21}$$

水平流速

$$u = \frac{V_s}{Hb} \tag{3-22}$$

所以

$$\theta = \frac{LHb}{V_s} \tag{3-23}$$

颗粒被分离的条件为　　　　　$\theta \geqslant \theta_t$　或　$\dfrac{LHb}{V_s} \geqslant \dfrac{H}{u}$

即

$$V_s \leqslant Lbu_t \tag{3-24}$$

式（3-24）表明，降尘室的生产能力 V_s 仅与其底面积 Lb 及颗粒的沉降速度 u_t 有关，而与降尘室的高度 H 无关。所以降尘室一般采用扁平的几何形状，或在室内加多层水平隔板，构成多层降尘室，如图 3-8 所示。含尘气体经气体分配道进入隔板缝隙，隔板间距通常为 40～100mm，进、出口气量可通过流量调节阀调节；流动中颗粒沉降在隔板的表面，清洁气体自隔板出口经气体集聚道汇集后再由出口气道排出。

若降尘室内设置 n 层水平隔板（图3-9），则层数为 $N = n + 1$，生产能力为

$$V_s \leqslant NLbu_t \tag{3-25}$$

若在各种颗粒中，有一种颗粒刚好满足 $\theta = \theta_t$ 的条件，此粒径称为降尘室能 100% 除去的最小粒径，称为临界粒径，用 d_{pc} 表示。

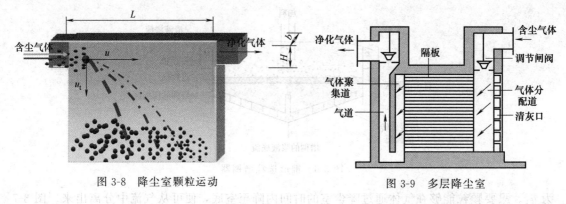

图 3-8 降尘室颗粒运动

图 3-9 多层降尘室

$$V_s = Lbu_t \tag{3-26}$$

临界沉降速度为

$$u_{tc} = \frac{V_s}{Lb} \tag{3-27}$$

当沉降处于层流区时,将式(3-13)代入式(3-27),可得临界粒径

$$d_{pc} = \sqrt{\frac{18\mu}{(\rho_s - \rho)g} \frac{V_s}{Lb}} \tag{3-28}$$

降尘室结构简单,流动阻力小,但体积庞大,分离效率低,通常只适用于分离粒径大于 $75\mu m$ 的粗粒,一般作为预除尘用。多层降尘室虽能分离较细的颗粒且节省占地面积,但清灰比较麻烦。

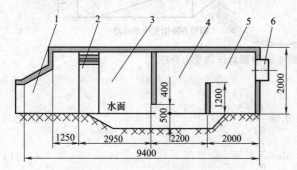

图 3-10 沉降式锅炉烟囱除尘装置
1—烟道;2—人字墙;3—第一沉降室;
4—第二沉降室;5—第三沉降室;6—接引风机

(5)应用实例

【**实例1 除尘装置(降尘室)**】

图 3-10 为沉降式锅炉烟囱除尘装置,由烟道、沉降室、人字墙、挡墙、出灰坑、烟囱等组成。长 9.4m,高 2.6m,宽 3.25m。第一沉降室内有一人字墙和挡墙,人字墙底部直达顶部。第一与第二沉降室之间,第二与第三沉降室之间有挡墙。

采用这种结构,除尘效率可达 80% 左右。这是由于:

① 降低了气体流速。沉降室截面积为 2.75m×2.5m,比烟道截面积 1.2m×lm 扩大了 5.7 倍。因此,气体流速下降到 0.67m/s。

② 设人字墙和挡墙。气流中粉尘在惯性作用下,与人字墙及挡墙碰撞后沉降下来。

③ 加大粉尘的惯性。采用缩小近水封外的截面积,使下降的气体流速加大,当粉尘在绕过挡墙时在惯性和离心力的作用下,落入水中。

　　降尘室的生产能力与其底面积及颗粒的沉降速度 u_t 有关,与降尘室的高度无关。 因此为提高生产能力,可将降尘室做成多层以增大底面积,从而达到提高生产能力之目的。 但是降尘室的高度也应考虑,高度选取的原则是气流在通道中流动时的雷诺数要小于 1400 ~ 2000,以防止沉降下来的颗粒被气流卷起而被带走。

【**例 3-1**】 降尘室总高 4m、宽 1.7m、长 4.55m,中间等高水平安装 39 块隔板,每小

时通过降尘室的含尘气体为 $2000\mathrm{m}^3$，气体密度 $1.6\mathrm{kg/m}^3$（均为标况），气体温度 $400\,^\circ\mathrm{C}$，压力 $101.3\mathrm{kPa}$，此时黏度 $3\times10^{-5}\mathrm{Pa\cdot s}$，粉尘密度 $3700\mathrm{kg/m}^3$。

试求：（1）此降尘室能分离的最小尘粒的直径；（2）除去 $6\mu\mathrm{m}$ 颗粒的百分率。

解：（1）将标况下含尘气体的体积、密度转化为操作条件下的体积、密度。

$$V_\mathrm{s}=V_\mathrm{s0}\times\frac{T}{T_0}=2000\times\left(\frac{273+400}{273}\right)/3600=1.369\mathrm{m}^3/\mathrm{s}$$

$$\rho=\rho_0\times\frac{T_0}{T}=1.6\times\frac{273}{273+400}=0.649\mathrm{kg/m}^3$$

降尘室能分离的最小尘粒的沉降速度为

$$u_\mathrm{t}=\frac{V_\mathrm{s}}{NLb}=\frac{1.369}{40\times4.55\times1.7}=0.004425\mathrm{m/s}$$

假设该颗粒沉降处于层流区，则

$$u_\mathrm{t}=\frac{gd_\mathrm{pc}^2(\rho_\mathrm{s}-\rho)}{18\mu}$$

$$d_\mathrm{pc}=\sqrt{\frac{18\mu u_\mathrm{t}}{(\rho_\mathrm{s}-\rho)g}}=\sqrt{\frac{18\times3\times10^{-5}\times0.004425}{(3700-0.649)\times9.81}}=8.11\times10^{-6}\mathrm{m}=8.11\mu\mathrm{m}$$

校核 Re_t

$$Re_\mathrm{t}=\frac{d_\mathrm{s}u_\mathrm{t}\rho}{\mu}=\frac{8.11\times10^{-6}\times0.004425\times0.649}{3\times10^{-5}}=7.76\times10^{-4}<1$$

以上假设成立，计算结果有效，能除去的最小尘粒直径为 $8.11\mu\mathrm{m}$。

（2）由以上计算可知，直径为 $6\mu\mathrm{m}$ 的颗粒的沉降必定在层流区，沉降速度为

$$u_\mathrm{t}=\frac{gd_\mathrm{s}^2(\rho_\mathrm{s}-\rho)}{18\mu}=\frac{(6\times10^{-6})^2\times(3700-0.649)\times9.81}{18\times3\times10^{-5}}=0.002419\mathrm{m/s}$$

气体通过降沉室的水平流速 $\quad u=\dfrac{V_\mathrm{s}}{Hb}=\dfrac{1.369}{4\times1.7}=0.201\mathrm{m/s}$

气体通过降沉室的时间 $\quad \theta=L/u=4.55/0.201=22.60\mathrm{s}$

直径为 $6\mu\mathrm{m}$ 的颗粒在 $22.60\mathrm{s}$ 的沉降高度为

$$h'=u_\mathrm{t}\theta=0.002419\times22.60=0.055\mathrm{m}$$

降沉室每层高度 $\quad h=\dfrac{4}{40}=0.1\mathrm{m}$

$6\mu\mathrm{m}$ 颗粒被除去的百分率为

$$\frac{h'}{h}=\frac{0.055}{0.1}=55\%$$

【实例2　沉降槽】

沉降槽是用来提高悬浮液浓度并同时得到澄清液体的重力沉降设备。沉降槽又称增浓器或澄清器。沉降槽可间歇操作或连续操作。

间歇沉降槽通常为带有锥底的圆槽，其中的沉降情况与间歇沉降试验时玻璃筒内的情况相似。需要处理的悬浮料浆在槽内静置足够时间以后，增浓的沉渣由槽底排出，清液则由槽上部排出管抽出。

连续沉降槽是底部略成锥状的大直径浅槽，如图 3-11 所示。料浆经中央进料口送到液面以下 $0.3\sim1.0\mathrm{m}$ 处，在尽可能减小扰动的条件下，迅速分散到整个横截面上，液体向上流动，清液经由槽顶端四周的溢流堰连续流出，称为溢流；固体颗粒下沉至底部，

格底有徐徐旋转的耙将沉渣缓慢地聚拢到底部中央的排渣口连续排出。排出的稠浆称为底流。

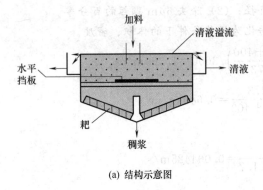

(a) 结构示意图   (b) 外观

图 3-11　连续沉降槽

连续沉降槽的直径，小者数米，大者可达数百米，高度为 2.5～4m。有时将数个沉降槽垂直叠放，共用一根中心竖轴带动各槽的转耙。这种多层沉降槽可以节省地面，但操作控制较为复杂。

连续沉降槽适用于处理量大而浓度不高且颗粒不甚细微的悬浮料浆，常见的污水处理就是一例。经过这种设备处理后的沉渣中还含有约 50% 的液体。

沉降槽有澄清液体和增浓悬浮液的双重功能。为了获得澄清液体，沉降槽必须有足够大的槽截面积，以保证任何瞬间液体向上的速度小于颗粒的沉降速度。为了把沉渣增浓到指定的稠度，要求颗粒在槽中有足够的停留时间。所以沉降槽加料口以下的增浓段必须有足够的高度，以保证压紧沉渣所需要的时间。

在沉降槽的增浓段中大都发生颗粒的干扰沉降，所进行的过程称为沉聚过程。

为了使给定尺寸的沉降槽获得最大可能的生产能力，应尽可能提高沉降速度。向悬浮液中添加少量电解质或表面活性剂，使细粒发生"凝聚"或"絮凝"；改变一些物理条件（如加热、冷冻或振动），使颗粒的粒度或相界面积发生变化，这些都有利于提高沉降速度。沉降槽中装置搅拌耙的作用，除能把沉渣导向排出口外，还能减低非牛顿型悬浮物系的表观黏度，并能促使沉淀物的压紧，从而加速沉聚过程。搅拌耙的转速应选择适当，通常小槽耙的转速为 1r/min，大槽的在 0.1r/min 左右。

3.2.3　离心沉降

依靠离心力的作用实现的沉降过程称为离心沉降。利用离心力将颗粒从悬浮液体系中分离出来，要比利用重力有效的多。颗粒的离心力由旋转而产生，旋转的速度越大则离心力也越大，而在重力沉降中，颗粒受到的重力是一定的，不能提高。因此利用离心力作用的分离设备，不仅可以分离比较小的颗粒，而且设备体积也可缩小。

3.2.3.1　离心沉降速度

如图 3-12 所示，以角速度 ω 旋转的圆筒内装有悬浮液，悬浮液的密度为 ρ，黏度为 μ，悬浮液中的颗粒为球形颗粒，密度为 ρ_s，直径为 d_s，质量为 m。筒内液体与圆筒具有相同的转数，液体将处于离心力场中，颗粒受到离心力、向心力、阻力作用。离心力 F_c 的方向径向向外，向心力 F_b 相当于重力场中的浮力，其方向为沿半径指向旋转中心。颗粒在离心力的作用下在径向上与流体发生相对运动而飞离中心，必然存在着与离心力方向相反的阻力，因此阻力 F_d 方向为沿半径指向中心。

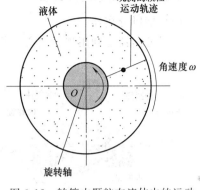

图 3-12 转筒内颗粒在流体中的运动

假设颗粒与圆心的距离为 r，角速度为 ω，切向速度为 u_T，则上述三个力分别为

$$F_c = mr\omega^2 = \frac{\pi}{6} d_s^3 \rho_s r\omega^2 \qquad (\text{径向向外})$$

$$F_b = \frac{\pi}{6} d_s^3 \rho r\omega^2 \qquad (\text{径向向内})$$

$$F_d = \zeta \frac{\pi}{4} d_s^2 \frac{\rho u_r^2}{2} \qquad (\text{径向向内})$$

式中　u_r——距中心 r 处的颗粒在径向上相对于流体的运动速度，m/s。

当 F_c、F_b、F_d 三力达到平衡，有

$$\sum F = F_c - F_b - F_d = 0$$

$$\frac{\pi}{6} d_s^3 \rho_s r\omega^2 - \frac{\pi}{6} d_s^3 \rho r\omega^2 - \zeta \frac{\pi}{4} d_s^2 \frac{\rho u_r^2}{2} = 0$$

此时，u_r 称为颗粒的离心沉降速度，根据上式，其计算公式为

$$u_r = \sqrt{\frac{4 d_s (\rho_s - \rho)}{3\zeta\rho} r\omega^2} \qquad (3\text{-}29)$$

将上式与重力沉降速度公式（3-9）比较可知，颗粒的离心沉降速度 u_r 的计算式与重力沉降速度 u_t 的计算式具有相似的关系，只是将式（3-9）中的重力加速度 g 换成了离心加速度 $r\omega^2$，离心沉降的方向径向向外，重力沉降的方向向下。u_r 与 u_t 还有一个更重要的区别：离心沉降速度 u_r 随旋转半径而变化，而重力沉降速度 u_t 则是恒定值。

采用离心沉降的颗粒较小，颗粒沉降一般处于层流区，阻力系数 $\zeta = \frac{24}{Re}$ 代入式（3-29），得到层流区的离心沉降速度公式

$$u_r = \frac{d_s^2 (\rho_s - \rho)}{18\mu} r\omega^2 \qquad (3\text{-}30)$$

将式（3-30）与式（3-13）相比可知，同一颗粒在相同介质中的离心沉降速度与重力沉降速度的比值为

$$\frac{u_r}{u_t} = \frac{r\omega^2}{g} = K_c \qquad (3\text{-}31)$$

比值 K_c 是粒子所在位置上的惯性离心力场强度与重力场强度之比，称为离心分离因数。离心分离因数是离心分离设备的重要指标，某些高速离心机离心分离因数 K_c 值可达数十万。例如旋转半径 $r = 0.3$m，转速 $r = 600$r/min，分离因数为

$$K_c = \frac{r\omega^2}{g} = \frac{r(2\pi n/60)^2}{g} = \frac{0.3 \times (2 \times 3.14 \times 600/60)^2}{9.81} = 120$$

上式表明颗粒在上述条件下的离心沉降速度是重力沉降速度的 120 倍，可以看出离心沉降设备的分离效果远高于重力沉降。

离心沉降一般处理直径小于 50μm 的颗粒。

3.2.3.2 离心沉降设备

(1) 旋风分离器

旋风分离器是利用惯性离心力作用，从气体中分离出尘粒的设备。其结构简单，没有活动部件，制造方便，分离效果高，并可用与高温含尘气体的分离，所以在化工、轻工、机械、冶金等行业得到广泛应用。

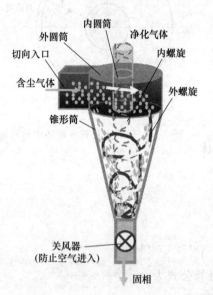

① 结构与操作原理　图 3-13 所示的标准旋风分离器，上部为带有切向入口的圆筒，下部为圆锥形。各部分尺寸均与圆筒直径成比例。含尘气体以 15～20m/s 的速度由圆筒上部的进气管切向进入，受到器壁的约束由向下作螺旋运动，在惯性离心力的作用下，颗粒被甩到器壁沿壁面落至锥底的排灰口排出面与气体分离。净化后的气体在中心轴附近由下向上作螺旋运动，最后由顶部排气管排出。图 3-13 表示气流在分离器内的运动情况。通常，将下行的螺旋形气流称为外旋流，上行的螺旋形气流称为内旋流（又称气心）。内、外旋流的旋转方向相反。

旋风分离器一般用于除去气流中直径 5～50μm 的颗粒。对于直径在 200μm 以上的大颗粒，最好先用重力沉降法除去，以减少其对旋风分离器器壁的

图 3-13　气流在旋风分离器内的运动情况

磨损，旋风分离器不适用于处理黏性大、含湿量高、腐蚀性较强的粉尘。

② 旋风分离器的性能

临界粒径　临界粒径即是指理论上能够完全被旋风分离器分离下来的最小颗粒直径。临界粒径是判断旋风分离器效率高低的重要指标，临界粒径越小，旋风分离器的分离性能越好。临界粒径的大小很难精确测定，一般可在如下假设条件下推导出临界粒径的计算式。

· 进入旋风分离器的气流严格按螺旋形路线作等速运动，其切向速度恒定且为进口气速。

· 颗粒向器壁沉降时，其沉降距离为整个进气管宽度 B。

· 颗粒沉降处于层流区。

对于气固混合物，固体颗粒的密度远大于气体密度，即 $\rho_s \gg \rho$，故式（3-30）中的 $\rho_s - \rho \approx \rho_s$；旋转半径 r 可取平均值 r_m，切向速度为 u_i。则颗粒离心沉降速度为

$$u_r = \frac{d_s^2 \rho_s u_i^2}{18 \mu r_m}$$

颗粒到达器壁所需的沉降时间为

$$\theta_t = \frac{B}{u_r} = \frac{18 \mu r_m B}{d_s^2 \rho_s u_i^2}$$

式中　B——进气口宽度，m。

令气流的有效旋转圈数为 N_e，则气流在器内运行的距离为 $2\pi r_m N_e$，停留时间为

$$\theta = \frac{2\pi r_m N_e}{u_i}$$

若沉降时间 θ_t 刚好等于停留时间 θ，此时被完全分离的最小颗粒的直径即为临界粒径 d_{pc}。

$$\frac{18\mu r_{\mathrm{m}}B}{d_{\mathrm{pc}}^2 \rho_{\mathrm{s}} u_{\mathrm{i}}^2} = \frac{2\pi r_{\mathrm{m}} N_{\mathrm{e}}}{u_{\mathrm{i}}}$$

整理得
$$d_{\mathrm{pc}} = \sqrt{\frac{9\mu B}{\pi N_{\mathrm{e}} \rho_{\mathrm{s}} u_{\mathrm{i}}}} \tag{3-32}$$

式（3-32）中的 d_{pc} 的计算公式与实际情况有一定差距，主要是由于 a、b 两项的假设与实际情况差别较大，但公式较简单，只要给出合适的 N_{e} 值，就可以使用。N_{e} 一般为 $0.5 \sim 3.0$，标准旋风分离器的 N_{e} 为 5。

由于旋风分离器的尺寸均与圆筒直径 D 成一定比例，由式（3-32）可见，随着 D 增大，B 也相应增大，分离尺寸也随之增大，因此旋风分离器的分离效率，随着分离器尺寸增大而减小。所以，当气体处理量很大时，可采用若干小尺寸的旋风分离器并联使用，以获得较好的分离效果。

压强降 气体经旋风分离器时，由于进气管和排气管及主体器壁所引起的摩擦阻力、流动时的局部阻力以及气体旋转运动所产生的动能损失等等，造成气体的压强降。压强降可看做与进口气体动能成正比，即

$$\Delta p = \zeta \frac{\rho u_{\mathrm{i}}^2}{2} \tag{3-33}$$

式中，ζ 为比例系数，亦即阻力系数。对于同一结构形式及尺寸比例的旋风分离器，ζ 为常数，不因尺寸大小而变。例如图 3-13 所示的标准旋风分离器，其阻力系数 $\zeta = 8.0$。旋风分离器的压强降一般为 $500 \sim 2000\mathrm{Pa}$。

影响旋风分离器性能的因素多而复杂，物系情况及操作条件是其中的重要方面。一般说来，颗粒密度大、粒径大、进口气速高及粉尘浓度高等情况均有利于分离。譬如，含尘浓度高则有利于颗粒的聚结，可以提高效率，而且颗粒浓度增大可以抑制气体涡流，从而使阻力下降，所以较高的含尘浓度对压强降与效率两个方面都是有利的。但有些因素则对这两个方面有相互矛盾的影响，譬如进口气速稍高有利于分离，但过高则导致涡流加剧，反而不利于分离，徒然增大压强降。因此，旋风分离器的进口气速保持在 $10 \sim 25\mathrm{m/s}$ 范围内为宜。

分离效率 旋风分离器的分离效率有两种表示法：一是总效率，以 η_0 表示；一是分效率，又称粒级效率，以 η_{p} 表示。

总效率是指进入旋风分离器的全部颗粒中被分离下来的质量分数，即

$$\eta_0 = \frac{C_1 - C_2}{C_1} \tag{3-34}$$

式中 C_1——旋风分离器进口气体含尘质量浓度，$\mathrm{g/m^3}$；

C_2——旋风分离器出口气体含尘质量浓度，$\mathrm{g/m^3}$。

总效率是工程中最常用的，也是最易于测定的分离效率。这种表示方法的缺点是不能表明旋风分离器对各种尺寸粒子的不同分离效果。

含尘气流中的颗粒通常是大小不均的，通过旋风分离器后，各种尺寸的颗粒被分离下来的百分率互不相同。按各种粒度分别表明其被分离下来的质量分数称为粒级效率。通常是把气流中所含颗粒的尺寸范围等分成 n 个小段，在第 i 个小段范围内的颗粒（平均粒径为 d_i）的粒级效率定义为

$$\eta_{\mathrm{p},i} = \frac{C_{1,i} - C_{2,i}}{C_{1,i}} \tag{3-35}$$

式中 $C_{1,i}$——进口气体中粒径在第 i 小段范围内的颗粒的浓度，$\mathrm{g/m^3}$；

$C_{2,i}$——出口气体中粒径在第 i 小段范围内的颗粒的浓度，g/m^3。

粒级效率 η_p 与颗粒直径 d_i 的对应关系可用曲线表示，称为粒级效率曲线。这种曲线可通过实测旋风分离器进、出气流中所含尘粒的浓度及粒度分布而获得。

工程上常把旋风分离器的粒级效率 η_p 标绘成粒径比 $\dfrac{d}{d_{50}}$ 的函数曲线。d_{50} 是粒级效率恰为 50% 的颗粒直径，称为分割粒径。图 3-13 所示的标准旋风分离器，其 d_{50} 可用下式估算

$$d_{50} \approx 0.27 \sqrt{\frac{\mu D}{u_i(\rho_s - \rho)}} \tag{3-36}$$

这种标准旋风分离器的 η_p-$\dfrac{d}{d_{50}}$ 曲线见图 3-14。对于同一结构形式且尺寸比例相同的旋风分离器，无论大小，皆可通用同一条 η_p-$\dfrac{d}{d_{50}}$ 曲线，这就给旋风分离器效率的估算带来了很大方便。

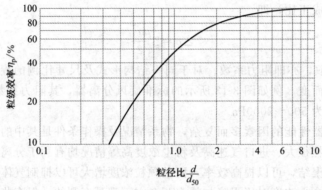

图 3-14 标准旋风分离器的 η_p-$\dfrac{d}{d_{50}}$

如果已知粒级效率曲线，并且已知气体含尘的粒度分布数据，则可按下式估算总效率，即

$$\eta_0 = \sum_{i=1}^{n} x_i \eta_{p,i}$$

式中　x_i——粒径在第 i 小段范围内的颗粒占全部颗粒的质量分数；

　　　$\eta_{p,i}$——第 i 小段粒径范围内颗粒的粒级效率；

　　　n——全部粒径被划分为的段数。

（2）旋液分离器

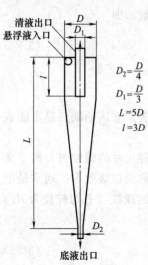

图 3-15　旋液分离器

旋液分离器又称水力旋流器，是利用离心沉降原理从悬浮液中分离固体颗粒的设备，它的结构及操作原理与旋风分离器类似。设备主体也是由圆筒和圆锥两部分组成，如图 3-15 所示。悬浮液从圆筒上部的切向入口进入器内，旋转向下流动。液流中的颗粒受离心力作用，沉降到器壁，并随液流下降到锥形底的出口，成为较稠的悬浮液而排除，称为底流。澄清的液体或含有较轻颗粒的液体，则形成向上的内旋流，经上部中心管从顶部溢流出，称为溢流。

旋液分离器的结构特点是圆筒部分短而圆锥部分长，这样的结构有利于液固的分离。旋液分离器的圆筒直径一般为 $75 \sim 300 \mathrm{mm}$，悬浮液进口速度一般为 $5 \sim 15 \mathrm{m/s}$，压力损失为 $50 \sim 200 \mathrm{kPa}$，分离的颗粒直径为一般 $10 \sim 40 \mu \mathrm{m}$。

3.2.3.3　提高离心沉降速度的方法

离心沉降是利用连续相与分散相在离心力场中所受离心力的差异使重相颗粒迅速沉降，实现分离的操作。离心沉降速度是指重相颗粒相对于周围流体的运动速度。设法提高离心沉降速度，无疑可使分离效果提高，设备尺寸减小。

颗粒的离心沉降速度与下面三方面因素有关：

① 颗粒本身的性质　离心沉降速度与颗粒直径和密度成正比。密度相同时，大颗粒比小颗粒沉降快；大小相同时，密度大的颗粒比密度小的沉降快。

② 介质的性质　离心沉降速度与介质的黏度、密度成反比。介质黏度、密度大，则颗粒沉降慢。

③ 离心条件　颗粒的离心沉降速度与离心时转速和旋转半径成正比。如果其他的条件不变，离心沉降速度随着半径的增大而增大；同样其他的条件不变，离心沉降速度随着转速的增大而增大。

3.3　过滤

3.3.1　流体通过颗粒床层压降

3.3.1.1　颗粒床层的特性

(1) 床层空隙率 ε

由颗粒群堆积成的床疏密程度可用空隙率来表示，其定义如下

$$\varepsilon = \frac{\text{床层体积} - \text{颗粒体积}}{\text{床层体积}}$$

影响空隙率 ε 值的因素非常复杂，诸如颗粒的大小、形状、粒度分布与充填方式等。实验证明，单分散性球形颗粒作最松排列时的空隙率为 0.48，作最紧密排列时为 0.26；乱堆的非球形颗粒床层空隙率往往大于球形的，形状系数 ϕ_s 值越小，空隙率 ε 值超过球形空隙率 ε 的可能性越大，多分散性颗粒所形成的床层空隙率则较小；若填充时设备受振动，则空隙率必定小，采用湿法充填（即设备内先充以液体），则空隙率必定大。

一般乱堆床层的空隙率大致在 $0.47 \sim 0.70$ 之间。

(2) 床层的比表面积 a_b

单位床层体积具有的颗粒表面积称为床层的比表面积 a_b。若忽略颗粒之间接触面积的影响，则

$$a_b = (1 - \varepsilon) a \tag{3-37}$$

式中　a_b——床层比表面积，$\mathrm{m}^2/\mathrm{m}^3$；$a$——颗粒的比表面积，$\mathrm{m}^2/\mathrm{m}^3$；$\varepsilon$——床层空隙率。

床层比表面积也可根据堆积密度估算，即

$$a_b = \frac{6\rho_b}{d\rho_s} \tag{3-37a}$$

式中，ρ_b、ρ_s 分别为堆积密度和真实密度，$\mathrm{kg/m}^3$。ρ_b 和 ρ_s 之间的近似关系可用下式表示：

$$\rho_b = (1-\varepsilon)\rho_s \tag{3-38}$$

(3) 床层的自由截面积

床层截面上未被颗粒占据的、流体可以自由通过的面积即为床层的自由截面积。

工业上，小颗粒的床层用乱堆方法堆成，而非球形颗粒的定向是随机的，因而可认为床层是各向同性。各向同性床层的一个重要特点是，床层横截面上可供流体通过的自由截面（即空隙截面）与床层截面之比在数值上等于空隙率 ε。

实际上，壁面附近床层的空隙率总是大于床层内部的，较多的流体必趋向近壁处流过，使床层截面上流体分布不均匀，这种现象称为壁效应。当床层直径 D 与颗粒直径 d 之比 D/d 较小时，壁效应的影响尤为严重。

3.3.1.2 流体通过颗粒床层压降数学描述

(1) 床层的简化模型

细小而密集的固体颗粒床层具有很大的比表面积，流体通过这样床层的流动多为层流，流动阻力基本上为黏性摩擦阻力，从而使整个床层截面速度的分布均匀化。为解决流体通过床层的压降计算问题，在保证单位床层比表面积相等的前提下，将颗粒床层内实际流动过程加以简化，以便可以用数学方程式加以描述。

简化模型是将床层中不规则的通道假设成长度为 L、当量直径为 d_e 的一组平行细管，并且规定：

① 细管的全部流动空间等于颗粒床层的空隙体积；

② 细管的内表面积等于颗粒床层的全部表面积。

在上述简化条件下，以 $1m^3$ 床层体积为基准，可求得细小孔道的水力半径 r_H 为

$$r_H = \frac{床层内流动空间体积}{孔道全部内表面积} = \frac{\varepsilon}{a(1-\varepsilon)} = \frac{\varepsilon}{a_B} = \frac{d_a\varepsilon}{6(1-\varepsilon)} \tag{3-39}$$

细小孔道的当量直径为

$$d_e = \frac{4}{6} \times \frac{d_a\varepsilon}{1-\varepsilon} \tag{3-40}$$

式中　r_H——孔道水力半径，m；a——颗粒比表面积，m^2/m^3；a_B——床层比表面积，m^2/m^3；d_e——床层当量直径，m；d_a——颗粒等比表面积当量直径，m。

孔道长 $l' = cL$，L 为床层高度，c 为比例系数。

(2) 流体通过床层压降的数学描述

根据前述简化模型，流体通过一组平行细管流动的压降为

$$\Delta p_f = \lambda \frac{L}{d_e} \frac{u_1^2}{2} \rho \tag{3-41}$$

式中　Δp_f——流体通过床层的压降，Pa；L——床层高度，m；d_e——床层流道的当量直径，m；u_1——流体在床层内的实际流速，m/s。

u_1 与按整个床层截面计算的空床流速 u 的关系为

$$u_1 = \frac{u}{\varepsilon} \tag{3-42}$$

将式（3-40）与式（3-42）代入式（3-41）得

$$\frac{\Delta p_f}{L} = \lambda' \frac{(1-\varepsilon)a}{\varepsilon^3} \rho u^2 \tag{3-43}$$

式（3-43）即为流体通过固体床压降的数学模型，式中的 λ' 为流体通过床层流道的摩擦系数，称为模型参数，其值由实验测定。

(3) 模型参数的实验测定

模型的有效性需通过实验检验，模型参数需实验测定。

康采尼（Kozeny）通过实验发现，在流速较低，床层雷诺数 $Re_b<2$ 的层流情况下，模型参数 λ' 可较好地符合下式

$$\lambda'=\frac{K'}{Re_b} \tag{3-44}$$

式中，K' 称为康尼采常数，其值可取作 5.0。Re_b 的定义为

$$Re_b=\frac{d_e u_i \rho}{\mu}=\frac{\rho u}{a(1-\varepsilon)\mu} \tag{3-45}$$

式中，μ——流体的黏度，Pa·s。

将式（3-44）与式（3-45）代入式（3-43），即为康尼采方程式，即

$$\frac{\Delta p_f}{L}=5\frac{(1-\varepsilon)^2 a^2 u\mu}{\varepsilon^3} \tag{3-46}$$

根据以上简化模型，将流体通过固定床层的流动看作是直管内的流动问题。因此，当流体处于层流流动的条件下时，其通过床层的阻力可用哈根-泊谡叶（Hagen-Poisuille）方程表示，即

$$\Delta p_f=\frac{32\mu c L u'}{d_e^2} \tag{3-47}$$

式中　Δp_f——流体通过床层的阻力，Pa；L——床层高度，m；μ——流体黏度，Pa·s；u'——床层孔道中的流速，m/s。

实际上，流体在床层中的真实流速 u' 是不易能测出的量，故常以床层的空床流速 u（流体体积流量除以空床截面积）表示，两者的关系为

$$u'=\frac{u}{\varepsilon} \tag{3-48}$$

将式（3-40）和式（3-48）代入式（3-47）得

$$\frac{\Delta p_f}{L}=\frac{2\times36c\mu u(1-\varepsilon)^2}{d_a^2\varepsilon^3}$$

通过实验可知，上式中的常数 $2\times36c=150$，则上式变为

$$\frac{\Delta p_f}{L}=150\frac{(1-\varepsilon)^2}{\varepsilon^3}\frac{\mu u}{d_a^2} \tag{3-49}$$

此式称为 Blake-Kozeny 方程。这个公式适用于层流流动，且床层空隙率 $\varepsilon<0.5$ 的情况。

若床层内的流动为高度湍流，则该条件下的摩擦系数 λ 为常数，于是液体通过床层的阻力可表示为

$$\Delta p_f=\lambda\frac{cL}{d_e}\frac{u'^2\rho}{2}$$

同样用空床流速 u 来代替流体的实际流速 u'，即 $u'=u/\varepsilon$，于是可得

$$\frac{\Delta p_f}{L}=\lambda c\frac{6(1-\varepsilon)}{4d_a\varepsilon}\frac{\rho u^2}{2\varepsilon^2}=\frac{6}{4}\lambda\frac{c(1-\varepsilon)}{\varepsilon^3}\frac{\rho u^2}{2d_a}$$

实验数据证明，$\frac{6}{4}\lambda c=3.5$，由此可得

$$\frac{\Delta p_f}{L}=1.75\frac{(1-\varepsilon)}{\varepsilon^3}\frac{\rho u^2}{d_a} \tag{3-50}$$

该式称为 Burke-Plummer 方程。该式适用于高度湍流下，流体通过床层的阻力。

若将层流条件下的 Blake-Kozeny 方程与 Burke-Plummer 方程简单叠加，所得的计算式适用于各种流体流动的条件下的阻力计算，即

$$\frac{\Delta p_f}{L}=150\frac{(1-\varepsilon)^2}{\varepsilon^3}\frac{\mu u}{d_a^2}+1.75\frac{\rho u^2(1-\varepsilon)}{d_a\varepsilon^3} \tag{3-51}$$

此式称为欧根（Ergun）方程。

欧根方程适用于 Re 为 $0.17\sim330$ 范围内，当 $Re<20$ 时，流动基本为层流，式（3-51）中等号右边第二项可忽略；当 $Re>1000$ 时，流动基本为湍流，式（3-51）中等号右边第一项可忽略。

欧根方程的结果能较好地与实验数据吻合，故得到了广泛的应用。但它不适用于细长颗粒、拉西环及鞍形填料堆集的床层。在实际应用时还应根据具体情况对方程中的常数进行校正，以得到较为可靠的结果。

气体流经填充床时，如果压力变化不超过进出床层压力平均值的 10%，则可取平均压力下的密度值按不可压缩流体计算，但若压力变化太大，则必须按可压缩流体处理。

将欧根方程改成如下形式

$$\frac{\Delta p_f}{\rho u^2}\frac{d_a}{L}\frac{\varepsilon^3}{1-\varepsilon}=150(1-\varepsilon)\frac{\mu}{\rho u d_a}+1.75$$

且令

$$\frac{\Delta p_f}{\rho u^2}\frac{d_a}{L}\frac{\varepsilon^3}{1-\varepsilon}=f_V \tag{3-52}$$

$$Re_p=\frac{d_a u\rho}{\mu} \tag{3-53}$$

则有

$$f_F=150(1-\varepsilon)Re_p^{-1}+1.75 \tag{3-54}$$

式中，f_F 是量纲为一的数群。现以 f_F 对 $Re_p/(1-\varepsilon)$ 标绘，可得图 3-16 所示曲线。

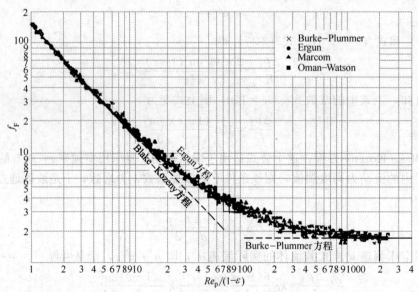

图 3-16　f_F 与 $Re_p/(1-\varepsilon)$ 的关系

3.3.2　过滤基本概念

过滤是以某种多孔性物质为介质，在外力作用下，使悬浮液中的液体通过介质的孔道，而固体颗粒被截留在介质上，从而实现悬浮液中固体分离的操作。如图 3-17 所示，过滤操

作采用的多孔物质称为过滤介质，所处理的悬浮液称为滤浆，通过介质孔道的液体称为滤液，被介质截留的固体颗粒层称为滤饼或滤渣。

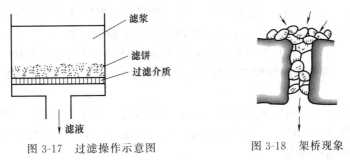

图 3-17　过滤操作示意图　　　　图 3-18　架桥现象

根据过滤方式将过滤分为两大类，即饼层过滤（也称表面过滤）和深层过滤。饼层过滤时悬浮液置于过滤介质的一侧。过滤介质常采用的是多孔性织物，网孔的尺寸有可能大于悬浮液中颗粒的直径。因此，在过滤初始阶段，会有部分颗粒穿过过滤介质的孔道而进入滤液中，也会有部分颗粒进入介质孔道中发生"架桥"现象，如图 3-18 所示。随着过滤的进行，在介质上形成一个滤渣层，称为滤饼 [图 3-19（a）]。不断增厚的滤饼才是真正的、有效的过滤介质。这时穿过滤饼的液体才变成澄清的滤液。通常，过滤开始阶段得到的混浊滤液，需在滤饼形成之后返回重新过滤。深层过滤采用砂子等堆积介质作为过滤介质，介质层一般较厚，在介质层内部构成长而曲折的通道，通道的尺寸大于颗粒的直径。过滤时，颗粒随液体进入介质孔道，在惯性和扩散作用下，进入通道的固体颗粒靠静电与表面力附着其上。深层过滤常用于颗粒浓度小（体积分数<0.1%）的场合 [图 3-19（b）]。

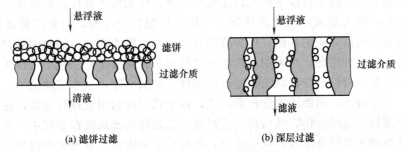

图 3-19　滤饼过滤与深层过滤

根据过滤推动力不同，过滤可分为压力差过滤和离心过滤。压力差过滤又分为常压过滤、加压过滤和真空过滤。常压过滤是靠悬浮液自身液位差作为推动力来过滤的。加压过滤是利用压缩空气或液体输送机械等在输送悬浮液时形成的压力作为推动力来过滤的，压力一般为 3～6atm，最高可达 10atm 以上。真空过滤是利用过滤介质一侧抽真空，另一侧保持常压所形成的压差作为推动力进行过滤的，推动力一般不超过 680mmHg（1mmHg＝133.322Pa）。离心过滤是利用高速旋转的液体所产生的径向压差作为推动力进行过滤的。此法由于离心力较大，所以过滤较快，尤其适用于颗粒较小、滤饼较坚实的固液物系的分离。

3.3.3　影响过滤的因素

（1）过滤介质
过滤介质是滤饼的支承物，应具有足够的机械强度、稳定的物理化学性质、相应的耐腐蚀性和耐热性。

工业上常用的过滤介质主要有以下几类：

① 织物介质（又称滤布）　包括由棉、毛、丝麻等天然纤维及合成纤制成的织物，以及由玻璃丝、金属丝织成的网。这类介质能截留的颗粒的粒径范围为 $5\sim65\mu m$。织物介质薄，阻力小，清洗与更新方便，价格比较便宜，是工业应用最广泛的过滤介质。

② 堆积介质　由各种固体颗粒（细纱，木炭，石棉）或天然纤维等堆积而成，多用于深床过滤中。

③ 多孔固体介质　由很多微细孔道的固体材料构成，如多孔陶瓷、多孔塑料及多孔金属制成的管或扳，这类介质较厚，孔道细，阻力较大，能拦截 $1\sim3\mu m$ 的微型颗粒。

(2) 过滤过程的推动力

过滤过程的推动力可以是重力、离心力、或压力差。依靠重力为推动力的过滤称为重力过滤。它是以饼层上方的滤浆所具有的重力为推动力来推动滤液在滤饼层及过滤介质中流动的。重力过滤的过滤速度慢，仅适用于小规模、大颗粒、颗粒浓度低的悬浮液。离心过滤是以离心力作为推动力，过滤速度快，但设备投资、动力消耗相对较大，多用于颗粒浓度高的悬浮液。人为地在滤饼上游和滤液出口间造成压力差。并以此压力差为推动力的过滤称为压差过滤。压差过滤在工业生产中应用最为广泛，分为加压过滤和减压（真空）过滤，操作压差可根据生产需要进行调节。在整个过滤过程中，若操作压差维持不变，则称为恒压过滤。

过滤操作存在一定的周期性，一般由过滤、卸渣、复原等基本环节组成。

(3) 滤饼的压缩性和助滤剂

若悬浮液中的颗粒具有一定的刚性，所形成的滤饼不受操作压差的增大而变形，这种滤饼称为不可压缩滤饼；若悬浮液中的颗粒比较软，所形成的滤饼在压差的作用下变形，使滤饼中流通道变小，阻力增大，这种滤饼称为可压缩性滤饼。此外，如悬浮液含有很细的颗粒，它们可能进入过滤介质的孔隙，使介质的空隙减小，阻力增加，同时细颗粒形成的滤饼阻力也大。对于这两种情况，可采用加入助滤剂的方法。助滤剂是一些不可压缩的粒状或纤维状固体，它的加入可以改变滤饼结构，提高刚性，增加空隙，减小流动阻力。加入助滤剂有两种方法，一是预除，用助滤剂配成悬浮液，在正式过滤前用它进行过滤，在过滤介质上形成一层由助滤剂组成的滤饼，然后再进行过滤。二是将助滤剂混在滤浆中一起过滤。后一种方法要求助滤剂不能污染滤液，粒度适当，能悬浮于料液中。常用的助滤剂有硅藻土、石棉、炭粉、纸浆粉等。必须指出的是当滤饼作为产品时不能使用助滤剂。

3.3.4　过滤基本方程式

过滤基本方程式是描述过滤速率（或过滤速度）与过滤推动力、过滤面积、料浆性质、介质特性及滤饼厚度等诸因素关系的数学表达式。本节从分析滤液通过滤饼层流动的特点入手，将复杂的实际流动加以简化，对滤液的流动用数学方程进行描述，并以基本方程式为依据，分析强化过滤操作的途径，进行过滤计算。

3.3.4.1　物料衡算

对指定的悬浮液，获得一定量的滤液必形成相对应量的滤饼，其间关系取决于悬浮液中的含固量，并可由物料衡算的方法求出。通常表示悬浮液含固量的方法有两种，即质量分数 w 和体积分数 ϕ，两者之间的关系

$$\phi=\frac{w/\rho_s}{w/\rho_s+(1-w)\rho}$$

式中 ρ_s、ρ——分别为固体颗粒和滤液的密度。

物料衡算时，可对总量和固体物量列出两个衡算式：

$$V_悬 = V + LA$$
$$V_悬 \phi = LA(1-\varepsilon)$$

式中 $V_悬$——获得滤液量 V 并形成厚度为 L 的滤饼时所消耗的悬浮液总量；ε——滤饼的空隙率；A——过滤面积。由上两式可推导出滤饼的厚度 L 为

$$L = \frac{\phi}{1-\varepsilon-\phi} q$$

此式表明，在过滤时若滤饼空隙率 ε 不变，则滤饼厚度 L 与单位面积累计滤液量 q 成正比。一般悬浮液中颗粒的体积分数 ϕ 较滤饼空隙率 ε 小得多，分母中 ϕ 值可以略去，则有

$$L = \frac{\phi}{1-\varepsilon} q$$

【例 3-2】 实验室中过滤质量分数为 0.1 的二氧化钛水悬浮液，取湿滤饼 100g 经烘干后称重得干固体质量为 55g。二氧化钛密度为 $3850 kg/m^3$。过滤在 20℃ 及压差 0.05MPa 下进行。

试求：（1）悬浮液中二氧化钛的体积分数 ϕ；（2）滤饼的空隙率 ε；（3）每立方米（m^3）滤液所形成的滤饼体积。

解：（1）悬浮液中二氧化钛的体积分数 ϕ 为

$$\phi = \frac{w/\rho_s}{w/\rho_s + (1-w)\rho} = \frac{0.1/3850}{0.1/3850 + 0.9/1000} = 0.0281$$

（2）湿滤饼试样中的固体体积 $V_固$ 为

$$V_固 = \frac{55 \times 10^{-3}}{3850} = 1.43 \times 10^{-5} m^3$$

滤饼中水的体积 $V_水$ 为

$$V_水 = \frac{(100-55) \times 10^{-3}}{1000} = 4.5 \times 10^{-5} m^3$$

滤饼空隙率为

$$\varepsilon = \frac{V_水}{V_水 + V_固} = \frac{4.5 \times 10^{-5}}{(4.5+1.43) \times 10^{-5}} = 0.759$$

（3）单位滤液形成的滤饼体积

$$\frac{LA}{V} = \frac{\phi}{1-\varepsilon-\phi} = \frac{0.0281}{1-0.759-0.0281} = 0.132 m^3_饼/m^3_滤渣$$

3.3.4.2　滤液通过滤饼层流流动的数学分析

单位时间内获得的滤液体积，称为过滤速率，单位 m^3/s。单位时间内单位过滤面积上获得的滤液体积，称为过滤速度，单位为 m/s。若过滤面积为 A，过滤时间为 τ，过滤体积为 V，则过滤速率为 $dV/d\tau$，过滤速度为 $dV/Ad\tau$。

过滤基本方程式是描述滤液量 V 随着过滤时间 τ 的变化的关系，用来计算一定过滤时间所获得滤液或滤饼量。

过滤操作的特点是，随着过滤操作的进行，滤饼厚度逐渐增大，过滤阻力也随之增大，如果在恒定压差条件下，过滤速度必然逐渐减小。如果要保持一定的过滤速度，就要逐渐增大压力差，来克服逐渐增大的过滤阻力。过滤速度可以写成

$$过滤速度 = \frac{过滤推动力}{过滤阻力}$$

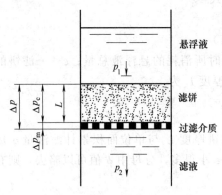

图 3-20 过滤的推动力与阻力

式中，过滤推动力就是压力差 $\Delta p = \Delta p_c + \Delta p_m$，其中 Δp_c 为滤饼两侧的压差，Δp_m 为过滤介质两侧的压差。过滤阻力也由两部分组成，包括滤饼阻力和过滤介质阻力，如图 3-20 所示。

为了获得过滤基本方程式，首先分析滤液在滤饼中的流动情况。在过滤过程中，滤液在滤饼层中的流动过程可视为在直径细小的毛细管中的流动过程，毛细管的直径很细，方向曲折多变，且长度随滤饼厚度的增加而增加，流动过程中阻力较大，故流速较小，其流动类型属于层流。在过程的某一瞬间，滤液在毛细管内的流动规律应符合哈根-泊谡叶方程，即

$$\Delta p_c = \frac{32 \mu l u}{d^2} \tag{3-55}$$

式中 Δp_c——滤液通过滤饼的压差，即滤饼两侧的压差，Pa；l——毛细管的平均长度，m；u——滤液在毛细管内的平均流速，m/s；μ——滤液的黏度，Pa·s；d——毛细管的平均直径，m。

将式（3-55）变成滤液在毛细管内平均流速 u 的计算形式。

$$u = \frac{\Delta p_c}{32 \mu l / d^2} \tag{3-56}$$

过滤速度 $\frac{dV}{A d\tau}$ 与平均流速 u 应成正比关系，即 $\frac{dV}{A d\tau} \propto \frac{\Delta p_c}{32 \mu L / d^2}$；毛细管的平均长度 l 与滤饼的厚度 L 成正比关系，即 $l \propto L$，因此，上式可以写成

$$\frac{dV}{A d\tau} = \frac{\Delta p_c}{32 c \mu L / d^2}$$

式中，c 为比例系数。对于一定性质的滤饼层，毛细管的平均直径 d 应为常数，因此，式（3-56）可以写成

$$\frac{dV}{A d\tau} = \frac{\Delta p_c}{r \mu L} \tag{3-57}$$

对于滤液通过平行细管的层流流动，由式（3-57）的康采尼方程式得到

$$u = \frac{\varepsilon^3}{5 a^2 (1-\varepsilon)^2} \left(\frac{\Delta p_c}{\mu L} \right) \tag{3-58}$$

式中 u——按整个床层截面积计算的滤液平均流速，m/s；Δp_c——滤液通过滤饼层的压强降，Pa；L——滤饼层厚度，m；μ——滤液黏度，Pa·s。

3.3.4.3 过滤速率和过滤速度

前面讨论的 u 为单位时间通过单位过滤面积的滤液面积的滤液体积，称为过滤速度。通常将单位时间获得的滤液体积称为过滤速率，单位为 m^3/s。过滤速度是单位过滤面积上的过滤速率，应防止将二者相混淆。若过滤进程中其他因素维持不变，则由于滤饼厚度不断增加而使过滤速度逐渐变小。任一瞬间的过滤速度应写成如下形式

$$u = \frac{dV}{A d\tau} = \frac{\varepsilon^3}{5a^2(1-\varepsilon)^2}\left(\frac{\Delta p_c}{\mu L}\right) \qquad (3\text{-}59a)$$

而过滤速率为

$$\frac{dV}{d\tau} = \frac{\varepsilon^3}{5a^2(1-\varepsilon)^2}\left(\frac{A\Delta p_c}{\mu L}\right) \qquad (3\text{-}59b)$$

式中　V——滤液量，m^3；τ——过滤时间，s；A——过滤面积，m^2。

3.3.4.4 滤饼的阻力

对于不可压缩滤饼，滤饼层中的空隙率 ε 可视为常数，颗粒的形状、尺寸也不改变，因而比表面积 a 亦为常数。式（3-59a）和式（3-59b）中的 $\dfrac{\varepsilon^3}{5a^2(1-\varepsilon)^2}$ 反映了颗粒的特性，其值随物料不同而不同。若以 r 代表其倒数，则式（3-59a）可写成

$$\frac{dV}{A d\tau} = \frac{\Delta p_c}{\mu r L} = \frac{\Delta p_c}{\mu R} \qquad (3\text{-}60)$$

$$r = \frac{5a^2(1-\varepsilon)^2}{\varepsilon^3} \qquad (3\text{-}61)$$

$$R = rL \qquad (3\text{-}62)$$

式中　r——滤饼的比阻，$1/m^2$；R——滤饼阻力，$1/m$。

应指出，式（3-60）具有"速度＝推动力/阻力"的形式，式中 $\mu r L$ 及 μR 均为过滤阻力。显然 μr 为比阻，但因 μ 代表滤液的影响因素，rL 代表滤饼的影响因素，因此习惯上将 r 称为滤饼的比阻，R 称为滤饼阻力。

比阻 r 是单位厚度滤饼的阻力，它在数值上等于黏度为 $1Pa \cdot s$ 的滤液以 $1m/s$ 的平均流速通过厚度为 $1m$ 的滤饼时所残生的压强降。比阻反映了颗粒形状、尺寸及床层空隙率对滤液流动的影响。床层空隙率 ε 越小颗粒比表面积 a 越大，则床层越致密，对流体流动的阻滞作用也越大。

3.3.4.5 过滤介质的阻力

饼层过滤中，过滤介质的阻力一般都比较小，但有时却不能忽略，尤其在过滤初始滤饼尚薄期间。过滤介质的阻力当然也与其厚度及本身的致密程度有关。通常把过滤介质的阻力视为常数，式（3-60）可以写出滤液穿过过滤介质层的速度关系式

$$\frac{dV}{A d\tau} = \frac{\Delta p_m}{\mu R_m} \qquad (3\text{-}63)$$

式中　Δp_m——过滤介质上、下游两侧的压强差，Pa；R_m——过滤介质阻力，$1/m$。

由于很难划定过滤介质与滤饼之间的分界面，更难测定分界面处的压强，因而过滤介质的阻力与最初所形成的滤饼层的阻力往往是无法分开的，所以过滤操作中总是把过滤介质与滤饼联合起来考虑。

通常，滤饼与滤布的面积相同，所以两层中的过滤速度应相等，则

$$\frac{dV}{A d\tau} = \frac{\Delta p_c + \Delta p_m}{\mu(R+R_m)} = \frac{\Delta p}{\mu(R+R_m)} \qquad (3\text{-}64)$$

式中 $\Delta p = \Delta p_c + \Delta p_m$，代表滤饼与滤布两侧的总压强降，称为过滤压强差。在实际过滤设备上，常有一侧处于大气压下，此时 Δp 就是另一侧表压的绝对值，所以也称为过滤的表压强。式（3-64）表明，可用滤液通过串联的滤饼与滤布的总压强降来表示过滤推动力，用两层的阻力之和来表示总阻力。

为方便起见，设想以一层厚度为 L_e 的滤饼来代替滤布，而过程仍能完全按照原来的速率进行，那么，这层设想中的滤饼就应具有与滤布相同的阻力，即

$$rL_e = R_m$$

于是，式（3-64）可写为

$$\frac{dV}{A d\tau} = \frac{\Delta p}{\mu(rL + rL_e)} = \frac{\Delta p}{\mu r(L + L_e)} \tag{3-65}$$

式中　L_e——过滤介质的当量滤饼厚度，或称虚拟滤饼厚度，m。

在一定的操作条件下，以一定介质过滤一定的悬浮液时，L_e 为定值；但同一介质在不同的过滤操作中，L_e 值不同。

3.3.4.6　过滤基本方程式

若每获得 $1m^3$ 滤液所形成的滤饼体积为 $v m^3$，则任一瞬间的滤饼厚度 L 与当时已经获得的滤液体积 V 之间的关系应为

$$LA = vV$$

则

$$L = \frac{vV}{A} \tag{3-66}$$

式中　v——滤饼体积与相应的滤液体积之比，量纲为 1，或 m^3/m^3。

同理，如生成厚度为 L_e 的滤饼所应获得的滤液体积以 V_e 表示，则

$$L_e = \frac{vV_e}{A} \tag{3-67}$$

式中　V_e——过滤介质的当量滤液体积，或称虚拟滤液体积，m^3。

在一定的操作条件下，以一定介质过滤一定的悬浮液时，V_e 为定值，但同一介质在不同的过滤操作中，V_e 值不同。

于是，式（3-65）可以写成

$$\frac{dV}{A d\tau} = \frac{\Delta p}{\mu r v \left(\dfrac{V + V_e}{A} \right)} \tag{3-68}$$

或

$$\frac{dV}{d\tau} = \frac{A^2 \Delta p}{\mu r v (V + V_e)} \tag{3-69}$$

式（3-69）是过滤速率与各有关因素的一般关系式。

可压缩滤饼的情况比较复杂，它的比阻是两侧压强差的函数。考虑到滤饼的压缩性，通常可借用下面的经验公式来粗略估算压强差增大时比阻的变化，即

$$r = r'(\Delta p)^s \tag{3-70}$$

式中　r'——单位压强差下滤饼的比阻，$1/m^2$；Δp——过滤压强差，Pa；s——滤饼的压缩指数，量纲为 1。一般情况下，$s = 0 \sim 1$。对于不可压缩滤饼，$s = 0$。

几种典型物料的压缩指数值，列于表 3-3 中。

表 3-3　典型物料的压缩指数

物料	硅藻土	碳酸钙	钛白（絮凝）	高岭土	滑石	黏土	硫酸锌	氢氧化铝
s	0.01	0.19	0.27	0.33	0.51	0.56~0.60	0.69	0.90

在一定的压强差范围内，式（3-70）对大多数可压缩滤饼都适用。

将式（3-70）代入式（3-69），得到

$$\frac{dV}{d\tau} = \frac{A^2 \Delta p^{1-s}}{\mu r' v(V+V_e)} \tag{3-71}$$

上式称为过滤基本方程式，表示过滤进程中任一瞬间的过滤速率与各有关因素间的关系，是过滤计算及强化过滤操作的基本依据。该式适用于可压缩滤饼及不可压缩滤饼。对于不可压缩滤饼，因 $s=0$，上式即简化为式（3-69）。

3.3.4.7　恒压过滤方程式

恒压过滤时，Δp 保持恒定，随着滤饼的增厚，过滤阻力逐渐增大，过滤速率逐渐减小。

对于一定的悬浮液，若滤饼不可压缩，则 μ、r、v、V_e、A 均为定值，式（3-71）中的 $1/(r'\mu v)$ 的值应为常数，令

$$k = \frac{1}{r'\mu v} \tag{3-72}$$

式中　k——过滤物料特性常数，$m^4/(N \cdot s)$。

K 与过滤推动力及悬浮液的性质有关，其值通常用实验进行测定。

将式（3-72）代入式（3-71），则有

$$\frac{dV}{d\tau} = \frac{kA^2 \Delta p^{1-s}}{V+V_e} \tag{3-73}$$

将式（3-73）分离变量，积分为

$$\int_0^V (V+V_e)dV = kA^2 \Delta p^{1-s} \int_0^\tau d\tau \tag{3-74}$$

令 $K = 2k\Delta p^{1-s}$，K 称为过滤常数，单位 m^2/s。

设获得滤液量 V_e 所需时间为 τ_e，τ_e 为当量过滤时间，单位为 s。积分边界条件为

过滤时间	滤液体积
$0 \to \tau_e$	$0 \to V_e$
$\tau_e \to \tau + \tau_e$	$V_e \to V + V_e$

$$2\int_0^{V_e} (V+V_e)d(V+V_e) = KA^2 \int_0^{\tau_e} d(\tau+\tau_e)$$

及

$$2\int_0^{V+V_e} (V+V_e)d(V+V_e) = KA^2 \int_0^{\tau+\tau_e} d(\tau+\tau_e)$$

积分上两式得

$$V_e^2 = KA^2 \tau_e \tag{3-75}$$

$$V^2 + 2V_e V = KA^2 \tau \tag{3-76}$$

上两式相加可得

$$(V+V_e)^2 = KA^2(\tau+\tau_e) \tag{3-77}$$

式（3-75）～式（3-77）均称为恒压过滤方程式，它表明恒压过滤时滤液体积与过滤时间的关系为抛物线方程。

如图 3-21 所示，图中曲线的 Ob 段表示实在的过滤时间 τ 与实在的滤液体积 V 之间的关系，而 O_eO 段则表示与阻力相对应的虚拟过滤时间 τ_e 与虚拟滤液体积 V_e 之间的

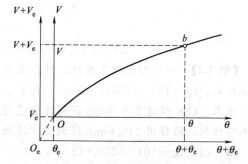

图 3-21　恒压过滤的滤液体积与过滤时间关系曲线

关系。

当过滤介质阻力可以忽略时，$V_e=0$，$\tau_e=0$，则式（3-77）简化为

$$V^2=KA^2\tau \tag{3-78}$$

令 $q=\dfrac{V}{A}$ 及 $q_e=\dfrac{V_e}{A}$，则式（3-75）、式（3-76）、式（3-77）可分别写成如下形式，即

$$q_e^2=K\tau_e \tag{3-79}$$
$$q^2+2q_eq=K\tau \tag{3-80}$$
$$(q+q_e)^2=K(\tau+\tau_e) \tag{3-81}$$

式（3-79）~式（3-81）也均称为恒压过滤方程式。

恒压过滤方程式中 τ_e、V_e、q_e 是反映过滤介质阻力大小的常数，也为介质常数，单位分别为 s、m^3 及 m^3/m^2，与 K 统称为过滤常数。

当过滤介质阻力可以忽略不计时，$V_e=0$，$\tau_e=0$，$q_e=0$，过滤方程式可简化为

$$V^2=KA^2\tau \tag{3-78}$$
$$q^2=K\tau \tag{3-82}$$

> 恒压过滤基本方程是从一开始过滤起计算，其计算的标准为 **$V=0$，$\tau=0$**，不能在过滤的过程中取中间的一段时间代入过滤方程计算滤液量。

【例 3-3】　实验室用叶滤机对某种悬浮液进行恒压过滤，已测得过滤面积为 $0.2m^2$，操作压差为 0.15MPa，现测得，当过滤进行到 10min 时，共得到滤液 $0.002m^3$，又过滤 10min，再得到滤液 $0.001m^3$。

试求：（1）恒压过滤的基本方程式；（2）再过滤 10min，又能得到多少立方米（m^3）的滤液？

解：（1）根据题意 $\tau_1=10min=600s$，$V_1=0.002m^3$，$\tau_2=(10+10)min=1200s$，$V_2=(0.002+0.001)m^3=0.003m^3$，代入恒压过滤方程

$$V^2+2V_eV=KA^2\tau$$

得

$$(0.002)^2+2\times0.002V_e=600\times0.2^2K \tag{1}$$
$$(0.003)^2+2\times0.003V_e=1200\times0.2^2K \tag{2}$$

联立式（1）、式（2）得

$$K=2.5\times10^{-7}\,m^2/s$$
$$V_e=5\times10^{-4}\,m^3$$

恒压过滤方程式为

$$V^2+10^{-3}V=10^{-8}\tau \tag{3}$$

（2）$\tau_3=30\times60=1800s$，代入（3）中恒压过滤方程式

$$V_3^2+10^{-3}V_3=10^{-8}\times1800$$
$$V_3=0.00375m^3$$
$$\Delta V=V_3-V_2=0.00375-0.003=0.00075m^3$$

【例 3-4】　一小型板框压滤机，过滤面积为 $0.1m^2$，恒压过滤某一悬浮液，得出下列过滤方程式：$(q+10)^2=250(\tau+0.4)$。式中 q 以 m^3/m^2、τ 以 min 计。

试求：（1）经过 249.6min 获得滤液量为多少升（L）？（2）当操作压力加大 1 倍，设滤饼不可压缩，同样用 249.6min 得到多少滤液量

解：（1）$(q+10)^2=250\times(\tau+0.4)$

当 $\tau=249.6min$ 时，$(q+10)^2=250\times(249.6+0.4)=250^2$，$q+10=250$

所以 $q = 240 \text{m}^3/\text{m}^2$，则

$$V = 240 \times 0.1 = 24 \text{m}^3 = 24000 \text{L}$$

（2）$\Delta p' = 2 \Delta p$，所以 $K' = 2K$

$$(q+10)^2 = 2 \times 250 \times (249.6 + 0.4) = 2 \times 250^2$$

$$q + 10 = 2^{1/2} \times 250 = 353.6$$

$$q = 343.6 \text{L}/\text{m}^2$$

$$V = 343.6 \times 0.1 = 34.36 \text{m}^3 = 3.436 \times 10^4 \text{L}$$

3.3.4.8　过滤常数的测定

(1) 恒压下 K、q_e、τ_e 的测定

在某指定的压强差下对一定料浆进行恒压过滤时，过滤常数 K、q_e、τ_e 可通过恒压过滤实验测定。

恒压过滤方程式（3-81）为

$$(q + q_e)^2 = K(\tau + \tau_e)$$

微分上式，得

$$2(q + q_e)\mathrm{d}q = K\mathrm{d}\tau$$

或

$$\frac{\mathrm{d}\tau}{\mathrm{d}q} = \frac{2}{K}q + \frac{2}{K}q_e \tag{3-83}$$

上式表明 $\dfrac{\mathrm{d}\tau}{\mathrm{d}q}$ 与 q 应成直线关系，直线的斜率为 $\dfrac{2}{K}$，截距为 $\dfrac{2}{K}q_e$。

为便于根据测定的数据计算过滤常数，上式左端的 $\dfrac{\mathrm{d}\tau}{\mathrm{d}q}$ 可用增量比 $\dfrac{\Delta\tau}{\Delta q}$ 代替，即

$$\frac{\Delta\tau}{\Delta q} = \frac{2}{K}q + \frac{2}{K}q_e \tag{3-84}$$

在过滤面积 A 上对待测的悬浮料浆进行恒压过滤实验，测出一系列时刻 τ 上的累计滤液量 V，并由此算出一系列 $q\left(=\dfrac{V}{A}\right)$ 值，从而得到一系列相互对应的 $\Delta\tau$ 与 Δq 之值。在直角坐标系中标绘 $\dfrac{\Delta\tau}{\Delta q}$ 与 q 间的函数关系，可得一条直线。由直线的斜率 $\left(\dfrac{2}{K}\right)$ 及截距 $\left(\dfrac{2}{K}q_e\right)$ 的数值便可求得 K 与 q_e，再用式（3-81）求出 τ_e 之值。这样得到的 K、q_e、τ_e 便是此种悬浮料浆在特定的过滤介质及压强差条件下的过滤常数。

在过滤实验条件比较困难的情况下，只要能够获得指定条件下的过滤时间与滤液量的两组对应数据，也可计算出三个过滤常数，因为

$$q^2 + 2q_e\tau = K\tau$$

此式中只有 K、q_e 两个未知量。将已知的两组 $q\text{-}\tau$ 对应数据代入该式，便可解出 q_e 及 K，再依式（3-81）算出 τ_e。但是，如此求得的过滤常数，其准确性完全依赖于这仅有的两组数据，可依靠程度往往较差。

(2) 压缩性指数 s 的测定

为了进一步求得滤饼的压缩性指数 s，以及物料特性常数 k，需要先在若干不同的压强差下对指定物料进行实验，求得若干过滤压强差下的 K 值，然后对 $K\text{-}\Delta p$ 数据加以处理，即可求得 s 值。

$$K = 2k\Delta p^{1-s}$$

上式两端取对数，得

$$\lg K = (1-s)\lg(\Delta p) + \lg(2k)$$

因 $k = \dfrac{1}{\mu r' v}$ 常数，故 K 与 Δp 的关系在对数坐标纸上标绘时应是直线，直线的斜率为 $1-s$，截距为 $2k$，如此可得滤饼的压缩指数 s 及物料特性常数 k。

值得注意的是，上述求压缩性指数的方法是建立在 v 值恒定的条件上的，这就要求在过滤压强变化范围内，滤饼的空隙率应没有显著的改变。

【例 3-5】 在 25℃ 下对每升水中含 25g 某种颗粒的悬浮液进行了三次过滤实验，所得数据见表 3-4。试求：(1) 各 Δp 下的过滤常数 K、q_e 及 τ_e；(2) 滤饼的压缩性指数 s。

解:（1）求过滤常数（以实验 I 为例）

根据实验数据整理各段时间间隔的 $\dfrac{\Delta\tau}{\Delta q}$ 与相应的 q 值，列于本例表 3-5 中。

表 3-4 【例 3-5】附表 1

实验序号 项目	I	II	III
过滤压强差 $\Delta p \times 10^3$/Pa	0.463	0.95	3.39
单位面积滤液量 $q \times 10^3$ /(m³/m²)	过滤时间 τ/s		
0	0	0	0
11.35	17.3	6.5	4.3
22.70	41.4	14.0	9.4
34.05	72.0	24.1	16.2
45.40	108.4	37.1	24.5
56.75	152.3	51.8	34.6
68.10	201.6	69.1	46.1

表 3-5 【例 3-5】附表 2

	$q \times 10^3$ /(m³/m²)	$\Delta q \times 10^3$ /(m³/m³)	τ /s	$\Delta\tau$ /s	$\dfrac{\Delta\tau}{\Delta q} \times 10^{-3}$ /(s/m)
	0		0		
	11.35	11.35	17.3	17.3	1.524
	22.70	11.35	41.4	24.1	2.123
实 验 I	34.05	11.35	72.0	30.6	2.696
	45.40	11.35	108.4	36.4	3.207
	56.75	11.35	152.3	43.9	3.868
	68.10	11.35	201.6	49.3	4.344

在直角坐标纸上以 $\dfrac{\Delta\tau}{\Delta q}$ 为纵轴、q 为横轴，根据表中数据标绘出 $\dfrac{\Delta\tau}{\Delta q}$-$q$ 的阶梯形函数关系，再绘制各阶梯水平线段中点作直线，见图 3-22 中的直线 I。由图上求得此直线的斜率为

$$\frac{2}{K} = \frac{2.22 \times 10^3}{45.4 \times 10^{-3}} = 4.90 \times 10^4 \text{ s/m}^2$$

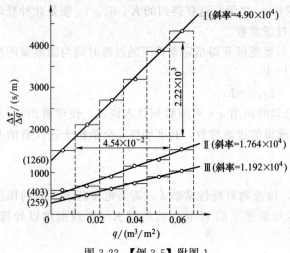

图 3-22 【例 3-5】附图 1

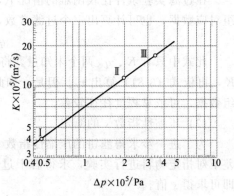

图 3-23 【例 3-5】附图 2

由图上读出此直线的截距为

$$\frac{2}{K}q_e=1260\text{s/m}$$

则得到当 $\Delta p=0.463\times10^5\text{Pa}$ 时的过滤常数为

$$K=\frac{2}{4.90\times10^4}=4.08\times10^{-5}\text{m}^2/\text{s}$$

$$q_e=\frac{1260}{4.90\times10^4}=0.0257\text{m}^3/\text{m}^2$$

$$\tau_e=\frac{q_e{}^2}{K}=\frac{(0.0257)^2}{4.08\times10^{-5}}=16.2\text{s}$$

实验Ⅱ及Ⅲ的 $\frac{\Delta\tau}{\Delta q}-q$ 关系也标绘于图 3-22 中。

各次实验条件下的过滤常数计算过程及结果列于表 3-6 中。

（2）求滤饼的压缩性指数 s

将附表 3 中三次实验的 K-Δp 数据在对数坐标上进行标绘，得到图 3-23 中的Ⅰ、Ⅱ、Ⅲ三个点。由此三点可得一条直线，在图上测得此直线的斜率为 $1-s=0.7$，于是可求得滤饼的压缩性指数为 $s=1-0.7=0.3$。

表 3-6　【例 3-5】附表 3

实验序号 项目	Ⅰ	Ⅱ	Ⅲ
过滤压强差 $\Delta p\times10^{-5}$/Pa	0.463	1.95	3.39
$\frac{\text{d}\tau}{\text{d}q}$-$q$ 直线的斜率 $\frac{2}{K}$/(s/m²)	4.90×10^4	1.764×10^4	1.192×10^4
$\frac{\text{d}\tau}{\text{d}q}$-$q$ 直线的截距 $\frac{2}{K}q_e$/(s/m)	1260	403	259
过滤常数 　K/(m²/s)	4.08×10^{-3}	1.133×10^{-4}	1.678×10^{-4}
q_e/(m³/m³)	0.0257	0.0229	0.0217
τ_e/s	16.2	4.63	2.81

> 过滤常数 K 和 q_e 是工业过滤机设计工作必需的重要参数，由于滤饼和过滤介质内部结构的复杂性，这两个参数都需要由实验来测定。

3.3.5　过滤设备

（1）板框压滤机

板框压滤机由交替排列的滤板和滤框构成一组滤室。滤板的表面有沟槽，其凸出部位用以支撑滤布（图 3-24）。滤框和滤板的边角上有通孔，组装后构成完整的通道，能通入悬浮液、洗涤水和引出滤液。板、框两侧各有把手支托在横梁上，由压紧装置压紧板、框。板、框之间的滤布起密封垫片的作用。由供料泵将悬浮液压入滤室，在滤布上形成

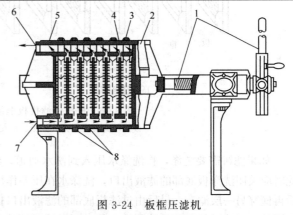

图 3-24　板框压滤机

1—压紧装置；2—可动头；3—滤框；4—滤板；
5—固定头；6—滤液出口；7—滤浆进口；8—滤布

滤渣，直至充满滤室。滤液穿过滤布并沿滤板沟槽流至板框边角通道，集中排出。过滤完毕，可通入清洗涤水洗涤滤渣。洗涤后，有时还通入压缩空气，除去剩余的洗涤液。随后打开压滤机卸除滤渣，清洗滤布，重新压紧板、框，开始下一工作循环。

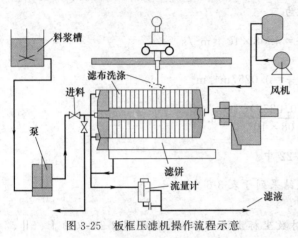

图 3-25　板框压滤机操作流程示意

板框压滤机和厢式压滤机虽有多种不同的结构形式，但是它们的工作原理基本一致，如图 3-25 所示为板框压滤机操作流程示意。从图可见，在板和框之间夹有一块滤布，当料浆进入框内时，料浆中的液体在流体的压力作用下，通过滤饼、滤布进入滤板的滤液流道，最后汇集到排液口排出，固体颗粒被滤布拦截形成滤饼，当滤饼充满框内后，过滤阶段结束；若滤饼需要洗涤，可由洗涤水进口引入洗涤水，洗涤水可由滤液排出口或者专门设有的洗涤液排出口排出；洗涤结束后，可以引入压缩空气对滤饼进行吹干，吹干结束时，板框打开。排出滤饼，完成一个过滤循环。

现在国内生产的滤板、滤框主导产品规格尺寸是：630mm×630mm；800mm×800mm；1000mm×1000mm；1250mm×1250mm 等。

过滤时，滤浆在操作压力下由滤浆通道经滤框角端的暗孔进入框内，滤液分别横穿过两侧滤布，再经相邻板流到滤液出口排走，固体颗粒则被截留于框内，如图 3-26 所示，待滤饼充满滤框后，即停止过滤。滤液排出方式有明流与暗流之分，若滤液经每块滤板底部侧管直接排出，称为明流。若滤液不宜暴露在空气中，可将各板流出的滤液汇集于总管排出，称为暗流。

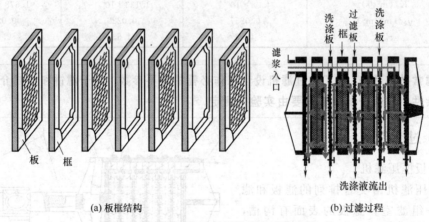

(a) 板框结构　　　　　　　　　　　(b) 过滤过程

图 3-26　板框压滤机板框结构及过滤过程
板框压滤机排列方式：板、框交替排列，个数可调

如果滤饼需要洗涤，将洗涤水压入到洗水通道，经洗涤板角端的暗孔进入板面与滤布之间。此时应关闭洗涤板底部的滤液出口，洗涤水在压差作用下横穿过一层滤布及整个厚度的滤饼，然后再横穿另一层滤布，最后由过滤板底部的滤液出口排出。显然，洗涤与过滤时液体所走路径是不同的，过滤时的面积是洗涤的 2 倍，而过滤时滤液经过的滤饼厚度仅为洗涤时的 1/2，洗涤结束后，旋开压紧装置并将板框拉开，卸出滤饼，清洗滤布，重新组合，进入下一个操作循环。

板框压滤机对于滤渣压缩性大或近于不可压缩的悬浮液都能适用。适合的悬浮液的固体颗粒体积分数一般为10%以下，操作压力一般为0.3～0.6MPa，特殊的可达3MPa或更高。过滤面积可以随所用的板框数目增减。板框通常为正方形，滤框的内边长为320～2000mm，框厚为16～80mm，过滤面积为1～1200m²。板与框用手动螺旋、电动螺旋和液压等方式压紧。板和框用木材、铸铁、铸钢、不锈钢、聚丙烯和橡胶等材料制造。

（2）加压叶滤机

加压叶滤机属于间歇式过滤机，主要是由长方形或圆形的滤叶组成。滤叶由金属丝网制成，覆以滤布，如图3-27、图3-28所示，若干块平行排列的滤叶装成一体，插入盛滤浆的密闭机壳内，以便进行加压过滤。滤浆用泵压送到机壳内，滤液穿过滤布进入滤叶内，汇集至总管后排出机外，颗粒则积于滤布外侧形成滤饼。当滤饼积到一定厚度，停止过滤。通常滤饼厚度为5～35mm，视滤浆情况及操作条件而定。

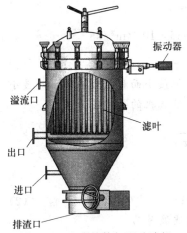

图 3-27　立式筒体加压叶滤机

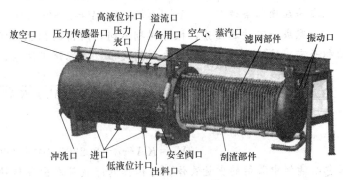

图 3-28　卧式筒体加压叶滤机

若滤饼需要洗涤，于过滤完毕后，通入洗涤水。洗涤时洗涤水所通过的路径与过滤时滤液的路径相同。洗涤后打开机壳上盖，拔出滤叶，卸除滤饼。

叶滤机密闭操作，劳动条件较好，劳动强度较小，其缺点是结构比较复杂，造价较高。

压滤机虽然具有结构简单、使用方便、价格便宜等优点，但是由于压滤机的滤板有多重形式，而且每种滤板在滤浆的进出口位置、大小根据工艺要求不同是否设置有洗涤液口等，均会有所不同。故根据物料特性、工艺要求合理选择是压滤机选型中一个重要的问题。滤板大小的选择及所需过滤面积，决定了选择滤板尺寸和相应的滤板数量，而每种大小规格的滤板尺寸，对所配合的滤板数量有一定要求，很明显滤板尺寸和滤板数量有很多组合方式。表3-7为我国现行的分离机械行业标准对滤板尺寸和过滤面积组合的规定，明确规定了各种滤板的尺寸、规格及最大配套数量。

表 3-7　滤板尺寸和过滤面积组合的规定

方形滤板基本参数		方形滤板基本参数		长方形滤板基本参数		圆形滤板基本参数	
板外尺寸 /mm	过滤面积 /m²	板外尺寸 /mm	过滤面积 /m²	板外尺寸 /mm	过滤面积 /m²	板外尺寸 D /mm	过滤面积 /m²
250	0.16～0.6	1000	32～120	1000×1500	70～190	500	5～16
280	0.4～2.2	1250	100～250	1250×1600	125～360	630	11～20
315	0.6～3.0	1500	200～560	1500×2000	400～750	800	20～56
400	1.6～5.0	1600	200～600	2000×2500	800～1600	1000	40～100

方形滤板基本参数		长方形滤板基本参数		圆形滤板基本参数	
板外尺寸 /mm	过滤面积 /m^2	板外尺寸 /mm	过滤面积 /m^2	板外尺寸 /mm	过滤面积 /m^2	板外尺寸 D /mm	过滤面积 /m^2
500	5~12	2000	560~1180	2500×3000	1000~2000	1250	80~200
630	11~32	2500	800~1800				
800	16~63	3000	1000~2500				

【例 3-6】 流量为 $15 m^3/h$ 的悬浮液中固体粉末的体积分数为 $0.01 m^3_固/m^3_{悬浮液}$，滤液为常温的水。已通过小型试验测得，$s=0.3$，$r'=2.2 \times 10^{12}$，$q_e=0.05 m^3/m^3$，拟采用叶滤机进行过滤，滤饼不必洗涤，其他辅助时间为 $10min$，试计算：当操作压差 Δp 为 $98.1kPa$ 时，等压操作所需的最小过滤面积。

解： 若 $\Delta p = 9.81 \times 10^4 Pa$

根据题意 $K = \dfrac{2\Delta p^{1-s}}{r'\mu v} = \dfrac{2 \times (9.81 \times 10^4)^{1-0.3}}{2.2 \times 10^{12} \times 1 \times 10^{-3} \times 0.01} = 2.836 \times 10^{-4} m^2/s$

在等压操作条件下　　$V^2 + 2 \times 0.05 AV = 2.836 \times 10^{-4} A^2 \tau$ 　　　　　　(1)

为完成一定过滤任务，操作周期不同，所需面积也不同，但最小面积是唯一的，对最小面积而言，过滤机的生产能力达到最大值。因滤饼不洗涤，则过滤机的生产能力为

$$Q = \frac{V}{\tau + \tau_D} = \frac{V}{(V^2 + 2VV_e)/KA^2 + \tau_D}$$

对 Q 求导，并令 $\dfrac{dQ}{dV} = 0$，可得

$$V^2 = KA^2 \tau_D = 2.836 \times 10^{-4} \times 600 A^2 \qquad\qquad (2)$$

若忽略滤饼中滞留的少量液体，可根据悬浮液量求出每秒钟的滤液量为

$$Q = \frac{(1-0.01) \times 15}{3600} = 4.125 \times 10^{-3} m^3/s \qquad\qquad (3)$$

将式（2）和式（3）代入式（1）可求出最佳过滤时间 $\tau = 746s$。

由式（3）可求出每操作一周期所得滤液量为

$$V = 4.125 \times 10^{-3} \times (746 + 600) = 5.55 m^3/周期$$

由式（2）得最小过滤面积 $A = 13.4 m^2$。

　　本题属于设计型问题。 设计型问题是根据给定的过滤任务，选择操作压差，计算最小过滤面积，再按计算结果选用或设计过滤机。

图 3-29　转筒真空过滤机

(3) 转筒真空过滤机

真空过滤机是在滤液出口处形成负压作为过滤的推动力。这种过滤机又分为间歇操作和连续操作两种。间歇操作的真空过滤机可过滤各种浓度的悬浮液，连续操作的真空过滤机适于过滤含固体颗粒较多的稠厚悬浮液。

转筒真空过滤机是一种连续操作的过滤机械，广泛应用于各种工业生产中。设备的主体是一个能转动的水平圆筒，其表面有一层金属网，网上覆盖滤布，筒的下部浸入滤浆中，如图 3-29 所示。圆筒沿径向分隔成若干扇形格，

每格都有单独的孔道通至分配头。圆筒转动时，借助分配头的作用使这些孔道依次分别与真空管及压缩空气管相通，因而在回转一周的过程中每个扇形格表面即可顺序进行过滤、洗涤、吹松、卸饼等项操作（图3-30、图3-31）。

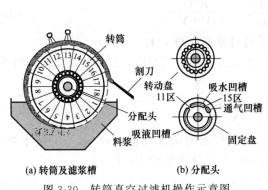

(a) 转筒及滤浆槽　　　　(b) 分配头

图 3-30　转筒真空过滤机操作示意图

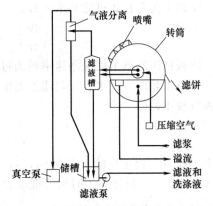

图 3-31　转筒真空过滤机的工作流程

3.3.6　滤饼洗涤

洗涤滤饼的目的在于回收滞留在颗粒缝隙间的滤液，或净化构成滤饼的颗粒。

单位时间内消耗的洗水体积称为洗涤速率，以 $\left(\dfrac{dV}{d\tau}\right)_w$ 表示。由于洗水里不含固相，洗涤过程中滤饼厚度不变，因而，在恒定的压强推动下洗涤速率基本为常数。若每次过滤终了以体积为 V_w 的洗水洗涤滤饼，则所需洗涤时间为

$$\tau_w = \frac{V_w}{\left(\dfrac{dV}{d\tau}\right)_w} \tag{3-85}$$

式中　V_w——洗水用量，m^3；τ_w——洗涤时间，s。

影响洗涤速率的因素可根据过滤基本方程式来分析，即

$$\frac{dV}{d\tau} = \frac{A\Delta p^{1-s}}{\mu r'(L+L_e')}$$

对于一定的悬浮液，r' 为常数。若洗涤推动力与过滤终了时相同，并假设洗水黏度与滤液黏度相近，则洗涤速率 $\left(\dfrac{dV}{d\tau}\right)_w$ 与过滤终了时的过滤速率 $\left(\dfrac{dV}{d\tau}\right)_E$ 有一定关系，这个关系取决于过滤设备上采用的洗涤方式。

叶滤机等所采用的是置换洗涤法，洗水与过滤终了时的路径基本相同，故

$$(L+L_e)_w = (L+L_e)_E$$

式中，下标 E 表示过滤终了时刻。而且洗涤面积与过滤面积也相同，故洗涤速率大致等于过滤终了时的过滤速率，即

$$\left(\frac{dV}{d\tau}\right)_w = \left(\frac{dV}{d\tau}\right)_E = \frac{KA^2}{2(V+V_e)} \tag{3-86}$$

式中　V——过滤终了时所得滤液体积，m^3。

板框压滤机采用的是横穿洗涤法，洗水横穿两层滤布及整个厚度的滤饼，流经长度约为过滤终了时滤液流动路径的两倍，而供洗水流通的面积又仅为过滤面积的一半，即

$$(L+L_e)_w = 2(L+L_e)_E$$

$$A_w = \frac{1}{2}A$$

将以上关系代入过滤基本方程式，可得

$$\left(\frac{dV}{d\tau}\right)_w = \frac{1}{4}\left(\frac{dV}{d\tau}\right)_E = \frac{KA^2}{8(V+V_e)} \tag{3-87}$$

即板框压滤机上的洗涤速率约为过滤终了时过滤速率的 1/4。

当洗水黏度、洗水表压与滤液黏度、过滤压强差有明显差异时，所需的洗涤时间可按下式进行校正，即

$$\tau'_w = \tau_w \left(\frac{\mu_w}{\mu}\right)\left(\frac{\Delta p}{\Delta p_w}\right) \tag{3-88}$$

式中 τ'_w——校正后的洗涤时间，s；τ_w——未经校正的洗涤时间，s；μ_w——洗水黏度，Pa·s；Δp——过滤终了时刻的推动力，Pa；Δp_w——洗涤推动力，Pa。

3.3.7 过滤机的生产能力

过滤机的生产能力通常是指单位时间获得的滤液体积，少数情况下也有按滤饼的产量或滤饼中固相物质的产量来计算的。

3.3.7.1 间歇过滤机的生产能力

间歇过滤机的特点是在整个过滤机上依次进行过滤、洗涤、卸渣、清理、装合等步骤的循环操作。在每一个循环周期中，全部过滤面积只有部分时间在进行过滤，而过滤之外的各操作所占用的时间也必须计入生产时间内。因此在计算生产能力时，应以整个操作周期为基准。操作周期为

$$T = \tau + \tau_w + \tau_D$$

式中 T——一个操作循环的时间，即操作周期，s；τ——一个操作循环内的过滤时间，s；τ_w——一个操作循环内的洗涤时间，s；τ_D——一个操作循环内的卸渣、清理、装合等辅助操作所需时间，s。

则生产能力的计算式为

$$Q = \frac{3600V}{T} = \frac{3600V}{\tau + \tau_w + \tau_D} \tag{3-89}$$

式中 V——一个操作循环内所获得的滤液体积，m^3；Q——生产能力，m^3/h。

> **当忽略介质阻力时，欲获得最大生产能力，最佳操作时间为过滤时间与洗涤时间之和等于辅助操作时间。**

【例 3-7】 用板框压滤机恒压差过滤钛白（TiO_2）水悬浮液，过滤机的尺寸为：滤框的边长 810mm（正方形），每框厚度 42mm，共 10 个框。现已测得：过滤 10min 得滤液 $1.31m^3$，再过滤 10min 共得滤液 $1.905m^3$。已知滤饼体积和滤液体积之比 $v=0.1$，试计算：

(1) 将滤框完全充满滤饼所需的过滤时间；

(2) 若洗涤时间和辅助时间共 45min，求该装置的生产能力（以每小时得到的滤饼体积计）。

解： (1) 过滤面积 $A = 10 \times 2 \times 0.81^2 = 13.12 m^2$，滤液体积 $V = V_s/v = 2.76 m^3$，单位过滤面积 $q = V/A = 0.21 m^3/m^2$。

$$\tau_1 = 600s, \quad q_1 = \frac{1.31}{13.12} = 0.1$$

$$\tau_2 = 1200\text{s}, \quad q_2 = \frac{1.905}{13.12} = 0.1452$$

$$(0.1 + q_e)^2 = K(600 + \tau_e) \tag{1}$$

$$(0.1452 + q_e)^2 = K(1200 + \tau_e) \tag{2}$$

$$q_e^2 = K\tau_e \tag{3}$$

由式（1）～式（3）得

$$K = 2 \times 10^{-5}\,\text{m/s}, \quad q_e = 0.01, \quad \tau_e = 5\text{s}$$

所以
$$\tau = (0.21 + 0.01)^2 / (2 \times 10^{-5}) - E_e = 2415\text{s} = 0.671\text{h}$$

（2）装置生产能力　$Q = \dfrac{3600V}{\tau + \tau_w + \tau_D} = \dfrac{3600 \times 2.76}{2415 + 2700} = 0.194\text{m}^3/\text{h}$

3.3.7.2　连续过滤机的生产能力

以转筒真空过滤机为例，连续过滤机的特点是过滤、洗涤、卸饼等操作在转筒表面的不同区域内同时进行。任何时刻总有一部分表面浸没在滤浆中进行过滤，任何一块表面转筒回转一周过程中都只有部分时间进行过滤操作。

转筒表面浸入滤浆中的分数称为浸没度，以 ψ 表示，即

$$\psi = \frac{\text{浸没角度}}{360°} \tag{3-90}$$

因转筒以匀速运转，故浸没度 ψ 就是转筒表面任何一小块过滤面积每次浸入滤浆中的时间（即过滤时间）τ 与转筒回转一周所用的时间 T 的比值。若转筒转速为 n（r/min），则

$$T = \frac{60}{n}$$

在此时间内，整个转筒表面上任何一小块过滤面积所经历的过滤时间均为

$$\tau = \psi T = \frac{60\psi}{n}$$

所以，从产生能力的角度来看，一台总过滤面积为 A，浸没度为 ψ，转速为 n r/min 的连续式转筒真空过滤机，与一台在同样条件下操作的过滤面积为 A，操作周期为 $T = 60/n$，每次过滤时间为 $\tau = 60\psi/n$ 的间歇式板框压滤机是等效的。因而，可以完全依照前面所述的间歇式过滤机生产能力的计算方法来解决连续式过滤机生产能力的计算。

恒压过滤方程式

$$(V + V_e)^2 = KA^2(\tau + \tau_e)$$

可知转筒每转一周所得的滤液体积为

$$V = \sqrt{KA^2(\tau + \tau_e)} - V_e = \sqrt{KA^2\left(\frac{60\psi}{n} + \tau_e\right)} - V_e$$

则每小时所得滤液体积，即产生能力为

$$Q = 60nV = 60\left[\sqrt{KA^2(60\psi n + \tau_e n^2)} - V_e n\right] \tag{3-91}$$

当滤布阻力可以忽略时，$\tau_e = 0$、$V_e = 0$，则上式简化为

$$Q = 60n\sqrt{KA^2\frac{60\psi}{n}} = 465A\sqrt{Kn\psi} \tag{3-91a}$$

可见，连续过滤机的转速越高，生产能力也越大。但若旋转过快，每一周期中的过滤时间便缩至很短，使滤饼太薄，难以卸除，也不利于洗涤，而且功率消耗增大。合适的转速需经试验决定。式（3-93a）指出了提高连续真空过滤机生产能力的途径。

【例 3-8】 一转筒真空过滤机的过滤面积为 $3m^2$，浸没在悬浮液中的部分占 30%，转速 $n=0.5r/min$，已知 $K=3.1\times10^{-4}m^2/s$，滤渣体积与滤液体积之比 $v=0.23m^3/m^3$，滤布阻力相当于 $2mm$ 厚滤渣层阻力。

试计算：（1）每小时的滤液体积；（2）转鼓表面的滤渣厚度。

解：（1）求每小时的滤液量

因为 $L_e=vV_e/A$，所以 $q_e=L_e/v$。根据题意 $L_e=2mm=0.002m$，$q_e=0.002/0.23=0.0087m^3/m^2$，又

$$\tau_e=q_e^2/K=(0.0087)^2/(3.1\times10^{-4})=0.24s$$
$$(q+q_e)^2=3.1\times10^{-4}(\tau+\tau_e)$$
$$(q+0.0087)^2=3.1\times10^{-4}(\tau+0.24)$$

因为过滤机转一周需 $2min$（$120s$），其中过滤时间 $0.3\times120=36s$，所以

$$q=[3.1\times10^{-4}\times(36+0.24)]^{\frac{1}{2}}-0.0087=0.0973m^3/m^2$$
$$V_h=qAn\times60=0.0973\times3\times0.5\times60=8.8m^3/h$$

（2）滤渣厚度

$$L=qv=0.0973\times0.23=0.022m=2.2cm$$

3.4 流态化

流态化现象是指固体颗粒在流体（气体或液体）的作用下悬浮在流体中跳动或随之流动的现象。工业上流态化技术应用广泛，能够实现流态化过程的设备称为流化床或沸腾床，例如流化床锅炉，能使颗粒煤在空气中悬浮燃烧用以产生蒸汽；流化床干燥设备，采用流态化方法干燥颗粒物料。流态化现象可以由气体和固体颗粒、液体和固体颗粒以及气体、液体和固体颗粒形成，即所谓的气-固流态化、液-固流态化和气-液-固三相流态化。

3.4.1 气-固流态化

气-固流态化是以气体为流化介质的流态化过程，是工业上使用最多的流态化过程，如流化床锅炉燃煤生产蒸汽、萘催化氧化生产二甲酸酐，都是以空气为流化介质。

在垂直的管中装入固体颗粒（图 3-32），气体自下而上通过颗粒床层，随着气体流速逐渐增大，管中的固体颗粒将出现以下三种状态。

（1）固定床阶段

如图 3-32 所示，垂直管状容器中盛有固体颗粒物料，当没有气流作用时，静止料层的高度 L_0，床层空隙率 ε_0。床层空隙率的定义为

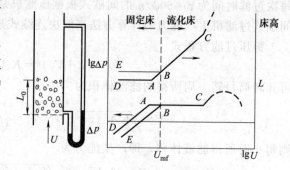

图 3-32　流态化过程曲线

$$空隙率\ \varepsilon=\frac{床层体积-固体颗粒的总体积}{床层体积}$$

当有气流通入（底部通入气流，方向向上）且气速较低时，床层高度基本不变，仅上界面处的部分细粒物料有松动。气体此时对颗粒的作用力（称为曳力，方向向上）较小，颗粒

间仍保持紧密接触，静止不动，气体穿过颗粒间隙到达床层上部。这时的颗粒床层即构成固定床。如在床层上下端面通以 U 形管差压计，测量沿整个床层高度气流压降（等于床层对气流的阻力，即料层阻力）与气流速度的关系，可以发现该压降值基本随气速增大而单调增加，如图 3-32 中 $D{\rightarrow}A$ 段曲线所示。

（2）流态化床阶段

也称为流化床阶段。当气速逐渐增大时，气流对颗粒的曳力也逐渐增大，当该气速增大至某一定值时，固体颗粒达到受力平衡，即

气流对颗粒的曳力＋气流对颗粒的浮力＝颗粒的重力

此时，固体颗粒有可能在床层中自由浮沉。只是由于固定床阶段颗粒紧密接触，彼此有嵌顿、搭桥现象，因而床层有可能不是一下子全部疏松、颗粒全部浮起。上述受力平衡还可以描述为

压降 Δp＝单位截面积上床层物料的重量

这样的受力平衡点对应图中的 A 点。当气速继续增大至某一量值（称 U_{mf}）时，床层几乎是在瞬间达到充分膨胀，床层高度明显增大，颗粒间出现明显的杂乱无章的剧烈运动，如同翻滚沸腾的液体。这就是流态化床阶段。通常称开始出现流态化的状态点（B 点）为起始流化点或临界流化点，B 点对应的气流速度 U_{mf} 称为临界流态化速度（m/s）。

在理想的流态化实验中，A 点和 B 点对应的料层阻力极为接近，此时 $L{>}L_0$，$\varepsilon{>}\varepsilon_0$。$L$ 和 ε 分别为实际料层（或床层）高度、床层空隙率。

$$\varepsilon = \frac{V_L - V_s}{V_L} = 1 - \frac{V_s}{V_L}$$

式中 V_L——实际膨胀后的床层体积，$V_L = AL$，A 为床的截面积；

V_s——固体颗粒的体积，在流态化阶段前后，V_s 保持不变。

如要确定临界流态化时的床层空隙率 ε_{mf}，可根据 V_s 不变的特性加以确定，即

$$V_s = L_{mf}A(1 - \varepsilon_{mf}) = L_0 A(1 - \varepsilon_0)$$

$$\varepsilon_{mf} = 1 - \frac{L_0}{L_{mf}}(1 - \varepsilon_0)$$

只要测得膨胀后的床层高度 L_{mf}，即可确定 ε_{mf}。由以上关系可以得出 $\varepsilon_{mf}{>}\varepsilon_0$。

实验还表明，当气流速度超过 U_{mf} 后，床层高度 L 继续增大，空隙率变大，差压计测得的料层阻力 Δp 基本保持在临界值，即图 3-32 中的 $A{\rightarrow}B{\rightarrow}C$ 曲线近似保持水平。当气速继续增大（如 $U{>}U_C$）时，由于颗粒间剧烈的摩擦碰撞及颗粒与器壁的剧烈摩擦，Δp 会略有增加（如图中虚线段所示）。如以气流速度来划分，则 $U_{mf} {\leqslant} U {<} U_C$ 对应正常流态化阶段。

U_{mf} 的定量计算还有待进一步研究，目前较多的仍是经验关联式。

如在正常流态化后，逐渐减小气速，则床层高度相应变小，开始时 Δp 基本不变。当 $U{<}U_{mf}$ 后，床层基本恢复原始高度 L_0，料层阻力随气速 U 的降低而同步减小，但颗粒间的空隙率稍大于固定床初始阶段的 ε_0。

有些研究表明，A、B 两点对应的气流速度相差不大。由于床中固体物料初始装入时的空隙率 ε_0 与流态化后逐步减小气速得到的固定床空隙率 ε_0' 不完全相同，颗粒间嵌顿、搭桥的程度不同，因此 U 增大阶段的阻力曲线 $D{\rightarrow}A{\rightarrow}B{\rightarrow}C$ 与 U 减小阶段的阻力曲线 $C{\rightarrow}B{\rightarrow}E$ 略有差异。

当 $U{>}U_C$ 后继续增加气速，这就到了气力输送阶段。

(3) 气力输送阶段

在正常流态化阶段，由于固体颗粒大小不一，会有一些细小颗粒在曳力、浮力的作用下被气流带出床外，但运动的固体物料仍可形成一定的上界面（如同液体沸腾时的表面）。当 $U > U_C$ 后，被带出的物料逐渐增多，甚至一些大颗粒也被带出，原有的床层上界面逐渐消失，对应的料层阻力急剧减小。这就是气力输送状态。

气力输送也称为气流床。当 U 很大时，气流对固体颗粒的携带能力也很大。这时的单粒受力关系为

气流对颗粒的曳力＋气流对颗粒的浮力＞颗粒受到的重力

3.4.2 液-固流态化

液-固流态化是以液体为介质的流态化的过程。在工业上广泛应用于湿法冶金、选矿、化工、石油化工、生物化工、离子交换、聚合反应、吸收等领域，是流态化技术的一个分支。由于液固的密度差小，流化较均匀，有一较为明显的床层表面，因此被称为散式或均匀流化。

3.4.2.1 床层的流态化过程

在垂直装填有固体颗粒的床层中，流体自下而上通过颗粒床层，随着流速从小到大变化，床层将出现下述三种不同的状态，如图 3-33 所示。

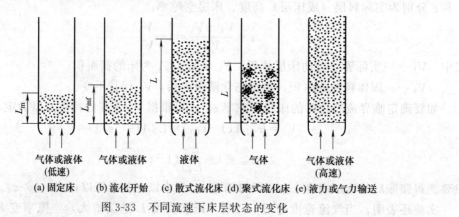

气体或液体　　气体或液体　　液体　　气体　　气体或液体
（低速）　　　　　　　　　　　　　　　　　　　（高速）

(a) 固定床　　(b) 流化开始　　(c) 散式流化床　(d) 聚式流化床　(e) 液力或气力输送

图 3-33　不同流速下床层状态的变化

(1) 固定床阶段

当流体通过床层的流速较低时，流体对颗粒的曳力较小，颗粒之间紧密相接，静止不动，如图 3-33（a）。在固定床阶段，床层高度不变，流体通过床层的阻力随流速的增大而增大，其关系可以用欧根公式表示。

(2) 流化床阶段

当流体速度增加到一定值时，流体对颗粒的曳力增加到与颗粒的净重力（重力减去浮力）相等，或者说流体通过床层的阻力等于单位截面床层的重量时，颗粒开始浮动，但仍未脱离原来的位置，如图 3-33（b）。此时流体的床层空隙中的流速等于颗粒的沉降速度。若在此状态时再稍稍增大流速，颗粒便互相离开，床层的高度也会有所提高，则这时的状态称为起始流化状态时或临界流化状态，对应的流速称为起始流化速度或最小流化速度 u_{mf}。

在临界流化状态时，若继续增大流速，则颗粒间的距离增大，颗粒的床层中进行激烈的随机运动，这个阶段称为流化床阶段。在此阶段，随着流体空床流速的增加，成层的空隙率也增大，使颗粒间的流体流速保持不变；同时，床层的阻力却几乎保持不变，等于单位截面

床层的重量。流化床阶段还有一个特点是床层有明显的上界面，如图 3-33（c）、（d）所示。

（3）气力（或液力）输送阶段

当流体流速增加到等于颗粒的沉降速度时，颗粒被流体带出器外，床层的上界面消失，此时的流速称为流化床的带出速度，流速高于带出速度后为液体输送阶段，如图 3-33（e）所示。

3.4.2.2 流化床的类似液体的特性

流化床中的流-固运动很像沸腾着的液体，并且在很多方面表现出类似于液体的性质，如图 3-34 所示。例如：床层中任意两截面间的压差可用静力学关系式表示（$\Delta p = \rho g L$，其中 ρ 和 L 分别为床层的密度和高度），见图 3-34（c）；有流动性，颗粒像液体一样从器壁小孔流出，见图 3-34（d）；联通两个高度不同的床层时，床层能自动调整平衡，见图 3-34（e）。

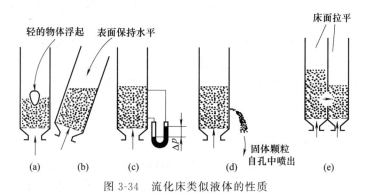

图 3-34　流化床类似液体的性质

利用流化床的这种似液性，可以设计出不同的流-固接触方式，易于实现过程的连续化与自动化。

3.5 非均相物系分离过程强化

非均相物系分离是生产中不可缺少的一项单元操作，对该分离过程的研究，主要着眼于其分离方法强化及优化设备结构。特别是过滤过程的研究，无论从过滤介质、设备材质还是设备结构上都有很大的发展空间。

3.5.1 沉降过程的强化

在颗粒沉降中，选择合适的分离设备是达到较高分离效率的关键。对于气-液混合物系来说，由于颗粒直径分布不均匀，因此应根据颗粒的粒径分布选择合适的分离设备。如 $d > 50\mu m$ 重力沉降设备；$d > 5\mu m$ 离心沉降设备；$d < 5\mu m$ 电除尘、袋滤器、湿式除尘器。

对液-固混合物系，不仅要考虑颗粒粒径分布，还要考虑含固量的大小，以选择合适的设备进行分离。颗粒粒径 $d > 50\mu m$ 的采用过滤离心机；$d < 50\mu m$ 的采用压差过滤设备；如含固量 $< 1\%$ 可采用沉降槽、旋液分离机、沉降分离机；含固量 $1\% \sim 10\%$，可采用板框压滤机；含固量 $> 10\%$ 可采用过滤离心机；含固量 $> 50\%$ 的可采用真空过滤机等。

沉降过程中，若颗粒粒径很小，则需加入混凝剂或絮凝剂，使分散的细小颗粒或胶体粒子要集成较大颗粒，从而易于沉降。混凝剂通常是一些低分子电解质，如硫酸亚铁、硫酸铝、氯化铁、氧化铝等；絮凝剂则是指一些高分子聚合物，如明胶、聚丙烯酰胺、聚合硫酸铁等。加入这些化学药剂后的沉降机理可分为压缩双电层、吸附电中和、吸附架桥、沉淀物网捕四种。

但是，混凝剂或絮凝剂的加入量并非越多越好。投加量过多，效果反而下降，因此，对不同料浆的处理，应通过实验确定投入量。

3.5.2 过滤过程的强化

(1) 改变滤饼结构

滤饼结构如空隙率、可压缩等对过滤速率影响很大。为获得较高的过滤速率，希望形成的滤饼较为疏松而且是不可压缩的。通常改变滤饼结构的方法是使用助滤剂。常用的助滤剂是一些不可压缩的粉状或纤维状固体，如硅藻土、膨胀珍珠岩、纤维素等。对助滤剂的基本要求是：刚性，能承受一定的压差而不变形；多孔性，以形成高空隙率的滤饼，如硅藻土层的空隙率可高达 $80\%\sim90\%$，尺度大体均匀，其大小有不同规格以适应不同的悬浮液；化学稳定性好，不与物料发生化学反应。

助滤剂的用法有预敷和掺滤两种。预敷是将含助滤剂的悬浮液先在过滤面上滤过，以形成 $1\sim3$mm 厚的助滤剂预敷层，然后过滤料浆。掺滤则是将助滤剂混入待滤悬浮液中一并过滤，加入的助滤剂量约为料浆的 $0.1\%\sim0.5\%$（质量分数）。

助滤剂除上述改变滤饼结构、降低滤饼的可压缩性之外，还有防止过滤介质早期堵塞和吸附悬浮液中微小颗粒以获得澄清滤液的作用。

(2) 改变悬浮液中的颗粒聚集状态

过滤之前先将悬浮液作处理，以使分散的细小颗粒聚集成较大颗粒，从而易于过滤。促使分散颗粒聚集的方法有两种。一是加入聚合电解质如明胶、聚丙酸酰胺，其长链高分子使固体颗粒之间发生桥接，形成多个颗粒组成的絮团。另一种方法是在悬浮液中加入硫酸铝等无机电解质，使颗粒表面的双电层压缩，颗粒与颗粒得以进一步靠拢并借范德华力凝聚在一起。

(3) 动态过滤

克服了传统过滤装置中，滤饼不被搅动而不断增厚，使过滤阻力不断增加的缺点，使料浆在外力的作用下，与过滤面成平行或旋转的剪切运动，在运动中进行过滤。因此，在过滤介质上不积存或积存少量的滤饼，有效地降低了过滤阻力，如图 3-35 所示。

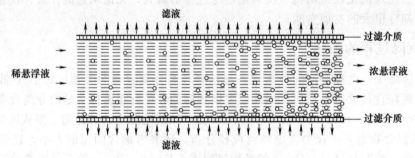

图 3-35 动态过滤示意图

3.5.3 过滤技术进展

过滤技术的进展通常是在原有的技术上进行改进，例如对待分离的悬浮液预处理的技术，除加入量的促凝剂或絮凝剂之外，还着重于混（絮）凝剂性能的改进，使其更具有适应性和针对性。还可以改变悬浮液中液体的性质，如利用加热、稀释的方法降低悬浮液液体黏度等。国外对液体混合物还采用整体冷冻和解冻、超声波等处理的方法来提高分离效率。

近年来，发展最快的过滤与分离技术就是膜分离技术。膜分离技术对含固量低、微细粒子的悬浮液分离特别有效，在医药、食品工业上已获得了广泛使用，如制药及饮料的无菌过滤，糖化酶、淀粉酶、蛋白酶等酶分离以及纯水的制备、水果和蔬菜的浓缩等等。

随着生物工程技术的发展，膜分离在该领域的应用将进一步增长。在生物制品的生产中，经常需要从液体中分离悬浮物，传统的过滤方法已达不到产品的质量要求，而使用膜分离技术中微滤的方法，既可防止杂菌污染和热敏性物质失活，又达到了杂质的有效分离和提高质量的目的。

将动态过滤技术应用于膜分离，能更好地解决传统膜过滤速率不高的问题，使膜滤装置的应用更加广泛，过滤效果更好，如造纸工业用超滤膜从废水中回收纤维等。

此外，复合过滤技术也被认为是提高过滤速率的简单有效方法。它是采用两种或更多种的过滤机逐步降低固体含量或液体黏度来达到提高过滤速率的目的。这些过滤机可以是相同种类，但过滤介质及过滤常数等不同，也可以是不同种类的过滤机组合在一起。

在过滤设备上，为了适应大规模生产的需要，发展了一些大型过滤机，如转鼓过滤机的直径可达到近 4m、长约 6m，使处理量大大增加。压滤机在增大过滤面积的同时，在滤板中带有弹性压榨滤膜，使滤饼含湿量进一步降低，达到了 6%，并且缩短了过滤周期。

过滤设备的自动化程度和控制手段进一步提高，特别是间歇操作的板框压滤机采用了厢式压滤，已能达到较高的自动化程度，使劳动环境、劳动强度有了很大改善。

在过滤设备的制造选材中，大量选用非金属材料（聚合物材料居多）制造过滤元件，使设备成本降低，设备重量减轻。

本 章 小 结

本章介绍利用流体力学原理，根据流体和固体之间物理性质差异，在外力场作用下造成两相之间的相对运动，从而达到非均相混合物分离的目的。掌握沉降分离和过滤操作的原理，过滤方程式推导思路、恒压过滤的计算、过滤常数的测定；降尘室、旋风分离器结构原理及选型，过滤设备的特点及生产能力的计算以及提高过滤设备生产能力的途径及措施。能够根据生产工艺要求，合理选择设备类型及尺寸；从工程方法论来说，应加深对数学模型法研究复杂工程问题的方法、步骤的理解。

通过本章的学习，要重点掌握沉降和过滤这两种机械分离操作的原理、典型设备的结构与特性，能够根据生产工艺要求，合理选择设备类型和尺寸。

思 考 题

1. 球形颗粒在静止流体中作重力沉降时都受到哪些力的作用？它们的作用方向如何？
2. 简述何谓饼层过滤？其适用何种悬浮液？
3. 简述工业上对过滤介质的要求及常用的过滤介质种类。
4. 何谓过滤机的生产能力？写出间歇过滤机生产能力的计算式。

习 题

填空题

1. 将固体物料从液体中分离出来的方法中，最常见的有_____和_____。
2. 降尘室与沉降槽均为气固或液固两相分离设备，它们的生产能力与该设备的_____

有关，与_____无关。

3. 颗粒的球形度（形状系数）的定义式为：$\phi_s =$ _____；颗粒的比表面积的定义式为 $a =$ _____。

4. 恒压过滤操作，一个周期中，过滤时间为 τ 获滤液量为 V，现将过滤压差增加一倍，其他条件不变，则过滤时间变为_____。（设滤饼不可压缩且介质阻力不计）在恒压过滤时，如过滤介质的阻力忽略不计，且过滤面积恒定，则所得的滤液量与过滤时间的_____次方成正比，而对一定的滤液量则需要的过滤时间与过滤面积的_____次方成反比。依据的是_____式。

5. 球形颗粒在静止流体中作重力沉降，经历_____和_____两个阶段。沉降速度是指_____阶段，颗粒相对于流体的运动速度。

6. 在滞留区，球形颗粒的沉降速度 u_t 与其直径的_____次方成正比；而在湍流区，u_t 与其直径的_____次方成正比。

7. 降尘室内，颗粒可被分离的必要条件是_____；而气体的流动应控制在_____流型。

8. 除去气流中尘粒的设备类型有_____、_____等。

9. 过滤常数 K 是由_____及_____决定的常数；而介质常数 q_e 与 τ_e 是反映_____的常数。

10. 工业上应用较多的压滤型间歇过滤机有_____与_____；吸滤型连续操作过滤机有_____。

11. 过滤操作有_____和_____两种典型方式。

选择题

12. 在重力场中，固体颗粒在静止流体中的沉降速度与下列因素无关的是（　　）。

A. 颗粒几何形状　　　B. 颗粒几何尺寸　　　C. 颗粒与流体密度　　　D. 流体的流速

13. 含尘气体通过长 4m，宽 3m，高 1m 的降尘室，已知颗粒的沉降速度为 0.25m/s，则降尘室的生产能力为（　　）。

A. $3m^3/s$　　　　B. $1m^3/s$　　　　C. $0.75m^3/s$　　　　D. $6m^3/s$

14. 某粒径的颗粒在降尘室中沉降，若降尘室的高度增加一倍，则该降尘室的生产能力将（　　）。

A. 增加一倍　　　B. 为原来的 1/2　　　C. 不变　　　D. 不确定

15. 以下表达式中正确的是（　　）。

A. 过滤速率与过滤面积 A 的平方成正比　　　B. 过滤速率与过滤面积 A 成正比
C. 过滤速率与所得滤液体积 V 成正比　　　D. 过滤速率与虚拟滤液体积 V_e 成正比

16. 对于恒压过滤（　　）。

A. 滤液体积增大一倍则过滤时间增大为原来的 $2^{1/2}$ 倍
B. 滤液体积增大一倍则过滤时间增大至原来的 2 倍
C. 当介质阻力不计时，滤液体积增大一倍，则过滤时间增至原来的 $2^{1/2}$ 倍
D. 当介质阻力不计时，滤液体积增大一倍，则过滤时间增至原来的 4 倍

17. 回转真空过滤机洗涤速率与最终滤速率之比为（　　）。

A. 1　　　　B. 1/2　　　　C. 1/4　　　　D. 1/3

18. 板框压滤机中，最终的过滤速率是洗涤速率的（　　）。

A. 一倍　　　　B. 一半　　　　C. 四倍　　　　D. 四分之一

19. 板框压滤机中（　　）。

　　A. 框有两种不同的构造　　　　　　　B. 板有两种不同的构造

　　C. 框和板都有两种不同的构造　　　　D. 板和框都只有一种构造

20. 在一般过滤操作中，实际上起到主要介质作用的是滤饼层而不是过滤介质本身，滤渣就是滤饼，则（　　）。

　　A. 这两种说法都对　　　　　　　　　B. 两种说法都不对

　　C. 只有第一种说法正确　　　　　　　D. 只有第二种说法正确

21. 降尘室的生产能力（　　）。

　　A. 只与沉降面积 A 和颗粒沉降速度 U_t 有关　B. 与 A、U_t 及降尘室高度 H 有关

　　C. 只与沉降面积 A 有关　　　　　　D. 只与 U_t 有关

22. 回转真空过滤机生产能力为 $5m^3/h$（滤液）。现将转速降低一半，其他条件不变，则其生产能力应为（　　）。

　　A. $5m^3/h$　　　　　B. $2.5m^3/h$　　　　　C. $10m^3/h$　　　　　D. $3.54m^3/h$

23. 恒压过滤，且介质阻力忽略不计时，如黏度降低 20%，则在同一时刻，滤液增大（　　）。

　　A. 11.8%　　　　　　B. 9.54%　　　　　　C. 20%　　　　　　D. 44%

24. 过滤常数 K 与以下因数无关（　　）。

　　A. 滤液的黏度　　　　　　　　　　　B. 滤浆的浓度

　　C. 滤饼在 $\Delta p = 1$ 时的空隙率　　　D. 滤饼的压缩性

25. 对于可压缩滤饼如过滤压差加倍，则过滤速率（　　）。

　　A. 有所增加但增加不到一倍　　　　　B. 增加一半

　　C. 增加一倍　　　　　　　　　　　　D. 没有明显的增加

计算题

26. 降沉室高 2m、宽 2m、长 5m，用于矿石焙烧炉的降尘。操作条件下气体的流量为 $25000m^3/h$；密度为 $0.6kg/m^3$，黏度为 0.03cP，固体尘粒的密度为 $4500kg/m^3$，求此降沉室能除去最小颗粒直径？并估计矿尘中直径为 $50\mu m$ 的颗粒能被除去的百分率？

27. 欲用降尘室净化温度为 20℃、流量为 $2500m^3/h$ 的常压空气，空气中所含灰尘的密度为 $1800kg/m^3$，要求净化的空气不含有直径大于 $10\mu m$ 的尘粒，试求所需沉降面积为多大？若降尘室的底面宽 2m，长 5m，室内需要设多少块隔板？

28. 在一板框压滤机上恒压过滤某种悬浮液。在 1atm 表压下 20min 在每 $1m^2$ 过滤面积上得到 $0.197m^3$ 的滤液，再过滤 20min 又得滤液 $0.09m^3$。试求共过滤 1h 可得总滤液量为若干（m^3）？

29. 有一板框压滤机的过滤面积为 $0.4m^2$，在压强差为 1.5at 恒压过滤某种悬浮液，4h 后得滤液 $80m^3$。过滤介质的阻力忽略不计，试求：（1）若其他情况不变，过滤面积加倍，可得滤液多少？（2）若过滤压强差加倍，滤渣是可压缩的，其压缩指数为 0.3，过滤 4h 可得滤液多少？（3）若其他情况不变，但过滤时间缩短为 2h，可得滤液多少？

30. 已知某板框压滤机过滤某种滤浆的恒压过滤方程式为 $q^2 + 0.04q = 5 \times 10^{-4} \tau$（$\tau$ 单位为 s）。求：（1）过滤常数 K、q_e 及 τ_e；（2）若要在 30min 内得到 $5m^3$ 滤液（滤饼正好充满滤框），则需框内每边长为 810mm 的滤框多少个？

31. 用一台 BMS50/810-25 型板框压滤机过滤某悬浮液。悬浮液中固相的质量分数为 0.139，固相密度为 $2200kg/m^3$，液相为水。每 $1m^3$ 滤渣中含 500kg 水，余全为固相。操

作条件下的过滤常数 $K = 2.72 \times 10^{-5}$ m^2/s，$q_e = 3.45 \times 10^{-3}$ m^3/m^2。滤框尺寸已知为 810mm×810mm×25mm，共 38 个框。

试求：(1) 过滤至滤框内全部充满滤渣所需时间及获得的滤液体积；(2) 过滤完毕用 0.8m^3 清水洗涤滤渣，求洗涤时间。

32. 用板框压滤机加压过滤某悬浮液。一个操作周期内过滤 20min 以后共得滤液 4m^3（滤饼不可压缩，介质阻力忽略不计）。滤饼不洗涤，在一个操作周期内共用去辅助时间为 30min。

求：(1) 该机的生产能力；(2) 若过滤压强差加倍，其他条件不变（物性、过滤面积、过滤与辅助时间不变），该机的生产能力提高了多少？(3) 现改在转筒真空过滤机上进行过滤，其转速为 1r/min，若生产能力与 (1) 相同，则其在一个操作周期内所得滤液量为多少？

33. 用板框压滤机过滤某悬浮液，其中固相含量为 10%，要求滤渣含固相 50%（以上均指质量分数）。所用板框的长、宽各为 1m，厚度为 0.025m；过滤压强差为 1.75at，滤液为水。现要求一次过滤获 6m^3 滤液，试求：(1) 需多少个滤框；(2) 过滤时间为多少小时？

从实验获知，在过滤压强差为 1.75at 下，该悬浮液过滤方程为

$$(q + 0.00147)^2 = 0.00206(\tau + 0.00105)$$

式中，q 的单位为 m^3/m^2；τ 的单位为 h。滤渣密度可取为 1500kg/m^3。

34. 一转筒真空过滤机的过滤面积为 3m^2，浸没在悬浮液中的部分占 30%，转速 $n = 0.5$r/min，已知 $K = 3.1 \times 10^{-4}$ m^2/s，滤渣体积与滤液体积之比 $v = 0.23$m^3/m^3，滤布阻力相当于 2mm 厚滤渣层阻力。试计算：(1) 每小时的滤液体积；(2) 转鼓表面的滤渣厚度。

35. 在恒定压差下用尺寸为 635mm×635mm×25mm 的一个滤框（过滤面积为 0.806m^2）对某悬浮液进行过滤。已测出过滤常数 $K = 4 \times 10^{-6}$ m^2/s 滤饼体积与滤液体积之比为 0.1，设介质阻力可略，求：(1) 当滤框充满滤饼时可得多少滤液？(2) 所需过滤时间 τ。

36. 某板框压滤机的过滤面积为 0.2m^2，在压差 $\Delta p = 1.5$atm 下以恒压操作过滤一种悬浮液，2h 后得滤液 4m^3，介质阻力可略，滤饼不可压缩，求：(1) 若过滤面积加倍，其他情况不变，可得多少滤液？(2) 若在原压差下过滤 2h 后用 0.5m^3 的水洗涤滤饼，需多长洗涤时间？

本章主要符号说明

符号	意义与单位	符号	意义与单位
英文字母			
a	颗粒的比表面积，m^2/m^3；加速度，m/s^2	Δp_w	洗涤推动力，Pa
A	截面积，m^2	q	单位过滤面积获得的滤液体积，m^3/m^2
b	降尘室宽度，m	v	滤饼体积与滤液体积之比
B	旋风分离器的进口宽度，m	V	滤液体积或每个操作周期所得滤液体积，m^3
C	悬浮物系中的分散相质量浓度，kg/m^3	V_e	过滤介质的当量滤液体积，m^3
d	颗粒直径，m	V_p	颗粒体积，m^3
d_e	体积当量直径，m；旋风分离器的临界粒径，m	q_e	单位过滤面积上的当量滤液体积，m^3/m^2
d_{sp}	旋风分离器的分割粒径，m	Q	过滤机的生产能力，m^3/h
d_e	当量直径，m	r	滤饼的比阻，1/m^2
d_o	孔径，m	r'	单位压强差下的滤饼比阻，1/m^2

符号	意义与单位	符号	意义与单位

英文字母

D	设备直径,m	R	滤饼阻力,$1/m$
F	作用力,N	R_m	过滤介质阻力
g	重力加速度,m/s^2;常数	s	滤饼的压缩性指数
h	旋风分离器的进口高度,m	S	表面积,m^2
H	设备高度,m	T	操作周期或回转周期,s
k	滤浆的特性常数,$m^4/(N \cdot s)$	u	流速或过滤速度,m/s
K	量纲为1的数群;过滤常数,m^2/s	u_b	颗粒的水平沉积速率,m/s
K_C	分离因数	u_i	旋风分离器的进口气速,m/s
l	降尘室长度,m	u_r	离心沉降速度或径向速度,m/s
L	滤饼厚度或床层高度,m	u_R	恒速阶段的过滤速度,m/s
L_0	固定床高度,m	u_t	沉降速度或带出速度,m/s
n	转速,r/min	u_T	切向速度,m/s
n_0	单位面积分布板上的孔数,个$/m^2$	V_s	体积流量,m^3/s
N_e	旋风分离器内气体的有效回转圈数	w	悬浮物系中分散相的质量流量,kg/s
Δp	压强降或过滤推动力,Pa	W	单位体积床层的颗粒质量,kg/m^3
Δp_b	床层压强降,Pa	x	悬浮物系中分散相的质量分数
Δp_d	分布板压强降,Pa		

希腊字母

α	转筒过滤机的浸没角度数	ρ_b	堆积密度,kg/m^3
ε	床层空隙率	ρ_s	固相或分散相密度,kg/m^3
ζ	阻力系数	τ	过滤时间,s
η	分离效率	τ_D	辅助操作时间,s
θ	停留时间,s	τ_e	过滤介质的当量操作时间,s
θ_t	沉降时间,s	τ_w	洗涤时间,s
μ	流体黏度或滤液黏度,$Pa \cdot s$	ϕ_s	形状系数或颗粒球度
μ_w	洗水黏度,$Pa \cdot s$	ψ	转筒过滤机的浸没角度
ρ	流体密度,kg/m^3		

下标

a	空气	w	洗涤
b	浮力、床层	1	进口
c	离心、临界、滤饼或滤渣	2	出口
d	阻力	i	进口
e	当量、有效	m	介质
f	进料	r	径向
g	重力	R	等速过滤阶段
t	终端	s	固相或分散相
T	切向		

第4章

传　热

4.1 概述

传热学是研究由温度差引起的热量传递规律的一门科学。

传热学的应用十分广泛。几乎所有的工程领域都会遇到一些在特定条件下的传热问题，包括有传质同时发生的复杂传热问题。例如，在评价锅炉、制冷机、换热器和反应器等各类动力装置的设备大小、能力和技术经济指标时，就必须进行详细的传热设计；一些工作在高温环境中的部件，如燃气轮机的透平叶片和燃烧室能否在设计工况下正常、长期地运行，将取决于保护金属材料的冷却措施是否可靠、合适，同时还必须重视热应力和由此引起的形变等问题；许多新兴技术设备，如原子反应堆的堆芯、大功率火箭的喷管、集成的电子器件和要求重返地面的航天飞行器等，成功的设计都必须严密控制传热情况，维持合理的预期工作温度；在机械制造工艺方面，不仅热加工工程牵涉温度分布及其随时间变化速率的控制问题，精密机床的切削速度也会引起刀具和工件的发热，影响加工精度和刀具寿命。所有这些列举的传热问题，归纳起来有两种类型：一类是着眼于传热速率及其控制问题，或者增强传热、缩小设备尺寸或提高生产力，或者消弱传热，避免散热损失或保持设备正常运行的温度控制；另一类则着眼于温度分布及其控制问题，要解决这些问题，都需要以传热学理论为支撑。

近些年来，能源技术、环境技术、材料技术、信息技术和空间技术等现代科学技术的进步给传热学学科提出了许多新的研究课题；涉及太阳能、地热能等新能源开发利用中的产热、蓄热和放热等问题；涉及空间技术中的微重力场下的传热问题；涉及材料技术中的微尺度传热问题。这些现代科学技术的发展同时也推动了传热学学科的不断发展，促进传热学的理论体系日趋完善，内容不断充实，研究手段也更加完备。可以说传热学是现代技术科学中充满活力的主要基础学科之一。

传热在自然界、工业生产、日常生活中普遍存在，化工生产与传热的关系尤为密切，这是因为化工生产中的很多过程和单元操作都需要进行加热或冷却。进行传热的目的通常是：

① 加热或冷却，使物料达到指定的温度；

② 换热，以回收利用热量或冷量；

③ 保温，以减少热量或冷量的损失。

由此可见，传热过程普遍地存在于化工生产中，了解和掌握传热的基本规律，在化学工程中具有非常重要的意义。化工生产中对传热过程的要求经常有以下两种情况：

① 强化传热过程：在传热设备中加热或冷却物料，要求热量传递速率越大越好；

② 削弱传热过程：设备及管道的保温，要求热量传递速率越小越好。

4.1.1 稳态传热与非稳态传热

生产中的传热过程既可以连续进行也可以间歇进行。

若在传热过程中，物系各点温度不随时间变化的热量传递过程，称为稳态传热。连续进行的传热过程大都属于稳态传热。

若在传热过程中，物系各点温度随时间变化的热量传递过程，称为非稳态传热。间歇进行的传热过程和连续生产中开、停车或改变操作参数时的传热过程属于非稳态传热。

化工生产过程的传热大都属于稳态传热。因此，本章讨论的内容均属于稳态传热。

4.1.2 冷热流体的接触方式

按冷、热流体的接触情况，传热过程分为直接接触式、间壁式、蓄热式，每种方式所用换热设备的结构也迥然不同。

(1) 直接接触式换热器

直接接触式换热器亦称混合式换热器。在此类换热器中，冷热流体直接接触，相互混合传递热量。该类型换热器结构简单，传热效率高，适用于冷热流体允许直接混合的场合。在多数情况下，工艺上不允许冷、热流体直接接触，故直接接触式换热器在工业上应用并不很多。

(2) 间壁式换热器

间壁式换热器是冷热流体被固体壁面隔开，互不接触，热量由热流体通过壁面传给冷流体。该类型换热器适用于冷热流体不允许混合的场合。间壁式换热器应用广泛，形式多样，各种管壳式和板式结构的换热器均属此类。

(3) 蓄热式换热器

蓄热式换热器又称蓄热器，是由热容较大的蓄热室构成，室内可充填耐火砖等填料，热流体通过蓄热室时将室内填料加热，然后冷流体通过蓄热室时将热量带走。这样冷热流体交替通过同一蓄热室时，蓄热室即可将热量传递给冷流体，达到换热的目的。这类换热器结构较为简单，耐高温，常用于高温气体热量的回收与冷却。其缺点是设备体积庞大，且不能完全避免两种流体的混合。

4.1.3 载热体及其选择

物料在换热器内被加热或冷却时，通常需要用另一种流体供给或取走热量，此种流体称为载热体。其中起加热作用的载热体称为加热剂或加热介质；起冷却作用的载热体称为冷却剂或冷却介质。

工业上常用的加热剂有热水、饱和水蒸气、矿物油、联苯混合物、熔盐及烟道气等。它们所使用的温度范围见表 4-1。若所需的加热温度很高，则需采用电加热。

表 4-1 常用加热剂及其适用温度范围

加热剂	热水	饱和水蒸气	矿物油	联苯混合物	熔盐（KNO$_3$ 53%，NaNO$_2$ 40% NaNO$_2$7%）	烟道气
适用温度/℃	40~100	100~180	180~250	255~380	142~530	500~1000

工业上常用的冷却剂有水、空气和各种冷冻剂。水和空气可将物料最低冷却至环境温度，其值随地区和季节而异，一般不低于 20~30℃。在水资源紧缺的地区，宜采用空气冷却。一些常用冷却剂及其适用温度范围见表 4-2。

表 4-2 常用冷却剂及其适用温度范围

冷却剂	水（自来水、河水、井水）	空气	盐水	氨蒸气
适用温度/℃	0~80	>30	0~-15	<-15~-30

对一定的传热过程，待加热或冷却物料的初始及终了温度由工艺条件决定，因此需要提供或移出的热量是一定的。此热量的多少决定了传热过程的基本费用。但必须指明，单位热量的价格因载热体而异。例如当加热时，温度要求越高，价格越贵；当冷却时温度要求越低，价格越贵。因此，为了提高传热过程的经济效益，必须根据具体情况选择适当温位的载热体。同时选择载热体时还应考虑以下原则：

① 载热体的温度易调节控制；
② 载热体的饱和蒸气压较低，加热时不易分解；
③ 载热体的毒性小，不易燃、易爆，不易腐蚀设备；
④ 价格便宜，来源容易。

4.1.4 传热速率与热流密度

传热过程的速率可用两种方式表示。

① 传热速率 Q 是指单位时间内通过传热面的热量，单位为 W。传热速率也称热流量。传热速率是传热过程的基本参数，用来表示换热器传热的快慢。整个换热器的传热速率称为热负荷，它表征了换热器的生产能力。

② 热流密度 q 是指单位时间内通过单位传热面积的热量，即单位传热面积的传热速率，单位为 W/m^2。由于换热器的传热面积可用圆管的内表面积、外表面积或者平均面积表示，因此相应的 q 的数值各不相同，计算时应标明选择的基准面。热流密度又称为热通量。

传热速率与热流密度的关系为

$$q = \frac{dQ}{dA} \tag{4-1}$$

4.1.5 传热的基本方式

根据传热机理不同，传热的基本方式有三种：热传导（导热）、热对流和热辐射。

(1) 热传导

物体各部分之间不发生相对位移，依靠原子、分子、自由电子等微观粒子的热运动而引起的热量传递，称为热传导，简称导热。当物体内部或两个直接接触的物体之间存在温度差时，物体中温度较高部分的分子因振动而与相邻的分子碰撞，并将能量的一部分传给后者，热能就从物体的温度较高部分传向温度较低部分。热传导存在于静止物质内或垂直于热流方向的层流底层中。热传导在固体、液体和气体中均可进行，但它的微观机理因物态而异。在金属固体中，依靠自由电子的迁移运动，在不良导体的固体和大部分液体中，依靠原子、分子碰撞而传递热量，在气体中，热传导是依靠分子的不规则运动而进行的。

（2）热对流

流体各部分之间发生相对位移所引起的热量传递，称为热对流，简称对流。热对流仅发生在流体中。热对流过程中往往伴有热传导。若流体的运动是由于受到外力的作用（如风机、泵或其他外界压力等）所引起的，则称为强制对流；若流体的运动是由于流体内部冷、热部分的密度不同而引起的，则称为自然对流。在流体进行强制对流传热的同时往往伴随着自然对流。

在化工传热过程中，常遇到的并非单纯热对流方式，而是流体流过固体表面时的热对流和热传导联合作用的传热过程。工程中通常将流体和固体壁面之间的传热称为对流传热。它的特点是靠近壁面附近的流体层中依靠热传导方式传热，而在流体主体中则主要依靠热对流方式传热。由此可见，对流传热与流体流动状况密切相关。虽然热对流是一种基本的传热方式，但是由于它总伴随着热传导，要将两者分开处理是困难的。因此，一般并不讨论单纯的热对流，而是着重讨论具有实际意义的对流传热。

（3）热辐射

因热的原因而产生的电磁波在空间的传递，称为热辐射。任何物体，只要其绝对温度大于零度，物体都会不依靠任何介质以电磁波的形式向外界辐射能量，当遇到能够吸收辐射能的物质时，被其部分或全部接受后，又重新转变为热能，辐射传热即是物体间相互辐射和吸收能量的总结果。辐射传热不仅有能量的传递，而且还有能量形式的转换，此外，辐射能可以在真空中传播，不需要任何物质做媒介。这些是和热传导、热对流的不同之处。热辐射的电磁波波长在 $0.38\sim100\mu m$ 范围内，属于可见光和红外线范围。

实际上，上述三种传热方式很少单独存在，而是两种或者三种传热方式的组合，称为复杂传热。如化工生产中广泛应用的间壁式换热器，热量从热流体经间壁（如管壁）传向冷流体的过程，是以导热和对流两种方式进行的。

4.1.6 两流体通过间壁的传热过程

两流体通过间壁的传热过程由对流、导热、对流三个过程串联组成。如图4-1所示。

① 热流体以对流方式将热量传递到间壁的左侧 Q_1；

② 热量从间壁的左侧以热传导的方式传递到间壁的右侧 Q；

③ 最后以对流方式将热量从间壁的右侧传递给冷流体 Q_3。

热流体沿流动方向温度不断下降，而冷流体温度不断上升，即在不同的空间位置温度是不同的，但对于某一固定位置，温度不随时间而变，属于稳态传热过程。

$$Q_1=Q_2=Q_3=Q \qquad (4-2)$$

流体与固体壁面之间的传热以对流为主，并伴有分子热运动引起的热传导，因此，要掌握传热过程的原理，首先要分别研究热传导和对流传热的基本原理。

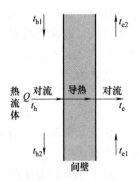

图4-1 间壁两侧流体的传热过程

4.2 热传导

对传热目前还难以进行严格数学求解问题，可通过实验测定得出计算式。导热过程是最容易进行数学处理的一种热量传递方式，对传热学的深入学习就从导热问题开始。

本小节着重讨论稳态导热问题，首先引出导热基本定律的最一般的数学表达式，然后介绍导热微分方程及相应的初始和边界条件，它们构成导热问题完整的数学描述。在此基础上，针对几个典型的一维导热问题进行分析求解，以获得物体中的温度分布和热量计算式。

4.2.1 基本概念和傅里叶定律

由热传导方式引起的热传递速率（简称导热速率）取决于物体内部的温度分布情况。

(1) 温度场和等温面

在某一瞬间，物系内所有各点温度分布的总和，称为温度场。通常，温度场是空间坐标和时间的函数，即

$$t = f(x, y, z, \theta) \tag{4-3}$$

式中　　t——温度，℃；x，y，z——空间坐标；θ——时间，s。

若温度场中温度只沿着一个坐标方向变化，则称为一维温度场。一维温度场的温度分布表达式为

$$t = f(x, \theta) \tag{4-4}$$

如果温度场内各点温度随时间而改变，则称为非稳态温度场；若温度不随时间而改变，则称为稳态温度场。稳态温度场的数学表达式为

$$t = f(x, y, z) \tag{4-5}$$

若稳态温度场中温度仅沿一个坐标方向发生变化，此温度场称为一维稳态温度场。一维稳态温度场的数学表达式为

$$t = f(x) \tag{4-6}$$

温度场中，同一时刻相同温度各点组成的面，称为等温面。因为空间同一点不能同时具有两个不同的温度，所以温度不同的等温面彼此不相交。

(2) 温度梯度

沿等温面上没有温度变化，因此没有热量传递。如图 4-2 所示，在穿越等温面的方向上才有热量传递。温度随距离的变化率，以等温面的法线方向上最大。通常将两相邻等温面的温度差 Δt 与距两面间的垂直距离 Δn 之比值的极限称为温度梯度，记作 grad t。数学表达式为

$$\operatorname{grad} t = \lim_{\Delta t \to 0} \frac{\Delta t}{\Delta n} = \frac{\partial t}{\partial n} \tag{4-7}$$

温度梯度是矢量，其方向垂直于等温面，并以温度增加的方向为正。

对于一维的温度场，温度梯度可表示为

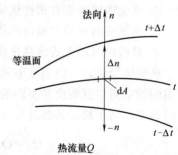

图 4-2　温度梯度

$$\operatorname{grad} t = \frac{\mathrm{d}t}{\mathrm{d}x} \tag{4-8}$$

（3）傅里叶定律和热导率

物系内的温度梯度是热传导的推动力。傅里叶定律是热传导的基本定律，它表示热传导的速率与温度梯度和垂直于热流方向的导热面积成正比，即

$$Q \propto A \frac{\partial t}{\partial n} \tag{4-9}$$

$$Q = -\lambda A \frac{\partial t}{\partial n} \tag{4-10}$$

（负号表示热流方向与温度梯度方向相反，见图4-2。）

式中　Q——导热速率，即单位时间传导的热，其方向与温度梯度方向相反，和热流方向相同，是向量，W；

　　　λ——比例系数，称为热导率（导热系数），W/(m·K) 或 W/(m·℃)；

　　　A——导热面积，即垂直于热流方向的截面积，m^2；

　$\frac{\partial t}{\partial n}$——温度梯度，℃/m。

傅里叶定律也可以表示为

$$q = \frac{Q}{A} = -\lambda \frac{\partial t}{\partial n} \tag{4-11}$$

式中　q——热流密度，W/m。

将式（4-10）和式（4-11）改写为

$$\lambda = -\frac{Q}{A \frac{\partial t}{\partial n}} = -\frac{q}{\frac{\partial t}{\partial n}} \tag{4-12}$$

上式即为热导率的定义式。由此可知，热导率在数值上等于单位温度梯度下的热通量。因此，热导率的大小表征物质的导热能力的大小，λ 越大，导热性能越好。λ 是物质的一个重要的物性参数。热导率的数值和物质的种类（固、液、气）、组成、结构、温度及压强有关。

工程计算采用的各种物质的热导率的数值都是专门实验测定出来的。测定热导率的方法有稳态法和非稳态法两大类，傅里叶导热定律是稳态法测定的基础。各种物质的热导率通常用实验方法测定。各种物质的热导率差别很大。一般，金属的热导率最大，非金属次之，液体的较小，而气体的最小。各类物质的热导率的范围见表4-3。

表 4-3　热导率的范围

物质种类	热导率 $\lambda/[W/(m \cdot K)]$	物质种类	热导率 $\lambda/[W/(m \cdot K)]$
纯金属	100～1000	液态金属	30～300
非金属液体	0.5～5	气体	0.005～0.5
金属合金	50～500	非金属固体	0.05～50
绝热材料	0.05～1		

在所有固体中，金属是最好的导热体。纯金属的热导率一般随温度升高而降低。金属的热导率大多随其纯度的增高而增大，因此合金的热导率一般比纯金属要低。如含碳1%的普通碳钢的热导率为 45W/(m·K)，不锈钢的热导率仅为 16W/(m·K)。非金属建筑材料和绝热材料的热导率与温度、组成及结构的紧密程度有关。通常热导率值随密度的增加而增大，也随温度升高而增大。

大多数均质的固体材料，其热导率与温度近似成直线关系，可用下式表示

$$\lambda = \lambda_0(1 + a_\lambda t) \tag{4-13}$$

式中　λ——固体在 $t\,℃$ 时的热导率，$W/(m \cdot ℃)$；

　　　λ_0——固体在 $0\,℃$ 时的热导率，$W/(m \cdot ℃)$；

　　　t——温度，℃；

　　　a_λ——温度系数，对大多数金属材料为负值，对大多数非金属材料为正值，$℃^{-1}$。

常用固体材料的热导率见表 4-4。

表 4-4　常用固体材料的热导率

固体	温度 $t/℃$	热导率 λ /[$W/(m \cdot ℃)$]	固体	温度 $t/℃$	热导率 λ /[$W/(m \cdot ℃)$]
铝	300	230	石棉板	50	0.17
铜	100	377	石棉	0~100	0.15
熟铁	18	61	保温砖	0~100	0.12~0.21
铸铁	53	48	建筑砖	20	0.69
银	100	412	绒毛毡	0~100	0.047
钢(1% C)	18	45	棉毛	30	0.050
不锈钢	20	16	玻璃	30	1.09
石墨	0	151	软木	30	0.043

习惯上把热导率小的材料称为保温材料（又称隔热材料或绝热材料）。至于小到多少才算是保温材料则与各国的具体情况有关。我国国家标准规定，凡平均温度不高于 350℃ 时热导率不大于 $0.12\,W/(m \cdot ℃)$ 的材料称为保温材料，矿渣棉、硅藻土等都属于这类材料。值得指出，保温材料系数界定值的大小反映了一个国家保温材料的生产及节能技术的水平。20世纪 50 年代我国沿用苏联的标准，这一界定值取为 $0.23\,W/(m \cdot K)$，到 20 世纪 80 年代，GB 4272—1984 规定为 $0.14\,W/(m \cdot K)$，而在 GB 4272—1992 中则降低到 $0.12\,W/(m \cdot K)$。

4.2.2　平壁的热传导

(1) 单层平壁

图 4-3 所示为一平壁。壁厚为 b，壁的面积为 A，假定平壁的材质均匀，热导率 λ 不随温度变化，视为常数，平壁的温度只沿着垂直于壁面的 x 轴方向变化，故等温面皆为垂直于 x 轴的平行平面。若平壁侧面的温度 t_1 及 t_2 不随时间而变化，则该平壁的热传导为一维稳态热传导。导热速率 Q、传热面积 A 均为恒定值，傅里叶定律可以表示为

$$Q = -\lambda A \frac{\mathrm{d}t}{\mathrm{d}x}$$

当 $x=0$ 时，$t=t_1$；$x=b$ 时，$t=t_2$，且 $t_1 > t_2$，积分上式可得

$$Q \int_0^b \mathrm{d}x = -\lambda A \int_{t_1}^{t_2} \mathrm{d}t$$

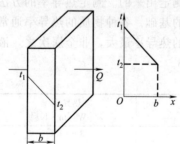

图 4-3　单层平壁热传导

求得导热速率方程式

$$Q = \frac{\lambda}{b} A(t_1 - t_2) \tag{4-14}$$

或

$$Q = \lambda A \frac{t_1 - t_2}{b} = \frac{t_1 - t_2}{\dfrac{b}{\lambda A}} = \frac{\Delta t}{R} \tag{4-15}$$

或

$$q = \frac{Q}{A} = \frac{t_1 - t_2}{\dfrac{b}{\lambda}} = \frac{\Delta t}{r} \tag{4-16}$$

式中　b——平壁厚度，m；Δt——温度差，导热的推动力，K 或 ℃；R——导热热阻，K/W或℃/W；r——单位传热面积的导热热阻，$m^2 \cdot K/W$ 或 $m^2 \cdot ℃/W$。

由式（4-15）、式（4-16）可以看出，导热速率与传热推动力成正比，与热阻成反比。壁厚 b 越厚，传热面积 A 与热导率 λ 越小，则热阻越大。若将上两式与电学欧姆定律（$I = \dfrac{U}{R}$）相比较，两者形式完全类似，可以归纳得到自然界中传热过程的普遍关系为

$$过程传递速率 = \frac{过程推动力}{过程阻力}$$

> 应用热阻的概念，对传热过程的分析和计算都十分有用。由于系统中任一段的热阻与该段的温度差成正比，利用这一关系可以计算界面温度或物体内温度分布。反之，可从温度分布情况判断各部分热阻的大小。此外，还可以利用并、串联电阻的计算方法来类比计算复杂导热过程的热阻。

设壁厚 x 处的温度为 t，则由式（4-14）可得

$$Q = \frac{\lambda A}{x}(t_1 - t) \tag{4-17}$$

即

$$t = t_1 - \frac{Q}{\lambda A}x \tag{4-18}$$

或

$$t = t_1 - \frac{q}{\lambda}x \tag{4-19}$$

式（4-18）、式（4-19）即为平壁的温度分布关系式，由此可以看出平壁内温度沿壁厚呈直线关系。

【例 4-1】　现有一平壁，厚度为 400mm，内壁温度为 600℃，外壁温度为 200℃。试求：（1）通过平壁的导热通量，W/m^2；（2）平壁内距内壁 150mm 处的温度。已知该温度范围内砖壁平均热导率 $\lambda = 0.6W/(m \cdot ℃)$。

解：（1）

$$q = \frac{Q}{A} = \frac{t_1 - t_2}{\dfrac{b}{\lambda}} = \frac{600 - 200}{\dfrac{0.4}{0.6}} = 600W/m^2$$

（2）由式（4-19）得

$$t = t_1 - \frac{q}{\lambda}x = 600 - \frac{600}{0.6} \times 0.15 = 450℃$$

(2) 多层平壁

工业上常遇到由多层不同材料组成的平壁，称为多层平壁。如生产工业普通砖用的窑炉，其炉壁通常由耐火砖、保温砖、普通建筑砖组成。下面以三层平壁为例，讨论多层平壁

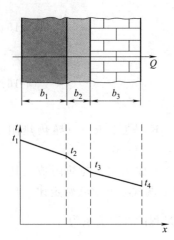

图 4-4　多层平壁的稳态热传导

的稳态热传导问题。如图 4-4 所示，假设各层平壁的厚度分别为 b_1、b_2、b_3，各层材质均匀，热导率分别为 λ_1、λ_2、λ_3，皆可视为常数，层与层之间接触良好，相互接触的表面上温度相等，各等温面亦皆为垂直于 x 轴的平行平面。平壁的面积为 A，在稳态热传导过程中，通过各层的导热速率必相等。与单层平壁同样处理，可得下列方程。

第一层　　　$Q_1 = \lambda_1 A \dfrac{t_1 - t_2}{b_1} = \dfrac{\Delta t_1}{\dfrac{b_1}{\lambda_1 A}}$

第二层　　　　　　$Q_2 = \dfrac{\Delta t_2}{\dfrac{b_2}{\lambda_2 A}}$

第三层　　　　　　$Q_3 = \dfrac{\Delta t_3}{\dfrac{b_3}{\lambda_3 A}}$

对于稳态热传导过程：$Q_1 = Q_2 = Q_3 = Q$。根据等比定律可得

$$Q = \frac{\Delta t_1 + \Delta t_2 + \Delta t_3}{\dfrac{b_1}{\lambda_1 A} + \dfrac{b_2}{\lambda_2 A} + \dfrac{b_3}{\lambda_3 A}}$$

因 $\Delta t = t_1 - t_4 = \Delta t_1 + \Delta t_2 + \Delta t_3$，故上式亦可写成下面形式

$$Q = \frac{\Delta t_1 + \Delta t_2 + \Delta t_3}{R_1 + R_2 + R_3} = \frac{t_1 - t_4}{R_1 + R_2 + R_3} \tag{4-20}$$

式（4-20）即为三层平壁的热传导速率方程式。

同理，对 n 层平壁，穿过各层导热速率的一般公式为

$$Q = \sum_{i=1}^{n} \Delta t_i \Big/ \sum_{i=1}^{n} \frac{b_i}{\lambda_i A} = (t_1 - t_{n+1}) \Big/ \sum_{i=1}^{n} R_i \tag{4-21}$$

即　　　　　$$Q = \sum_{i=1}^{n} \Delta t_i \Big/ \sum_{i=1}^{n} R_i = 总推动力 / 总阻力 \tag{4-22}$$

式中　i——n 层平壁的壁层序号。

多层平壁热传导是一种串联的传热过程，总推动力与总阻力具有加和性。由式（4-21）和式（4-22）可以看出，串联传热过程的推动力（总温度差）为各分传热过程的温度差之和，串联传热过程的总热阻为各分传热过程的热阻之和，此为串联热阻叠加原则。这与电学中串联电阻的欧姆定律类似。热传导中串联热阻叠加原则，对传热过程的分析及传热计算都是非常重要的。

> 在进行多层平壁导热计算时，如两层固体壁面之间存在静止的流体层（如空气层），则该流体层也要看作一层导热壁来计算。

【例 4-2】　有一锅炉的墙壁由三种保温材料组成。最内层是耐火砖，厚度 $b_1 = 150\text{mm}$，热导率 $\lambda_1 = 1.06\text{W/(m}\cdot\text{℃)}$；中间为保温砖，厚度 $b_2 = 310\text{mm}$，热导率 $\lambda_2 = 0.15\text{W/(m}\cdot\text{℃)}$；最外层为建筑砖，厚度 $b_3 = 200\text{mm}$，热导率 $\lambda_3 = 0.69\text{W/(m}\cdot\text{℃)}$。测得炉的内壁温度为 1000℃，耐火砖与保温砖之间界面处的温度为 946℃。

试求：

（1）单位面积的热损失；（2）保温砖与建筑砖之间界面的温度；（3）建筑砖外侧温度。

解：用下标 1 表示耐火砖，2 表示保温砖，3 表示建筑砖。t_3 为保温砖与建筑砖的界面温度，t_4 为建筑砖的外侧温度。

（1）热损失（即热通量）q

$$q = \frac{Q}{A} = \frac{\lambda_1}{b_1}(t_1 - t_2) = \frac{1.06}{0.15} \times (1000 - 946) = 381.6 \text{W/m}^2$$

（2）保温砖与建筑砖的界面温度 t_3

由于是稳态热传导，所以

$$q_1 = q_2 = q_3 = q$$

$$q = \frac{\lambda_2}{b_2}(t_2 - t_3)$$

$$381.6 = \frac{0.15}{0.31} \times (946 - t_3)$$

解得

$$t_3 = 157.3℃$$

（3）建筑砖外侧温度 t_4

同理

$$q = \frac{\lambda_3}{b_3}(t_3 - t_4)$$

$$381.6 = \frac{0.69}{0.2} \times (157.3 - t_4)$$

解得

$$t_4 = 46.7℃$$

各层温度差与热阻的数值列表如表 4-5 所示。

表 4-5   各层温度差与热阻的数值

保温材料	温度差 $\Delta t/℃$	热阻 $r/(\text{m}^2 \cdot ℃/\text{W})$
耐火砖	$\Delta t_1 = 1000 - 946 = 54$	0.142
保温砖	$\Delta t_2 = 946 - 157.3 = 788.7$	2.070
建筑砖	$\Delta t_3 = 157.3 - 24.6 = 132.7$	0.290

多层平壁的稳态热传导中，热阻大的保温层，分配于该层的温度差亦大，即温度差与热阻成正比。

（3）接触热阻

在上述多层平壁的计算中，假设层与层之间接触良好，两个接触表面具有相同的温度。实际上，不同材料构成的界面之间不可能是理想光滑的，粗糙的界面必增加传导的热阻。此项附加热阻称为接触热阻。由于接触热阻的存在，交界面之间可能出现明显的温度降低。因两个接触面间空穴，而空穴内又充满空气，因此，传热过程包括通过实际接触面的热传导和通过空穴的热传导（高温时还有辐射传热）。一般来说，因气体的热导率很小，接触热阻主要由空穴造成。接触热阻的影响如图 4-5 所示。

接触热阻与接触面材料、表面粗糙度及接触面上压强等因素有关，目前还没有可靠的理论或经验计算公式，主要依靠实验测定。表 4-6 列出几组材料的接触热阻值，以便对接触热阻有数量级的概念。

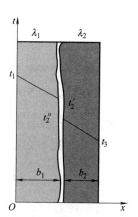

图 4-5   接触热阻的影响

表 4-6　几种接触表面的接触热阻

接触面材料	粗糙度/μm	温度/℃	表压强/kPa	接触热阻/(m²·℃/W)
不锈钢(磨光),空气	2.54	90~200	300~2500	0.264×10^{-3}
铝(磨光),空气	2.54	150	1200~2500	0.88×10^{-4}
铝(磨光),空气	0.25	150	1200~2500	0.18×10^{-4}
铜(磨光),空气	1.27	20	1200~20000	0.7×10^{-5}

若以 r_0 表示单位传热面的接触热阻,通过两层平壁的热通量变为

$$q=\frac{t_1-t_3}{\dfrac{b_1}{\lambda_1}+r_0+\dfrac{b_2}{\lambda_2}} \tag{4-23}$$

4.2.3　圆筒壁的热传导

化工生产中,所用设备、管道及换热器管子多是圆筒形,所以通过圆筒壁的热传导非常普遍,它与平壁热传导的不同处在于圆筒壁的传热面积不是常量,随半径而变,所以 q 不是常数,但 Q 为常量,同时,温度也随半径而变。

(1) 单层圆筒壁

图 4-6 所示,设圆筒的内半径为 r_1,内壁温度为 t_1,外半径为 r_2,外壁温度为 t_2($t_1>t_2$),圆筒的长度为 L,平均热导率 λ 为常数。若圆筒壁的长度超过其外径的 10 倍以上,沿轴向散热可忽略不计,温度只沿半径方向变化,等温面为同心圆柱面。圆筒壁与平壁的不同点是其传热面积随半径而变化。在半径 r 处取一厚度为 dr 的薄层,则半径为 r 处的传热面积为 $A=2\pi rL$。由傅里叶定律,对此薄圆筒层写出传热速率为

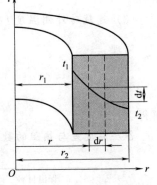

图 4-6　单层圆筒壁稳态热传导

$$Q=-\lambda A\,\frac{\mathrm{d}t}{\mathrm{d}r}=-\lambda 2\pi rL\,\frac{\mathrm{d}t}{\mathrm{d}r}$$

稳态热传导时,Q 为常量,将上式分离变量并积分,得

$$Q\int_{r_1}^{r_2}\frac{\mathrm{d}r}{r}=-2\pi L\lambda\int_{t_1}^{t_2}\mathrm{d}t$$

$$Q\ln\frac{r_2}{r_1}=2\pi L\lambda(t_1-t_2)$$

移项得

$$Q=2\pi L\lambda\frac{t_1-t_2}{\ln\dfrac{r_2}{r_1}}=\frac{t_1-t_2}{\dfrac{1}{2\pi L\lambda}\ln\dfrac{r_2}{r_1}}=\frac{\Delta t}{R} \tag{4-24}$$

式 (4-24) 即为单层圆筒壁的稳态热传导速率方程式。该式可以进行下面的转换,写成与平壁热传导速率方程式相似的形式。

$$Q=\frac{2\pi L(r_2-r_1)\lambda(t_1-t_2)}{(r_2-r_1)\ln\dfrac{2\pi r_2 L}{2\pi r_1 L}}=\frac{(A_2-A_1)\lambda(t_1-t_2)}{(r_2-r_1)\ln\dfrac{A_2}{A_1}}$$

$$\tag{4-25}$$

$$=\lambda A_{\mathrm{m}}\frac{t_1-t_2}{b}=\frac{t_1-t_2}{\dfrac{b}{\lambda A_{\mathrm{m}}}}$$

式中　b——圆筒壁的厚度，$b=r_2-r_1$，m；A_m——对数平均面积，$A_m=\dfrac{A_2-A_1}{\ln\dfrac{A_2}{A_1}}$，$m^2$，

当 $A_2/A_1\leqslant 2$ 时，可用算术平均值 $A_m=\dfrac{A_1+A_2}{2}$ 近似计算。

设距圆筒内壁 x 处的温度为 t，则由式（4-24）可得

$$Q=2\pi L\lambda\,\frac{t_1-t}{\ln\dfrac{r}{r_1}}$$

即

$$t=t_1-\frac{Q}{2\pi L\lambda}\ln\frac{r}{r_1} \tag{4-26}$$

式（4-26）即为圆筒壁的温度分布关系式，由此可以看出圆筒壁内温度沿半径呈对数曲线关系。

(2) 多层圆筒壁

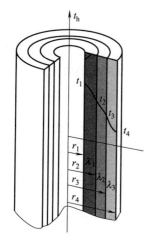

图 4-7　多层圆筒壁的
稳态热传导

多层圆筒壁在工程上也是经常遇到的，如蒸汽管道的保温。热量由多层圆筒壁的最内壁传导到最外壁，依次经过各层，所以多层圆筒壁的导热过程可视为是各单层圆筒壁串联进行的导热过程。对稳态导热过程，单位时间内由多层壁所传导的热量，与经过各单层壁所传导的热量相等。以三层圆筒壁为例。如图 4-7 所示，假定各层壁厚分别为 $b_1=r_2-r_1$，$b_2=r_3-r_2$，$b_3=r_4-r_3$；各层材料的热导率 λ_1、λ_2、λ_3 皆视为常数，层与层之间接触良好，相互接触的表面温度相等，各等温面皆为同心圆柱面。多层圆筒壁的热传导计算，可参照多层平壁。

第一层　　　　$Q_1=\dfrac{2\pi L\lambda_1(t_1-t_2)}{\ln\dfrac{r_2}{r_1}}$

第二层　　　　$Q_2=\dfrac{2\pi L\lambda_2(t_2-t_3)}{\ln\dfrac{r_3}{r_2}}$

第三层　　　　$Q_3=\dfrac{2\pi L\lambda_3(t_3-t_4)}{\ln\dfrac{r_4}{r_3}}$

稳态热传导　　　　$Q_1=Q_2=Q_3=Q$

根据各层温度差之和等于总温度差的原则，整理上三式可得

$$Q=\frac{2\pi L(t_1-t_4)}{\dfrac{1}{\lambda_1}\ln\dfrac{r_2}{r_1}+\dfrac{1}{\lambda_2}\ln\dfrac{r_3}{r_2}+\dfrac{1}{\lambda_3}\ln\dfrac{r_4}{r_3}} \tag{4-27}$$

同理，对于 n 层圆筒壁，热传导的一般公式为

$$Q=\frac{2\pi L(t_1-t_{n+1})}{\displaystyle\sum_{i=1}^{n}\frac{1}{\lambda_i}\ln\frac{r_{i+1}}{r_i}} \tag{4-28}$$

式中　i——n 层圆筒壁的壁层序号。

可以写成与多层平壁计算公式相仿的形式：

$$Q=\frac{t_1-t_4}{\dfrac{b_1}{\lambda_1 A_{m1}}+\dfrac{b_2}{\lambda_2 A_{m2}}+\dfrac{b_3}{\lambda_3 A_{m3}}} \tag{4-29}$$

式中　A_{m1}，A_{m2}，A_{m3}——各层圆筒壁的对数平均面积，m^2。

此式与多层平壁的传导相比，可见，圆筒壁导热的总推动力亦是总温度差，总热阻也是各层热阻之和，只是计算各层热阻所用的传热面积不相等而应采用各自的平均面积。

由多层平壁或多层圆筒壁热传导的公式可见，多层壁的总热阻等于串联的各层热阻之和，传热速率正比于总温度差，反比于总热阻，即

$$传热速率=\frac{总温差}{总热阻}$$

> 对于圆筒壁的稳态传热导，通过各层的热传导速率 Q 都是相同的，但热通量 q 却都不相等(因为各层圆筒壁的内、外表面积均不相等)，而多层平壁导热的热传导速率 Q 均相同，热通量 q 也均相同。另外，即使热导率 λ 为常数，圆筒壁内的温度分布也不是直线，而是曲线。

【例 4-3】 为了减少热损失，在 $133mm×4mm$ 的蒸汽管道外层包扎一层厚度 $50mm$ 的石棉层，其平均热导率 $\lambda_2=0.2W/(m·℃)$。蒸汽管道内壁温度为 $180℃$，要求石棉层外侧温度为 $50℃$，管壁的热导率 $\lambda_1=45W/(m·℃)$。试求每米管长的热损失及蒸汽管道外壁的温度。

解： 此题为多层圆筒壁稳态热传导

$$r_1=\frac{0.133-0.004×2}{2}=0.0625，\quad t_1=180℃$$

$$r_2=0.0625+0.004=0.0665m，\quad r_3=0.0665+0.05=0.1165m，\quad t_3=50℃$$

每米管长的热损失

$$\frac{Q}{L}=\frac{2\pi(t_1-t_3)}{\dfrac{1}{\lambda_1}\ln\dfrac{r_2}{r_1}+\dfrac{1}{\lambda_2}\ln\dfrac{r_3}{r_2}}=\frac{2\pi(180-50)}{\dfrac{1}{45}\ln\dfrac{0.0665}{0.0625}+\dfrac{1}{0.2}\ln\dfrac{0.1165}{0.0665}}=291.07W/m$$

由于圆筒壁稳态热传导，每米管长的热损失相等，即

$$291.07=\frac{2\pi(t_1-t_2)}{\dfrac{1}{\lambda_1}\ln\dfrac{r_2}{r_1}}=\frac{2\pi(180-t_2)}{\dfrac{1}{45}\ln\dfrac{0.0665}{0.0625}}$$

解得 $t_2=179.9℃$。

(3) 保温层的临界直径

化工管路外常需要保温，以减少热量（或冷量）的损失。由于金属管壁所引起的热阻与保温层的相比一般较小，可以忽略不计，因此管内、外壁温度可视为相同。通常热损失随保温层厚度的增加而减少。但是在小直径圆管外包扎性能不良的保温材料，随保温层厚度增加，可能反而使热损失增大，下面分析其原因。

如图 4-8 (a) 所示，假设保温层内表面温度为 t_1，环境温度为 t_f，保温层内、外半径分别为 r_i 和 r_0。此时传热过程包括保温层的热传导和保温层外壁与环境空气的对流传热。对流传热热阻为 $1/(A\alpha)$，此处 A 为传热面积（等于 $2\pi r_0 L$），α 为对流传热系数，其单位为 $W/(m^2·℃)$。因此热损失可表示为

$$Q=\frac{总推动力}{总阻力}=\frac{t_1-t_f}{R_1+R_2}=\frac{t_1-t_f}{\dfrac{1}{2\pi L\lambda}\ln\dfrac{r_0}{r_i}+\dfrac{1}{2\pi r_0 L\alpha}} \tag{4-30}$$

式中，R_1 为保温层的热传导热阻；R_2 为保温层外壁与空气的对流传热热阻。

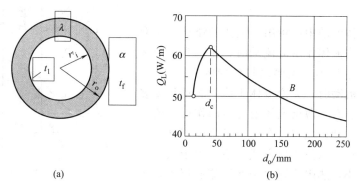

图 4-8 保温层的临界直径

从上式可看出，当保温层厚度增加（即 r_i 不变、r_o 增大）时，热阻 R_1 虽然增大，但是热阻 R_2 反而下降，因此有可能使总热阻（R_1+R_2）下降，导致热损失增大。为此，可通过式（4-30）对 r_o 求导，解得一个 Q 为最大值时的临界半径，即

$$\frac{\mathrm{d}Q}{\mathrm{d}r_o}=\frac{-2\pi L(t_1-t_f)\left(\dfrac{1}{\lambda r_o}-\dfrac{1}{\alpha r_o^2}\right)}{\left(\dfrac{\ln r_o/r_i}{\lambda}+\dfrac{1}{r_o\alpha}\right)^2}=0$$

整理得 $r_o=\dfrac{\lambda}{\alpha}$。

习惯上以 r_c 表示 Q 最大时的临界半径，故

$$r_c=\frac{\lambda}{\alpha} \tag{4-31}$$

或

$$d_c=\frac{2\lambda}{\alpha} \tag{4-31a}$$

式中，d_c 为保温层的临界直径，它是对应热量损失最大的保温层直径。若保温层的外径小于 d_c，则增加保温层的厚度反而使热损失增大。只有在 $d_o>2\lambda/\alpha$ 下，增加保温层的厚度才使热损失减少。由此可知，对管径较小的管路包扎热导率 λ 较大的保温材料时，需要核算 d_o 是否小于 d_c。例如，在管径为 15mm 的管道外保温，若保温材料的 λ 为 0.14W/(m·℃)，外表面对环境空气的对流传热系数 α 为 10W/(m^2·℃)，则相应的临界直径为 28mm，这样若保温层不够厚，有可能使热损失增大。一般电线外包扎胶皮后，其直径小于 d_c，因此有利于电线的散热。图 4-8（b）中绘出了 Q_L 随 d_o 的变化情况。图中表明，d_o 大于图中 B 点所对应的数值后，保温才有实际意义。

另外，在包有两层相同厚度保温材料的圆形管道上，应该将 λ 值小的材料包在内层，其原因是减小热损失，降低壁面温度。

4.3 对流传热

4.3.1 对流传热过程分析

工业上遇到的对流传热，常指间壁式换热器中两侧流体与固体壁面之间的热交换，即流

体将热量传给固体壁面或者由壁面将热量传给流体的过程。

在第 1 章流体流动中已指出，流体的流动类型存在层流与湍流。当流体作层流流动时，在垂直于流体流动方向上的热量传递，主要以热传导的方式进行。而当流体为湍流流动时，无论流体主体的湍动程度多大，紧邻壁面处总有一薄层流体沿着壁面作层流流动（即层流底层），同理，此层内在垂直于流体流动方向上的热量传递，仍是以热传导方式为主。由于大多数流体的热导率较小，热阻主要集中在层流底层中，温度差也主要集中在该层中。在层流底层与湍流主体之

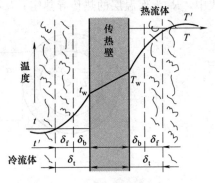

图 4-9　对流传热的温度分布

间存在着一个过渡区，过渡区内的热量传递是导热与对流的共同作用。而在湍流主体中，由于流体质点的剧烈混合，可以认为无传热阻力，即温度梯度为零。在处理上，将有温度梯度存在的区域称为传热边界层，传热的主要热阻即在此层中。图 4-9 中表示对流传热时截面上的温度分布情况。因为管壁的材料为金属，金属的热导率大，热阻很小，所以管壁两侧的温度 T_w 和 t_w 相差很小。

4.3.2　牛顿冷却定律和传热系数

4.3.2.1　牛顿冷却定律

由上述分析可见，对流传热与流体的流动情况及流体的性质有关，其影响因素很多。目前是采用一种简化的方法，即将流体的全部温度差集中在厚度为 δ_t 的有效膜内，如图 4-9 所示。此有效膜的厚度 δ_t 又难以测定，所以在处理上，以 α 代替 λ/δ_t，其计算公式为：

$$Q = \alpha A \Delta t \tag{4-32}$$

式中　Δt——对流传热温度差，℃；α——对流传热系数，$W/(m^2 \cdot K)$ 或 $W/(m^2 \cdot ℃)$。

式（4-32）称为牛顿冷却定律。

热流体与壁面间对流传热可用下式描述：

$$Q = \alpha_h A (T - T_w) \tag{4-33}$$

冷流体侧对流传热关系可表示为

$$Q = \alpha_c A (t_w - t) \tag{4-34}$$

式中　T——热流体平均温度，℃；

　　　T_w——与热流体接触的壁面温度，℃；

　　　t——冷流体的平均温度，℃；

　　　t_w——与冷流体接触的壁面温度，℃；

　　　α_h——热流体侧的对流传热系数，$W/(m^2 \cdot K)$ 或 $W/(m^2 \cdot ℃)$；

　　　α_c——冷流体侧的对流传热系数，$W/(m^2 \cdot K)$ 或 $W/(m^2 \cdot ℃)$。

牛顿冷却定律并非理论推导的结果，它只是一种推论，即假设单位面积传热量 Q 与温度差 Δt 成正比。该公式的形式简单，并未揭示对流传热过程的本质，也未减少计算的困难，只不过将所有复杂因素都转移到对流传热系数 α 中。所以如何确定在各种具体条件下的对流传热系数，是对流传热的中心问题。

4.3.2.2　传热系数

牛顿冷却定律也是对流传热系数的定义式，即

$$\alpha = \frac{Q}{A \Delta t} \qquad (4\text{-}35)$$

由式（4-35）可看出，对流传热系数在数值上等于单位温度差下单位传热面积的对流传热速率。它反映了对流传热的快慢，α 越大，表示对流传热越快。对流传热计算的关键问题是如何求算 α。

4.3.2.3 对流传热系数关联式

(1) 对流传热系数的影响因素

理论分析和实验表明，影响对流传热系数 α 的因素有以下几个方面。

① 流体的物理性质　对 α 影响较大的物性有密度 ρ、比热容 c_p、热导率 λ、黏度 μ 以及对自然对流影响较大的体积膨胀系数 β。对于同一种流体，这些物性又是温度的函数，而其中有些物性还与压强有关。

② 流体的种类和状态　液体、气体、蒸汽及在传热过程中是否有相变化，对 α 均有影响。有相变化时对流传热系数比无相变化时大得多。因此，后面将分别进行讨论。

③ 流体的流动状态　流体的流动状态取决于雷诺数 Re 的大小。Re 越大，流体的湍动程度越大，层流底层的厚度越薄，对流传热系数 α 值越大；反之，则越小。湍流时的对流传热系数 α 远比层流时的大。

④ 流体对流的状况　对流分为自然对流和强制对流，流动的原因不同，其对流传热规律也不相同。

自然对流是流体内部冷（温度 t_1）、热（温度 t_2）各部分的密度不同所产生的浮升力作用而引起的流动。因 $t_2 > t_1$，所以 $\rho_2 < \rho_1$。若流体的体积膨胀系数为 β，则 ρ_1 与 ρ_2 的关系为 $\rho_1 = \rho_2(1 + \beta \Delta t)$，$\Delta t = t_2 - t_1$。单位质量流体由于密度不同所产生的浮升力为

$$\frac{(\rho_1 - \rho_2)g}{\rho_2} = \frac{[(1 + \beta \Delta t)\rho_2 - \rho_2]g}{\rho_2} = \beta g \Delta t$$

强制对流是由于外力的作用，例如泵、搅拌器等迫使流体流动。通常强制对流传热系数要比自然对流传热系数要大几倍至几十倍。

⑤ 传热面的形状、位置及大小　传热面的形状，如管、板、环隙、翅片等；传热面的方位和布置，如垂直放置或水平放置，管束的排列方式；流道尺寸，如管径、管长、板高和进口效应等都将影响对流传热系数。

(2) 对流传热系数的量纲分析

由上述分析可见，影响对流传热的因素很多，故对流传热系数的确定是一个极为复杂的问题。在第 1 章中用量纲分析法求得湍流时的摩擦系数的无量纲数群关系式，这里用同样方法求得对流传热系数的关系式。

对于一定的传热面，流体无相变的对流传热系数的影响因素有流速 u、传热面的特征尺寸 L（对流体流动和传热有决定性影响的尺寸）、流体的黏度 μ、定压比热容 c_p、流体的密度 ρ、流体的热导率 λ、单位质量流体的浮升力 $\beta g \Delta t$，写成函数形式为

$$\alpha = f(u, L, \mu, \lambda, \rho, c_p, \beta g \Delta t) \qquad (4\text{-}36)$$

采用无量纲化方法可以将式（4-36）转化成无量纲形式

$$\frac{\alpha L}{\lambda} = f\left(\frac{L \mu \rho}{\mu}, \frac{c_p \mu}{\lambda}, \frac{L^3 \rho^2 \beta g \Delta t}{\mu^2}\right) \qquad (4\text{-}37)$$

式（4-37）表示无相变条件下，对于一定类型的传热面，对流传热系数无量纲特征数关联式。式中特征数的名称、符号、意义见表 4-7。

表 4-7 特征数的符号和意义

特征数	名称	符号	意义
$\dfrac{\alpha L}{\lambda}$	努塞尔特(Nusselt)数	Nu	表示对流传热系数的影响
$\dfrac{Lu\rho}{\mu}$	雷诺(Reynolds)数	Re	表示流动状态的影响
$\dfrac{c_p\mu}{\lambda}$	普朗特(Prandtl)数	Pr	表示流体物性的影响
$\dfrac{L^3\rho^2\beta g\,\Delta t}{\mu^2}$	格拉晓夫(Grashof)数	Gr	表示自然对流的影响

4.3.2.4　对流传热过程的几个常用特征数

式(4-37)可以表示成

$$Nu = KRe^a Pr^f Gr^h \tag{4-38}$$

或

$$Nu = f(Re, Pr, Gr) \tag{4-39}$$

4.3.2.5　应用特征数关联式应注意的问题

具体的函数关系式由实验确定,所得到特征数关联式是一种半经验的公式,在使用时应注意以下三个问题:

(1) 适用范围

各个关联式都规定了公式的适用范围,这是根据实验数据确定的,使用时不能超过规定 Re、Pr、Gr 等的数值范围。

(2) 特征尺寸

在建立特征数关联式时,通常选用对流体流动和传热产生主要影响的尺寸,作为特征数中的特征尺寸 L。所以特征尺寸的选取根据情况不同而不同。如圆管内对流传热时选用管内径;非圆管对流传热时选用当量直径。因此公式中还说明了特征尺寸的取法,应用时必须按公式规定的特征尺寸进行计算。

(3) 定性温度

流体在对流传热过程中,从进口到出口温度是变化的,确定特征数中流体的物性参数(μ,λ,ρ,c_p)的温度称为定性温度。不同的关联式有不同的确定方法,一般有以下三种方法:

① 取流体的平均温度 $t=(t_1+t_2)/2$,t_1、t_2 分别为流体进出口温度。

② 取壁面的平均温度 t_w。

③ 取流体与壁面的平均温度 $t_m=(t+t_w)/2$。t_m 称为膜温。

在上述的三种定性温度中,由于壁面温度往往是未知量,使用起来比较麻烦,须采用试差法计算,因此工程上大多以流体的平均温度为定性温度。

由于定性温度影响物性数值,对于同样的实验条件,整理得到的特征数关联式也随定性温度发生变化。因此在后面介绍的经验公式中都说明了定性温度的取法,使用时必须按照公式规定的定性温度进行计算。

4.3.3　无相变的对流传热系数的经验关联式

工业生产中常遇到流体无相变时的对流传热情况,对流传热系数关联式为式(4-39) $Nu=f(Re,Pr,Gr)$,包括强制对流和自然对流。在强制对流时,格拉晓夫数 Gr 可忽略不计;而自然对流时雷诺数 Re 可忽略不计。这样式(4-39)可进一步简化为

强制对流 $$Nu = f(Re, Pr) \tag{4-40}$$

自然对流 $$Nu = f(Pr, Gr) \tag{4-41}$$

下面按照强制对流和自然对流两大类，介绍工程上常用的流体无相变时的对流传热系数的经验关联式。

4.3.3.1 圆形直管内强制湍流的传热系数

(1) 低黏度流体

$$Nu = 0.023 Re^{0.8} Pr^n \tag{4-42}$$

即 $$\alpha = 0.023 \frac{\lambda}{d_i} \left(\frac{d_i u \rho}{\mu} \right)^{0.8} \left(\frac{c_p \mu}{\lambda} \right)^n \tag{4-43}$$

当流体被加热时，$n = 0.4$；流体被冷却时，$n = 0.3$；

适用范围：$Re > 10^4$，$0.6 < Pr < 160$，管长与管径之比 $L/d_i \geq 50$，$\mu < 2 \times 10^{-5} \, \text{Pa} \cdot \text{s}$；

特征尺寸：管内径 d_i；

定性温度：流体进、出口温度的算术平均值。

式中的 n 值考虑到层流底层中温度对流体黏度和热导率的影响。流体被加热时，层流底层的温度高于主体温度，流体被冷却时，情况相反。对液体而言，其黏度随着温度的升高而降低，从而使层流底层厚度变薄，而液体的热导率一般随着温度的升高而降低，但其变化不显著，所以总的结果是对流传热系数增大，这就是液体受热时的指数 n 比冷却时高的原因；对气体情况则不同，气体的黏度随着温度的升高而增大，显然层流底层厚度增厚，同时气体温度升高，热导率增大，但其影响不及前者大，所以总的效果是对流传热系数减小。大多数气体的 $Pr < 1$，故气体受热时的指数 n 仍比冷却时大。实验结果表明，受热时 $n = 0.4$、冷却时 $n = 0.3$ 对于气体依然适用。

(2) 高黏度液体

因靠近管壁处的液体黏度与管中心处的黏度相差较大，所以计算对流传热系数时应考虑壁温对黏度的影响，引入一无量纲的黏度比后，方能与实验结果相符。

$$Nu = 0.027 Re^{0.8} Pr^{0.33} \left(\frac{\mu}{\mu_w} \right)^{0.14} \tag{4-44}$$

适用范围：$Re > 10^4$，$0.7 < Pr < 16700$，管长与管径之比 $L/d_i \geq 60$；

特征尺寸：管内径 d_i；

定性温度：除黏度 μ_w 取壁温外，其余均取流体进、出口温度的算术平均值；由于壁温通常较难确定，在壁温未知的情况下，用下式近似计算亦可满足工程计算的需要。

当液体被加热时 $$\left(\frac{\mu}{\mu_w} \right)^{0.14} = 1.05$$

当液体被冷却时 $$\left(\frac{\mu}{\mu_w} \right)^{0.14} = 0.95$$

对于气体，不管是加热或冷却，$\left(\dfrac{\mu}{\mu_w} \right)^{0.14}$ 皆取 1。

4.3.3.2 圆形直管内强制层流的传热系数

流体在管内层流流动时传热较复杂，往往伴有自然对流。只有在小管径，并且流体和壁面的温差较小的情况下，即 $Gr < 25000$ 时，自然对流的影响可忽略不计，此时可采用下述关系式计算对流传热系数。

$$Nu = 1.86 \left(RePr \frac{d_i}{L} \right)^{\frac{1}{3}} \left(\frac{\mu}{\mu_w} \right)^{0.14} \tag{4-45}$$

适用范围：$Re < 2300$，$RePr \dfrac{d_i}{L} > 10$，$0.6 < Pr < 6700$；

特征尺寸：管内径 d_i；

定性温度：除黏度 μ_w 取壁温外，其余均取流体进、出口温度的算术平均值。

当 $Gr > 25000$ 时，自然对流的影响不能忽略，可按式（4-45）计算，然后乘以修正系数 ψ

$$\psi = 0.8(1 + 0.015 Gr^{\frac{1}{3}}) \tag{4-46}$$

4.3.3.3　非圆形管内强制对流的传热系数

对于流体在非圆形管内强制对流时的对流传热系数的计算，上述有关经验关联式均适用，只要将管内径改为当量直径即可。但这种方法计算的结果误差较大。

传热当量直径定义为
$$d'_e = \frac{4 \times 流动截面积}{传热周边} \tag{4-47}$$

注意，流动当量直径 d_e 和传热当量直径 d'_e 定义不同。前者应用于流动阻力的计算，而传热计算中则比较混乱，d'_e 和 d'_e 都可能被选用，究竟采用哪个当量直径，由具体的关联式决定。下面举例区别 d'_e 和 d'_e。

例如，在套管换热器环形截面内，传热当量直径 $d'_e = \dfrac{4 \times \frac{\pi}{4}(d_o^2 - d_i^2)}{\pi d_i} = \dfrac{d_o^2 - d_i^2}{d_i}$

式中　d_o——套管换热器外管内径；d_i——套管换热器内管外径。

而其流动当量直径　$d_e = \dfrac{4 \times 流通截面积}{润湿周边} = \dfrac{4 \times \frac{\pi}{4}(d_o^2 - d_i^2)}{\pi(d_o + d_i)} = d_o - d_i$

对一些常用的非圆形管道，宜采用直接根据实验得到的关联式，如套管环隙的对流传热系数关联式为

$$\alpha = 0.02 \frac{\lambda}{d_e} \left(\frac{d_o}{d_i} \right)^{0.53} Re^{0.8} Pr^{\frac{1}{3}}$$

适用范围：$12000 < Re < 220000$，$1.65 < d_o/d_i < 17$（d_o 为外管内径；d_i 为内管外径）；

特征尺寸：当量直径 $d_e = d_o - d_i$；

定性温度：流体进、出口温度的算术平均值。

【例 4-4】　常压下，空气以 15m/s 的流速在长为 4m、ϕ60mm×3.5mm 的钢管中流动，温度由 160℃升到 240℃。试求管壁对空气的对流传热系数。

解：此题为空气在圆形直管内作强制对流，定性温度 $t = (160 + 240)/2 = 200℃$。

查 200℃时空气的物性数据（附录）如下：$c_p = 1.026 \times 10^3$ J/(kg·℃)，$\lambda = 0.03928$ W/(m·℃)，$\mu = 26.0 \times 10^{-6}$ Pa·s，$\rho = 0.746$ kg/m³，则

$$Pr = \frac{c_p \mu}{\lambda} = \frac{1.026 \times 10^3 \times 26.0 \times 10^{-6}}{0.03928} = 0.68$$

$$Re = \frac{du\rho}{\mu} = \frac{0.053 \times 15 \times 0.746}{26 \times 10^{-6}} = 2.28 \times 10^4 > 10^4$$

特征尺寸 $d_i = 0.060 - 2 \times 0.0035 = 0.053$ m，$L/d_i = 4/0.053 = 75.5 > 60$。

空气被加热，$n=0.4$，则

$$Nu=0.023Re^{0.8}Pr^{0.4}=0.023\times(2.28\times10^4)^{0.8}\times0.68^{0.4}=60.4$$

$$\alpha=\frac{Nu\lambda}{d_i}=\frac{60.4\times0.03928}{0.053}=44.8W/(m^2\cdot℃)$$

计算结果表明，一般气体的对流传热系数都比较低。

4.3.4 有相变的传热系数

有相变时的对流传热可分为蒸汽冷凝和液体沸腾两种情况，由于流体与壁面间的传热过程中同时又发生相的变化，因此要比无相变时的传热更为复杂。相变时流体放出或吸收大量的潜热，但流体的温度不发生变化，因此在壁面附近流体层中的温度梯度较高，从而对流传热系数要比无相变时大得多。

4.3.4.1 冷凝传热

当饱和蒸汽与低于饱和温度的壁面接触时，将冷凝成液滴并释放出汽化热，这就是蒸汽冷凝传热。这种传热方式在工业生产中广泛应用。

(1) 蒸汽冷凝的方式

蒸汽冷凝有两种方式，即膜状冷凝和滴（珠）状冷凝。

① 膜状冷凝 冷凝液能够润湿壁面，在壁面上形成一层完整的液膜，壁面被冷凝液所覆盖，蒸汽冷凝只能在液膜表面进行，即蒸汽冷凝放出的潜热只有通过液膜后才能传给壁面。由于蒸汽冷凝产生相变化，热阻较小，这层液膜往往成为冷凝传热的主要热阻。如果壁面竖直放置，液膜在重力的作用下，沿壁面向下流动，逐渐增厚，最后在壁面的底部滴下。水平放置较粗的管子，液膜较厚，使得平均对流传热系数下降。如图 4-10 (a)、(b) 所示。

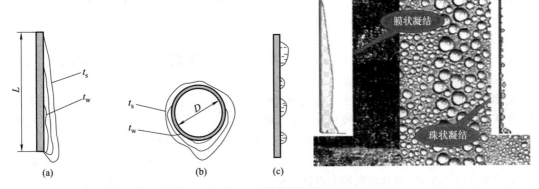

图 4-10 蒸汽冷凝方式

② 滴（珠）状冷凝 若冷凝液壁面上存在着一层油类物质或蒸汽中混有油类或者脂类物质，冷凝液则不能够全部润湿壁面，而是在壁面上形成许多的小液滴，液滴长大到一定程度后，在重力作用下落下，如图 4-10 (c) 所示。

滴状冷凝时，由于形成液滴，大部分壁面与蒸汽直接接触，蒸汽可以直接在壁面上冷凝，没有液膜引起的附加热阻。因此滴状冷凝的对流传热系数比膜状冷凝要高出几倍到十几倍。但是，到目前为止，在工业冷凝器中即使采用了促进滴状冷凝的措施，液滴也不能持久。所以，工业冷凝器的设计都按膜状冷凝考虑。

(2) 影响冷凝传热的因素

从前面讨论可知，饱和蒸汽冷凝时，热阻集中在冷凝液液膜内，液膜的厚度和流动状况是影响冷凝传热的关键。因此，凡是影响液膜状况的因素均影响冷凝传热。

① 液膜两侧温差　当液膜呈层流流动时，液膜两侧的温差 Δt 加大，则蒸汽冷凝速率增加，因而液膜增厚，使得冷凝传热系数下降。

② 冷凝液物性　冷凝液的密度越大，黏度越小，则液膜的厚度越小，因而冷凝传热系数越大，同时热导率的增加也有利于冷凝传热。

③ 蒸汽的流向与速度　前面讨论的冷凝传热系数计算中，忽略了蒸汽流速的影响，故只适用于蒸汽静止或流速较低的情况。当蒸汽流速较大时，蒸汽与液膜之间的摩擦力作用不能忽略。若蒸汽与液膜的流动方向相同，这种作用力会使液膜减薄，可促使液膜产生一定的波动，因而使冷凝传热系数增大。若蒸汽与液膜的流动方向相反，摩擦力会阻碍液膜的流动，使液膜增厚，对传热不利。但是当蒸汽的流速较大，摩擦力超过液膜的重力时，液膜会被蒸汽吹离壁面，反而使冷凝传热系数增大。蒸汽流速对 α 的影响与蒸汽压力有关，随着压力增大，影响加剧。

④ 不凝性气体的影响　前面讨论的是纯蒸汽冷凝。在实际工业生产中，蒸汽往往含有空气等不凝气体，在蒸汽冷凝过程中，在液膜表面会形成一层气膜，这样蒸汽在液膜表面冷凝时，必须通过此不凝气膜，气膜的热导率较小，使得热阻增大，传热系数大大减小。在静止的蒸汽中，不凝气含量只有 1%，就使得冷凝传热系数降低 60%。因此，在冷凝器的设计中必须设置不凝气排出口，其目的是为了排出不凝气，防止壳程 α 值大幅度下降，操作中要定时排出不凝气。若蒸汽价高或有毒，需集中处理，不可放空。

⑤ 蒸汽过热的影响　蒸汽温度高于操作压力下的饱和温度，即为过热蒸汽。过热蒸汽与低于饱和温度的壁面相接触时，包括冷却和冷凝两个过程。液膜壁面仍维持饱和温度 t_s，只有远离液膜处维持过热，对于冷凝而言，温差仍为 t_s-t_w，故通常过热蒸汽的冷凝过程按饱和蒸汽冷凝处理，用前述关联式计算的 α 值，误差约为 3%，可以忽略不计。在计算时，要考虑过热蒸汽的显热部分，即原公式中的 r 改为 $r'=r+c_p(t_v-t_s)$，c_p 为过热蒸汽的比热容，t_v 为过热蒸汽温度。

⑥ 冷凝壁面的影响　冷凝液膜为膜状冷凝传热的主要热阻，如何减薄液膜厚度，降低热阻，是强化膜状冷凝传热的关键。

对水平放置的管束，冷凝液从上部各管子流到下部管排，液膜变厚，使 α 变小。为强化传热应设法减少垂直方向上管排数目，或将管束由直排改为错排。对于竖壁或竖直管，在壁面上开若干纵向沟槽，冷凝液由槽峰流到槽底，借重力顺槽下流，以减薄壁面上的液膜厚度。也可在壁面上沿纵向装金属丝或直翅片，使冷凝液在表面张力的作用下，流向金属丝或直翅片附近集中，形成一股股小溪向下流动，从而使壁面上液膜减薄，这种方法可使冷凝传热系数大大提高。

另外，冷凝壁面的表面情况对 α 的影响也很大。若壁面粗糙不平或者有氧化层，则会使膜层加厚，增加膜层阻力，因而 α 降低。

4.3.4.2　沸腾传热

液体加热时，在液体内部伴有由液相变成气相产生气泡的过程，称为液体沸腾（图 4-11）。因在加热面上有气泡不断生成、长大和脱离，故造成对流体的强烈扰动。沸腾传热的对流传热系数远远大于单相传热的对流传热系数。

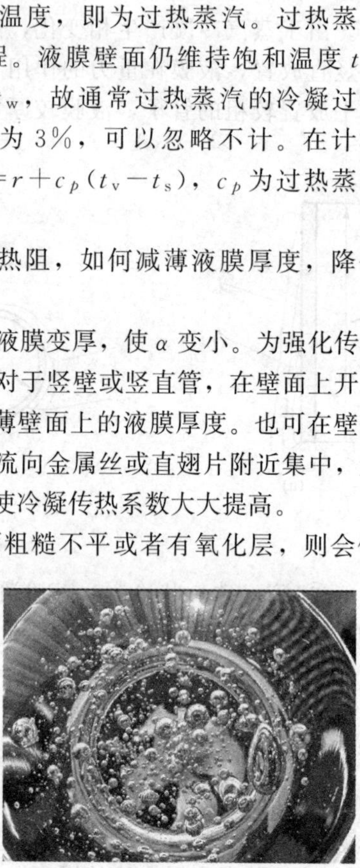

(1) 液体沸腾的分类

① 大容积沸腾　大容积沸腾是指加热面被沉浸在无

图 4-11　液体沸腾状态

强制对流的液体内部而引起的沸腾传热过程。液体在壁面附近加热，产生气泡，气泡逐渐长大，脱离表面，自由上浮，属于自然对流，同时气泡的运动导致液体扰动，两者加和是一种很强的对流传热过程。

② 管内沸腾 当液体在压差作用下，以一定的流速流过加热管，在管内发生沸腾，称为管内沸腾，也称为强制对流沸腾。这种情况下管壁所产生的气泡不能自由上浮，而是被迫与液体一起流动，与大容积沸腾相比，其机理更为复杂。

本节只讨论大容积沸腾。

(2) 沸腾产生的条件

在一定压力下，若液体饱和温度为 t_s，液体主体温度为 t_1，则 $\Delta t = t_1 - t_s$，称为液体的过热度。过热度是液体中气泡存在和成长的条件，也是气泡形成的条件。过热度越大，则越容易生成气泡，生成的气泡数量越多。在壁面过热度最大。若壁面温度为 t_w，则过热度 $\Delta t = t_w - t_s$。产生沸腾除了保持一定的过热度外，还要有汽化核心存在。加热壁面有许多粗糙不平的小坑和划痕等，这些地方有微量气体，当被加热时，就会膨胀生成气泡，成为汽化核心。

(3) 大容积沸腾曲线

图 4-12 为实验得到的常压下水的大容积沸腾曲线，它表明沸腾传热系数 α 与沸腾温度差 Δt 之间的关系。曲线分为三个区域：自然对流区、核状沸腾区、膜状沸腾区。

当 Δt 较小时，只有少量汽化核心，产生的气泡较少，长大速度较慢，汽化主要在液体表面发生，传热以自然对流为主，α 较小，如图中 AB 段，称为自然对流区。随着 Δt 的逐渐增大，汽化核心数目增多，气泡产生速度加大，气泡逐渐上升，脱离表面，由于气泡的产生、长大、脱

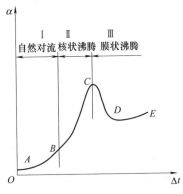

图 4-12 常压下水沸腾时
α 与 Δt 的关系

离、上升，扰动了液体，起到了搅拌的作用，从而使 α 很快上升，如图中 BC 段，这个阶段称为核状沸腾区。当 Δt 增大到一定程度，气泡产生速度大于脱离的速度，在壁面形成一层不稳定的气膜，液体必须通过此膜才能接受壁面的热量，因气体的热导率比液体小得多，使传热困难，对流传热系数 α 下降。随着 Δt 的逐渐增大，气膜逐渐稳定，对流传热系数 α 基本不变。图中 CDE 段，称为膜状沸腾区。由核状沸腾向膜状沸腾的转折点 C 称为临界点，临界点下的温度差和传热系数分别称为临界温度差 Δt_c 和临界沸腾传热系数 α_c。工业设备中的液体沸腾，一般应控制在核状沸腾区，控制 Δt 接近但不大于临界温度差 Δt_c。

其他液体在一定压强下的沸腾曲线与水的曲线有类似的形状，仅临界点数值不同而已。

(4) 影响沸腾传热的因素

由于液体沸腾要产生气泡，所以影响气泡生成、长大和脱离壁面的因素均对沸腾有影响。概括起来，主要有以下几方面：

① 液体的物性 影响沸腾传热的物性主要有液体的热导率、密度、黏度及表面张力等。一般情况下，随热导率、密度的增加而增大，随黏度、表面张力的增加而减小。

② 温度差 Δt 温度差 Δt 是影响沸腾传热的重要因素，其影响在前面已经进行了详细分析。在设计和操作中，要控制好温度差，使传热尽可能在核状沸腾下进行，在核状沸腾区 α 随 Δt 增加而加大。

③ 操作压强 提高操作压强，将提高液体的汽化温度，使液体的黏度和表面张力减小，

从而使 α 增大。

④ 加热面的状况　新的或清洁的壁面，α 较大。当壁面被油脂沾污后，会使 α 急剧下降。壁面越粗糙，汽化核心越多，越有利于沸腾传热。

4.3.4.3　选用对流传热系数关联式的注意事项

α 计算大致分为两类，一类是用量纲分析法确定特征数之间的关系，通过实验确定关系式中的系数和指数，属于半经验公式。另一类是纯经验公式。在选用时要注意以下几点：

① 针对所要解决的传热问题的类型，选择适当的关联式；

② 要注意关联式的适用范围、特征尺寸和定性温度要求；

③ 要注意正确使用各物理量的单位。对于纯经验公式，必须使用公式所要求的单位。α 值的范围见表 4-8。

表 4-8　α 值的范围

传热类型	$\alpha/[\text{W}/(\text{m}^2 \cdot \text{K})]$	传热类型	$\alpha/[\text{W}/(\text{m}^2 \cdot \text{K})]$
空气自然对流	5～25	水蒸气冷凝	5000～15000
空气强制对流	30～300	有机蒸汽冷凝	500～3000
水自然对流	200～1000	水沸腾	1500～30000
水强制对流	1000～8000	有机物沸腾	500～15000

4.4　热辐射

辐射是热量传递的三种基本方式之一，特别是高温时，热辐射往往成为主要的传热方式。在 4.1 节中对热辐射的本质和特点进行了简单介绍，本节将主要讨论有关热辐射的基本概念和基本定律，进而讨论辐射传热计算的基本方法。管道和设备表面的散热居于热对流和热辐射的联合作用，本节也将涉及这种散热的计算方法。

4.4.1　基本概念

物体由于热的原因而产生的电磁波在空间的传递称为热辐射。前已述及，辐射传热就是物体间相互辐射和吸收能量的总结果，热辐射与光辐射的本质完全相同，区别只是波长不同。热辐射的波长范围理论上是从零到无穷大，在工业中所遇到的温度范围内，有实际意义的波长范围为 $0.4 \sim 30 \mu\text{m}$，其中可见光线的波长范围为 $0.4 \sim 0.8 \mu\text{m}$，红外光线的波长范围

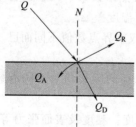

图 4-13　辐射能的反射、吸收和透过

为 $0.8 \sim 20 \mu\text{m}$，可见光线和红外光线统称为热射线。

随着温度的升高，辐射传热的作用将变得更加重要。

热射线和可见光一样，具有相同的传播规律，服从反射、折射定律。在真空和大多数气体（惰性气体和对称双原子气体）中热射线可以完全透过，但对液体和大多数固体则不能。因此，只有互相能"照见"的物体间才能进行热辐射。

设投射到某物体上的总辐射能为 Q，其中一部分能量 Q_A 被吸收，一部分被反射 Q_R，余下能量 Q_D 透过物体。如图 4-13 所示。

根据能量守恒定律可得

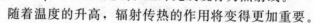

$$Q = Q_A + Q_R + Q_D$$

或
$$\frac{Q_A}{Q} + \frac{Q_R}{Q} + \frac{Q_D}{Q} = 1 \tag{4-48}$$

令 $A = Q_A/Q$，$R = Q_R/Q$，$D = Q_D/Q$，分别称为该物体的吸收率、反射率、透过率，则

$$A + R + D = 1 \tag{4-49}$$

若 $A = 1$，则表示物体能吸收全部辐射能，这种物体称为绝对黑体，简称黑体。如无光泽的黑煤，吸收率可达 0.98，接近黑体。

若 $R = 1$，则表示物体能反射全部辐射能，这种物体称为绝对白体，简称白体或镜体。如磨光的铜镜，反射率可达 0.97，接近镜体。

若 $D = 1$，则表示物体能透过全部辐射能，这种物体称为透热体。如单原子和对称双原子气体可视为透热体。

上面定义的物体都是理想物体，自然界中并不存在。引入黑体等概念，只是作为一种实际物体的比较标准，以简化辐射传热的计算。物体的 A、R、D 取决于物体的性质、表面状况、温度及射线的波长等。一般来说，固体和液体都是不透热体，即 $D = 0$，故 $A + R = 1$。气体则不同，其反射率 $R = 0$，故 $A + D = 1$。

实际物体只能部分地吸收由 $0 \sim \infty$ 所有波长范围的辐射能。凡能以相同的吸收率且部分地吸收所有波长范围的辐射能的物体，定义为灰体。灰体有以下特点：

① 灰体的吸收率 A 不随辐射线的波长而变；

② 灰体是不透热体，即 $D = 0$，$A + R = 1$。

可见，灰体也是理想物体，而大多数的工程材料都可视为灰体，从而可使辐射传热的计算大为简化。

4.4.2 基本定律

物体在一定温度下，单位面积、单位时间内所发射的全部波长的总能量，称为该物体在该温度下的辐射能力，以 E 表示，单位为 W/m^2。因此，辐射能力表征物体发射辐射能的本领。

(1) 斯特藩-玻耳兹曼定律

理论证明，黑体的辐射能力 E_b 与其表面的热力学温度 T 的四次方成正比，即

$$E_b = C_0 \left(\frac{T}{100}\right)^4 \tag{4-50}$$

式中　C_0——黑体的辐射系数，$C_0 = 5.67 W/(m^2 \cdot K^4)$。

式（4-50）为斯特藩-玻耳兹曼定律。通常称为四次方定律。揭示黑体的辐射能力与其表面温度的关系。

【例 4-5】 某黑体初始温度为 20℃，后升温至 600℃，问其前后辐射能力的变化。

解： 黑体在 20℃的辐射能力

$$E_{b1} = C_0 \left(\frac{T}{100}\right)^4 = 5.669 \times \left(\frac{273 + 20}{100}\right)^4 = 418 W/m^2$$

黑体在 600℃的辐射能力

$$E_{b2} = C_0 \left(\frac{T}{100}\right)^4 = 5.669 \times \left(\frac{273 + 600}{100}\right)^4 = 32930 W/m^2$$

辐射能力变化
$$\frac{E_{b2}}{E_{b1}} = \frac{32930}{418} = 78.8$$

在同一温度下，实际物体的辐射能力 E 恒小于黑体的辐射能力 E_b。不同物体的辐射能力有很大差别，通常以黑体的辐射能力为基准，引进黑度的概念。实际物体的辐射能力 E 与同温度下黑体的辐射能力 E_b 之比，称为该物体的黑度，用 ε 表示，即

$$\varepsilon = \frac{E}{E_b} \tag{4-51}$$

黑度表示物体的辐射能力接近黑体的程度，表示实际物体辐射能力的大小。ε 与物体的性质、表面温度、表面粗糙度和氧化程度有关，由实验测定其值，范围为 $0 \sim 1$。实际物体的辐射能力可表示为

$$E = \varepsilon E_{b1} = \varepsilon C_0 \left(\frac{T}{100}\right)^4 \tag{4-52}$$

只要知道物体的黑度，便可根据物体的温度由上式求得该物体的辐射能力。

(2) 克希霍夫（Kirchhoff）定律

理论证明，任何物体的辐射能力与其吸收率的比值恒为常数，且等于同温度下绝对黑体的辐射能力，即

$$\frac{E}{A} = E_b \tag{4-53}$$

式（4-53）称为克希霍夫定律，揭示物体的辐射能力与吸收率之间的关系。比较式（4-52）和式（4-53）可见

$$\frac{E}{E_b} = \varepsilon = A \tag{4-54}$$

式（4-54）表明在同一温度下，物体的吸收率与黑度在数值上相等。因此实际物体难以确定的吸收率均可用其黑度的数值。但吸收率与黑度在物理意义上则完全不同。吸收率表示由其他物体发射来的辐射能可被该物体吸收的分数，黑度表示物体的辐射能力占黑体辐射能力的分数，因此克希霍夫定律说明黑度和吸收率的关系。

4.4.3 两固体间的辐射传热

工业上常遇到两固体间的相互辐射传热，辐射传热量不仅与两固体的吸收率、反射率、形状及大小有关，而且与两者之间距离和相互位置有关。一般以下式表示由较高温度的物体 1 传给较低温度的物体 2 的热量。

$$Q_{1-2} = C_{1-2} \varphi A \left[\left(\frac{T_1}{100}\right)^4 - \left(\frac{T_2}{100}\right)^4\right] \tag{4-55}$$

式中　C_{1-2}——总辐射系数，$W/(m^2 \cdot K^4)$；φ——角系数，无量纲；A——辐射面积，m^2；T_1——较热物体表面的热力学温度，K；T_2——较冷物体表面的热力学温度，K。

总辐射系数 C_{1-2} 及角系数 φ 的数值由物体的黑度、形状、大小、距离及相互位置而定，工业上遇到的固体间相互辐射有以下的几种情况：

① 一物体被另一物体包围时的辐射，包括很大物体 2 包住物体 1 和物体 2 恰好包住物体 1 两种情况。

② 两平行物面间的辐射，分为极大的两平行面的辐射和面积有限的两相等平行面间的辐射两种情况。

对于上述简单情况，辐射面积 A、角系数 φ、总辐射系数 $C_{1\text{-}2}$ 可参见图 4-14 及表 4-9。

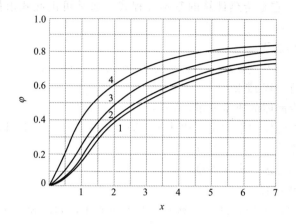

图 4-14 平行平面间辐射传热的角系数

1—圆盘形；2—正方形；3—长方形（边长之比 2∶1）；

4—长方形（狭长）；$x=$ 边长/辐射面间距离

表 4-9 φ 值与 $C_{1\text{-}2}$ 的计算式

序号	辐射情况	辐射面积 A	角系数 φ	总辐射系数 $C_{1\text{-}2}$
1	极大的两平行面	A_1 或 A_2	1	$\dfrac{C_0}{\dfrac{1}{\varepsilon_1}+\dfrac{1}{\varepsilon_2}-1}$
2	面积有限的两相等平行面	A_1	<1	$\varepsilon_1\varepsilon_2 C_0$
3	很大的物体 2 包住物体 1	A_1	1	$\varepsilon_1 C_0$
4	物体 2 恰好包住物体 1	A_1	1	$\dfrac{C_0}{\dfrac{1}{\varepsilon_1}+\dfrac{1}{\varepsilon_2}-1}$
5	在 3、4 两种情况之间	A_1	1	$\dfrac{C_0}{\dfrac{1}{\varepsilon_1}+\dfrac{A_1}{A_2}\left(\dfrac{1}{\varepsilon_2}-1\right)}$

4.5 传热过程的计算

4.5.1 传热过程的数学描述

化工原理所涉及的传热计算主要有两大类：一类是设计型计算，即根据生产要求的热负荷，确定换热器的传热面积 A，进而选管长 L，管径 d、管数 n；另一类是操作型计算，即计算给定换热器的传热量 Q、流体的流量 q_m 或者温度 t 等，以判断这个换热器是否能够满足生产要求或预测生产过程中某些参数（如流量、初温）的变化对换热器传热能力的影响。无论是设计型计算还是操作型计算，两者都是以换热器的热量衡算和传热速率方程为计算的依据。

在传热计算中首先要确定换热器的热负荷。所谓热负荷是指生产上要求流体温度变化而吸收或放出的热量。如图 4-15 的换热器中冷、热两流体进行热交换，若忽略热损失，则根据能量守恒原理，单位时间内热流体放出的热量 Q_h 等于冷流体吸收的热量 Q_c，即 $Q_h = Q_c$，称为热量衡算式。它是传热计算的基本方程式，通常可由此式求换热器的热负荷（又称传热量）。

（1）无相变的传热过程

$$Q = q_{m,h}c_{p,h}(t_{h1} - t_{h2}) = q_{m,c}c_{p,c}(t_{c2} - t_{c1}) \tag{4-56}$$

式中　　Q——热负荷，W 或 kJ/h；

$q_{m,h}$，$q_{m,c}$——热、冷流体的质量流量，kg/s；

$c_{p,h}$，$c_{p,c}$——热、冷流体的平均定压比热容，kJ/(kg·K)［或 kJ/(kg·℃)］；

t_{h1}，t_{h2}——热流体的进、出口温度，℃；

t_{c1}，t_{c2}——冷流体的进、出口温度，℃。

（2）有相变的传热过程

冷、热流体在换热过程中，其中一侧流体发生相变化，如饱和蒸汽冷凝，其热量衡算式可表示为

$$Q = q_{m,c}c_{p,c}(t_{c2} - t_{c1}) = q_{m,h}r \tag{4-57}$$

式中　r——蒸汽的汽化热，kJ/kg。

上式的应用条件是冷凝液在饱和温度下离开换热器。

若冷凝液出口温度 t_{h2} 低于饱和温度 t_s（深冷），则

$$Q = q_{m,c}c_{p,c}(t_{c2} - t_{c1}) = q_{m,h}r + q_{m,h}c_{p,h}(t_s - t_{h2}) \tag{4-58}$$

应当注意的是，热负荷是由工艺条件决定的，是对换热器换热能力的要求；而传热速率是换热器本身在一定操作条件下的换热能力，是换热器本身的特性。但对于一个能满足工艺要求的换热器而言，其传热速率值必须等于或略大于热负荷值。而在实际设计换热器时，通常将传热速率与热负荷在数值上视为相等，所以通过热负荷计算可确定换热器所应具有的传热速率，再依此计算换热器所需的传热面积。

【例 4-6】 试计算压强为 147.1kPa，流量为 1500kg/h 的饱和水蒸气冷凝后并降温至 50℃ 时所放出的热量。

解： 此题可分成两步计算：一是饱和水蒸气冷凝成水，放出潜热 Q_1；二是水温降至 50℃ 时所放出的热量 Q_2。

（1）蒸汽冷凝成水所放出的热量 Q_1

查水蒸气表得：$p = 147.1$kPa 下的水的饱和温度 $t_s = 110.7$℃；汽化热 $r = 2230.1$kJ/kg，则

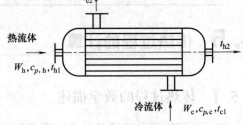

图 4-15　换热器热量衡算

$$Q_1 = q_{m,h}r = \frac{1500}{3600} \times 2230.1 = 929\text{kJ/s} = 929\text{kW}$$

（2）水由 110.7℃ 降温至 50℃ 时放出的热量 Q_2

平均温度 $t_m = (110.7 + 50)/2 = 80.4$℃，80.4℃ 时水的比热容 $c_{p,h} = 4.195$kJ/(kg·℃)，则

$$Q_2 = q_{m,h}c_{p,h}(t_s - t_{h2}) = \frac{1500}{3600} \times 4.195 \times (110.7 - 50) = 106\text{kJ/s} = 106\text{kW}$$

共放出热量　　　　　　$Q = Q_1 + Q_2 = 929 + 106 = 1035\text{kW}$

4.5.2 传热平均温度差

传热平均温度差 Δt_m 与两流体在换热器中的温度变化情况以及流体的流动方向有关。按照参与热交换的两种流体在沿着换热器壁面流动时各点温度变化的情况，可将传热分为恒温传热与变温传热两类。而变温传热又可分为一侧流体变温与两侧流体变温两种情况。

4.5.2.1 恒温传热时的平均温度差

两种流体进行热交换时，在沿传热壁面的不同位置上，在任何时间两种流体的温度皆不变化，这种传热称为稳态的恒温传热。如蒸发器中，间壁的一侧是饱和水蒸气在一定温度下冷凝，另一侧是液体在一定温度下沸腾，两侧流体温度沿传热面无变化，两流体的温度差亦处处相等，可表示为

$$\Delta t_m = t_h - t_c$$

式中　t_h——热流体的温度，℃；t_c——冷流体的温度，℃。

流体的流动方向对 Δt_m 无影响。

4.5.2.2 变温传热时的平均温度差

在传热过程中，间壁一侧或两侧的流体沿着传热壁面，位置不同时温度不同，但各点的温度皆不随时间而变化，即为稳态的变温传热过程。此时，Δt_m 与流动方向有关，即与流动型式有关。

（1）流动型式

按照冷热流体间的相互流动方向，可分为不同的流动型式，如图 4-16 所示。换热的两种流体在传热面的两侧以相同的方向流动，称为并流；以相对的方向流动，称为逆流；彼此呈垂直方向流动，称为错流；其中一侧流体只沿一个方向流动，而另一侧流体则先沿一个方向流动，然后折回以相反方向流动，如此反复地作折流，使两侧流体间有并流与逆流的交替存在，此种情况称为简单折流；若两侧流体均作折流，或既有折流又有错流，则称为复杂折流。

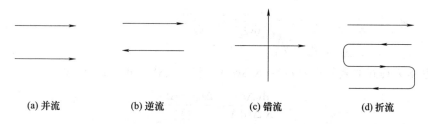

(a) 并流　　　(b) 逆流　　　(c) 错流　　　(d) 折流

图 4-16　流体的流动型式

变温传热包括一侧流体变温传热与两侧流体变温传热。一侧流体变温传热，如用蒸汽加热另一流体，蒸汽冷凝放出潜热，冷凝温度不变，另一流体被加热。又如用热流体来加热另一种在较低温度下进行沸腾的液体，液体的沸腾温度保持在沸点。

（2）并流和逆流时的平均温度差 Δt_m

间壁两侧流体皆发生温度变化，这时参与换热的两种流体沿着传热面两侧流动，其流动型式不同，平均温度差亦不同，即平均温度差与两种流体的流向有关。并流与逆流应用较普遍，图 4-17 表示逆流、并流时两种流体的温度沿传热面的变化情况，无论是哪一种情况，壁面两侧冷、热流体的温度均沿着传热面而变化，其相应各点的温度差也随之变化。

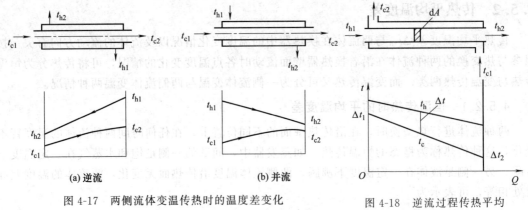

图 4-17　两侧流体变温传热时的温度差变化

(a) 逆流　　　　(b) 并流

图 4-18　逆流过程传热平均
温度差的推导

图 4-18 表示逆流时流体的温度随着传热量 Q 的变化情况。设热流体的质量流量为 $q_{m,h}$，比热容为 $c_{p,h}$，进口温度为 t_{h1}，出口温度为 t_{h2}；冷流体的质量流量为 $q_{m,c}$，比热容为 $c_{p,c}$，进口温度为 t_{c1}，出口温度为 t_{c2}。在稳态传热条件下，$q_{m,h}$、$q_{m,c}$ 是常数，$c_{p,h}$、$c_{p,c}$ 取流体平均温度下的数值，也视作常数，换热器的传热面积为 A。今在换热器中取一微元段为研究对象，其传热面积为 dA，在 dA 内热流体因放热而温度下降 dt_h，冷流体因受热而温度上升 dt_c，传热量为 dQ。列出 dA 段内热量衡算的微分式得

$\dfrac{dQ}{dt_h}=q_{m,h}c_{p,h}=$ 常数，Q 与热流体的温度呈直线关系；

$\dfrac{dQ}{dt_c}=q_{m,c}c_{p,c}=$ 常数，Q 与冷流体的温度也呈直线关系。

$\dfrac{d(t_h-t_c)}{dQ}=\dfrac{1}{q_{m,h}c_{p,h}}-\dfrac{1}{q_{m,c}c_{p,c}}=$ 常数，Q 与冷、热流体之间的温度差 $\Delta t=t_h-t_c$ 必然也呈直线关系，如图 4-18 所示。该直线的斜率为

$$\frac{d\Delta t}{dQ}=\frac{\Delta t_1-\Delta t_2}{Q} \tag{4-59}$$

式中　$\Delta t_1=t_{h1}-t_{c2}$，$\Delta t_2=t_{h2}-t_{c1}$。

传热基本方程式的微分式为 $dQ=K\Delta t\,dA$，将此式代入式（4-59）得

$$\frac{d(\Delta t)}{K\Delta t\,dA}=\frac{\Delta t_1-\Delta t_2}{Q}$$

或

$$\frac{d(\Delta t)}{K\Delta t}=\frac{\Delta t_1-\Delta t_2}{Q}dA$$

如将换热器内传热系数 K 视为常数（K 不随位置变化），将上式积分，即

$$\frac{1}{K}\int_{\Delta t_2}^{\Delta t_1}\frac{d(\Delta t)}{\Delta t}=\frac{\Delta t_1-\Delta t_2}{Q}\int_0^A dA$$

得

$$\frac{1}{K}\ln\frac{\Delta t_1}{\Delta t_2}=\frac{\Delta t_1-\Delta t_2}{Q}A$$

移项得

$$Q=KA\frac{\Delta t_1-\Delta t_2}{\ln\dfrac{\Delta t_1}{\Delta t_2}}$$

将上式与传热速率方程式 $Q=KA\Delta t_m$ 比较，可见变温传热的平均温度差为

$$\Delta t_m = \frac{\Delta t_1 - \Delta t_2}{\ln \dfrac{\Delta t_1}{\Delta t_2}} \tag{4-60}$$

式中，Δt_m 为换热器进、出口处两种流体温度差的对数平均值，故称为对数平均温度差。当 $\Delta t_1 / \Delta t_2 \leqslant 2$ 时，可用算术平均值代替对数平均温度差 $\Delta t_m = (\Delta t_1 + \Delta t_2)/2$。

此式对各种变温传热都适用。当一侧流体变温，另一侧流体恒温时，并流、逆流的平均温度差相等；当两侧流体变温传热时，并流和逆流时的平均温度差则不同。在计算时需注意，常取换热器两端温度差中大者作为 Δt_1，小者作为 Δt_2，以使式中分子与分母都为正数。

【例 4-7】 现用一列管式换热器加热原油，原油在管外流动，进口温度为 $100℃$，出口温度为 $160℃$；某反应物在管内流动，进口温度为 $250℃$，出口温度为 $180℃$。试分别计算并流与逆流时的平均温度差。

解

$$
\begin{array}{l}
\quad\quad 250 \rightarrow 180 \\
并流： \dfrac{100 \rightarrow 160}{150 \quad\quad 20}
\end{array}
\quad\quad
\Delta t_m = \frac{\Delta t_1 - \Delta t_2}{\ln \dfrac{\Delta t_1}{\Delta t_2}} = \frac{150-20}{\ln \dfrac{150}{20}} = 65℃
$$

$$
\begin{array}{l}
\quad\quad 250 \rightarrow 180 \\
逆流： \dfrac{160 \rightarrow 100}{90 \quad\quad 80}
\end{array}
\quad\quad
\Delta t_m = \frac{\Delta t_1 - \Delta t_2}{\ln \dfrac{\Delta t_1}{\Delta t_2}} = \frac{90-80}{\ln \dfrac{90}{80}} = 84.90℃
$$

逆流操作时，因 $\Delta t_1 / \Delta t_2 = 90/80 < 2$，故可以用算术平均值

$$\Delta t_m = (\Delta t_1 + \Delta t_2)/2 = (90+80)/2 = 85℃$$

由上例可见，当两种流体的进、出口温度皆已确定时，逆流时的平均温度差比并流时大。因此，在换热器的传热量 Q 及总传热系数 K 值相同的条件下，采用逆流操作，可以节省传热面积。

逆流的优点还可以节省加热介质或冷却介质的用量。这是因为当逆流操作时，热流体的出口温度 t_{h2} 可以降低至接近冷流体进口温度 t_{c1}，而采用并流操作时，t_{h2} 只能降低至接近冷流体的出口温度 t_{c2}，即逆流时热流体的温降较并流时的温降为大，因此逆流时加热介质用量较少。同时，逆流时冷流体的温升较并流时的温升为大，故冷却介质用量可以少些。

由以上分析可知，逆流优于并流。因此工业生产中的换热器多采用逆流操作。但是在某些生产工艺要求下，若对流体的温度有所限制，例如规定冷流体被加热时不得超过某一温度或者热流体被冷却时不得低于某一温度，则宜采用并流操作。

4.5.3 总传热系数

在传热速率方程式 $Q=KA\Delta t_m$ 中，传热量 Q 是生产任务所规定的，温度差 Δt_m 由冷、热流体进、出换热器的始、终温度决定，也是由工艺要求给出的条件，则传热面积 A 与总传热系数 K 密切相关，如何合理地确定 K 值，是设计换热器中的一个重要问题。目前，总传热系数 K 有三个来源：一是选取经验值，即目前生产设备中所用的经过实践证实并总结出来的生产实践数据，工业生产所用列管式换热器中总传热系数值的范围见表 4-10；二是实验测定；三是计算。

表 4-10　列管式换热器中 K 的范围

热流体	冷流体	传热系数 $K/[\mathrm{W}/(\mathrm{m}^2\cdot\mathrm{℃})]$
水	水	850～1700
轻油	水	340～910
重油	水	60～280
气体	水	17～280
水蒸气冷凝	水	1420～4250
水蒸气冷凝	气体	30～300
低沸点烃类蒸汽冷凝(常压)	水	455～1140
高沸点烃类蒸汽冷凝(减压)	水	60～170
水蒸气冷凝	水沸腾	2000～4250
水蒸气冷凝	轻油沸腾	455～1020
水蒸气冷凝	重油沸腾	140～425

(1) 总传热系数的计算

在稳态传热条件下，两侧流体的对流传热速率以及间壁的导热速率都应相等。如图4-19所示，两流体通过管壁的传热包括以下过程：

① 热流体以热对流的方式将热量传给管壁一侧；

② 通过管壁的热传导；

③ 由管壁另一侧以热对流的方式将热量传给冷流体。

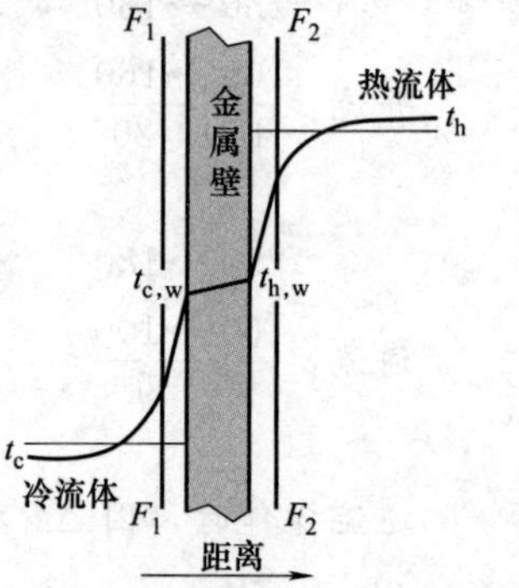

上述过程可表示如下：

管内壁　　　$Q=\alpha_i(t_{c,w}-t_c)A_i=\dfrac{t_{c,w}-t_c}{\dfrac{1}{\alpha_i A_i}}$　　　(4-61)

管壁　　　$Q=\dfrac{\lambda}{b}(t_{h,w}-t_{c,w})A_m=\dfrac{t_{h,w}-t_{c,w}}{\dfrac{b}{\lambda A_m}}$　　　(4-62)

图 4-19　流体通过间壁的热交换

管外壁　　　$Q=\alpha_o(t_h-t_{h,w})A_o=\dfrac{t_h-t_{h,w}}{\dfrac{1}{\alpha_o A_o}}$　　　(4-63)

式中　α_o，α_i——管外侧、管内侧流体的对流传热系数，$\mathrm{W}/(\mathrm{m}^2\cdot\mathrm{℃})$；$t_h$，$t_c$——热、冷流体的温度，℃；$t_{h,w}$，$t_{c,w}$——热、冷流体侧的壁面温度，℃；$A_o$，$A_i$——管外壁、管内壁的传热面积，$\mathrm{m}^2$；$A_m$——管壁的平均面积，$\mathrm{m}^2$；$\lambda$——管壁的热导率，$\mathrm{W}/(\mathrm{m}\cdot\mathrm{℃})$；$b$——管壁厚度，m。

整理并相加可得

$$Q=\frac{t_h-t_{h,w}}{\dfrac{1}{\alpha_o A_o}}+\frac{t_{h,w}-t_{c,w}}{\dfrac{b}{\lambda A_m}}+\frac{t_{c,w}-t_c}{\dfrac{1}{\alpha_i A_i}}=\frac{t_h-t_c}{\dfrac{1}{\alpha_o A_o}+\dfrac{b}{\lambda A_m}+\dfrac{1}{\alpha_i A_i}}=\frac{\sum\Delta t}{\sum R}\qquad(4\text{-}64)$$

上式与传热速率方程式 $Q=KA\Delta t_m$ 比较得

$$\frac{1}{KA}=\frac{1}{\alpha_o A_o}+\frac{b}{\lambda A_m}+\frac{1}{\alpha_i A_i}\qquad(4\text{-}65)$$

当传热面为圆筒壁时，$A_o\neq A_i\neq A_m$，这时总传热系数 K 则随所取的传热面不同而不同。$A_o=\pi d_o L$，$A_i=\pi d_i L$，$A_m=\pi d_m L$。若传热面 $A=A_o$，则式（4-65）可写成

$$\frac{1}{K_o}=\frac{1}{\alpha_o}+\frac{b}{\lambda}\frac{A_o}{A_m}+\frac{1}{\alpha_i}\frac{A_o}{A_i}=\frac{1}{\alpha_o}+\frac{b}{\lambda}\frac{d_o}{d_m}+\frac{1}{\alpha_i}\frac{d_o}{d_i}\qquad(4\text{-}66)$$

式中　K_o——以传热面 A_o 为基准的总传热系数。

同理，总传热系数亦可以传热面 $A=A_i$ 为基准，则总传热系数的计算式可写为

$$\frac{1}{K_i}=\frac{1}{\alpha_i}+\frac{b}{\lambda}\frac{d_i}{d_m}+\frac{1}{\alpha_o}\frac{d_i}{d_o} \tag{4-67}$$

式中　K_i——以传热面 A_i 为基准的总传热系数。

若传热面 $A=A_m$，相应的计算式为

$$\frac{1}{K_m}=\frac{1}{\alpha_i}\frac{d_m}{d_i}+\frac{b}{\lambda}+\frac{1}{\alpha_o}\frac{d_m}{d_o} \tag{4-68}$$

式中　K_m——以传热面 A_m 为基准的总传热系数。

由于取的传热面不同而 K 值亦不同，即 $K_o \neq K_i \neq K_m$，但 $K_oA_o=K_iA_i=K_mA_m$，而且
$$Q=K_oA_o\Delta t_m=K_iA_i\Delta t_m=K_mA_m\Delta t_m$$

由上式可知，在传热计算中，选择何种面积作为计算基准，其结果完全相同，但工程上大多以外表面积作为基准，因此，在后面的讨论中，除非另有说明，K 都是指基于外表面积 A_o 的总传热系数。

(2) 污垢热阻

换热器操作一段时间后，其传热表面常有污垢积存，对传热形成附加的热阻，称为污垢热阻，使总传热系数降低，传热速率减小。这层污垢虽不厚，但热阻很大，在计算总传热系数 K 时，污垢热阻一般不可忽视。由于污垢层的厚度及其热导率不易估计，工程计算时，通常根据经验选用污垢热阻。如管壁内、外侧表面上的污垢热阻分别用 $R_{s,i}$ 及 $R_{s,o}$ 表示。则式（4-68）变为

$$\frac{1}{K_o}=\frac{1}{\alpha_o}+R_{s,o}+\frac{b}{\lambda}\frac{d_o}{d_m}+\frac{1}{\alpha_i}\frac{d_o}{d_i}+R_{s,i}\frac{d_o}{d_i} \tag{4-69}$$

上式表明，间壁两侧流体间传热的总热阻等于两侧流体的对流传热热阻、污垢热阻及管壁传导热阻之和。

常见流体在传热表面形成的污垢热阻可参考表 4-11。

表 4-11　常见流体的污垢热阻

流体	污垢热阻 $R_s/(m^2 \cdot K/kW)$	流体	污垢热阻 $R_s/(m^2 \cdot K/kW)$
水（速度<1m/s，t<47℃）		溶剂蒸气	0.14
蒸馏水	0.09	水蒸气	
海水	0.09	优质——不含油	0.052
清净的河水	0.21	劣质——不含油	0.09
未处理的凉水塔用水	0.58	往复机排出	0.176
已处理的凉水塔用水	0.26	液体	
已处理的锅炉用水	0.26	处理过的盐水	0.264
硬水、井水	0.58	有机物	0.176
气体		燃料油	1.056
空气	0.26~0.53	焦油	1.76

应予指出，污垢热阻将随换热器操作时间延长而增大，因此换热器应根据实际的操作情况，定期清洗。这是设计和操作换热器时应考虑的问题。

(3) 平壁与薄壁管

当传热面为平壁或薄壁管时，$A_o \approx A_i \approx A_m \approx A$，则总传热系数的计算式为

$$\frac{1}{K}=\frac{1}{\alpha_o}+R_{s,o}+\frac{b}{\lambda}+\frac{1}{\alpha_i}+R_{s,i} \tag{4-70}$$

当管壁热阻 b/λ 较 $1/\alpha_o$、$1/\alpha_i$ 小得多时，则 b/λ 可忽略，同时忽略污垢热阻，这时总传热系数可简化成下式

$$\frac{1}{K} = \frac{1}{\alpha_o} + \frac{1}{\alpha_i} \tag{4-71}$$

由式（4-71）可知，K 接近且小于 α_o、α_i 中较小的一个；当 $\alpha_i \ll \alpha_o$ 时，$K \approx \alpha_i$。

【例 4-8】 一列管换热器，列管由 $\phi 25mm \times 2.5mm$ 的无缝钢管组成，钢管的热导率为 $45W/(m \cdot K)$，管内为冷却水，对流传热系数为 $450W/(m^2 \cdot K)$，管外为饱和水蒸气冷凝，对流传热系数为 $1 \times 10^4 W/(m^2 \cdot K)$。

试求：（1）总传热系数 K；（2）若将水侧的对流传热系数增大 1 倍，总传热系数有何变化？（3）若将蒸汽侧的对流传热系数增大 1 倍，总传热系数有何变化？（4）若考虑污垢热阻，总传热系数有何变化？

解：（1）以外表面积为基准

$$K_o = \frac{1}{\dfrac{1}{\alpha_o} + \dfrac{b}{\lambda}\dfrac{d_o}{d_m} + \dfrac{1}{\alpha_i}\dfrac{d_o}{d_i}} = \frac{1}{\dfrac{1}{10000} + \dfrac{0.0025 \times 25}{45 \times 22.5} + \dfrac{1}{450} \times \dfrac{25}{20}} = 340W/(m^2 \cdot K)$$

表 4-12 【例 4-8】附表

热阻名称	热阻值/$(10^{-3}m^2 \cdot K/W)$	各分热阻所占比例/%
总热阻$(1/K)$	2.9395	100
管内(水侧)热阻$\left(\dfrac{d_o}{\alpha_i d_i}\right)$	2.7778	94.5
管外(蒸汽侧)热阻$\left(\dfrac{1}{\alpha_o}\right)$	0.1	3.4
管壁热阻$\left(\dfrac{bd_o}{\lambda d_m}\right)$	0.0617	2.1

由表 4-12 可以看出，管内对流传热热阻占主导地位，欲提高 K，则要减小管内对流热阻。

（2）$\alpha_i' = 2\alpha_i$

$$K' = \frac{1}{\dfrac{1}{\alpha_o} + \dfrac{b}{\lambda}\dfrac{d_o}{d_m} + \dfrac{1}{\alpha_i'}\dfrac{d_o}{d_i}} = \frac{1}{\dfrac{1}{10000} + \dfrac{0.0025 \times 25}{45 \times 22.5} + \dfrac{1}{900} \times \dfrac{25}{20}} = 644W/(m^2 \cdot K)$$

K 增加的百分数 $\dfrac{K'-K}{K} \times 100\% = \dfrac{644-340}{340} \times 100\% = 89.4\%$

（3）$\alpha_o' = 2\alpha_o$

$$K'' = \frac{1}{\dfrac{1}{\alpha_o'} + \dfrac{b}{\lambda}\dfrac{d_o}{d_m} + \dfrac{1}{\alpha_i}\dfrac{d_o}{d_i}} = \frac{1}{\dfrac{1}{20000} + \dfrac{0.0025 \times 25}{45 \times 22.5} + \dfrac{1}{450} \times \dfrac{25}{20}} = 346W/(m^2 \cdot K)$$

K 值增加的百分数 $\dfrac{K''-K}{K} \times 100\% = \dfrac{346-340}{340} \times 100\% = 1.76\%$

（4）查表 4-11，取水侧污垢热阻 $R_{s,i} = 0.58m^2 \cdot K/kW$；取蒸汽侧污垢热阻 $R_{s,o} = 0.09m^2 \cdot K/kW$

$$K''' = \frac{1}{\dfrac{1}{\alpha_o} + R_{s,o} + \dfrac{b}{\lambda}\dfrac{d_o}{d_m} + \dfrac{1}{\alpha_i}\dfrac{d_o}{d_i} + R_{s,i}\dfrac{d_o}{d_i}}$$

$$= \cfrac{1}{\cfrac{1}{10000}+0.09\times10^{-3}+\cfrac{0.0025\times25}{45\times22.5}+\cfrac{25}{450\times20}+0.58\times10^{-3}\times\cfrac{25}{20}}$$

$$=266\mathrm{W/(m^2 \cdot K)}$$

K 值减少的百分数　　$\dfrac{K-K'''}{K}\times100\%=\dfrac{340-266}{340}\times100\%=21.8\%$

> 水侧的对流传热系数 α_i 远小于蒸汽侧对流传热系数 α_o，所以提高 K 值，应尽量减小管内对流热阻，即提高 α_i 值。另外换热器在使用一段时间后，应考虑污垢热阻的影响。因此要提高 K 值，必须对影响 K 值的各项进行分析，应提高 α 小的一侧才有效果。

【例 4-9】 用一单管程、单壳程列管换热器冷却石油产品。换热器的管尺寸为 $\phi25\mathrm{mm}\times2.5\mathrm{mm}$，管子根数为 85 根，管长为 6m。流量为 $50\mathrm{m^3/h}$ 的石油产品走壳程，温度由 90℃降至 50℃。冷却水走管程，流量为 $50\mathrm{m^3/h}$，进口温度为 25℃，出口温度为 40℃。两流体呈逆流流动，若忽略管壁热阻及污垢热阻。

试求：（1）总传热系数；（2）管内对流传热系数；（3）壳程对流传热系数。

解：（1）总传热系数可由传热速率方程式求得，即

$$K=\frac{Q}{A\Delta t_{\mathrm{m}}}$$

冷却水的定性温度 $t_{\mathrm{m}}=\dfrac{25+40}{2}=32.5℃$，查附录物性参数为 $\rho=995.7\mathrm{kg/m^3}$，$c_p=4.174\mathrm{kJ/(kg \cdot ℃)}$，$\lambda=0.618\mathrm{W/(m \cdot K)}$，$\mu=0.801\times10^{-3}\mathrm{Pa \cdot s}$，则

换热器的传热量

$$Q=q_{m,\mathrm{c}}c_{p,\mathrm{c}}(t_{\mathrm{c2}}-t_{\mathrm{c1}})=\frac{50}{3600}\times995.7\times4.174\times10^3\times(40-25)$$

$$=8.658\times10^5\mathrm{W}$$

对数平均温度差

$$\begin{array}{r}90\rightarrow50\\ \underline{40\leftarrow25}\\ 50\quad25\end{array}\qquad \Delta t_{\mathrm{m}}=\frac{\Delta t_1-\Delta t_2}{\ln\dfrac{\Delta t_1}{\Delta t_2}}=\frac{50-25}{\ln\dfrac{50}{25}}=36.1℃$$

传热面积　　$A_{\mathrm{o}}=n\pi d_{\mathrm{o}}L=85\times3.14\times0.025\times6=40.035\mathrm{m^2}$

总传热系数　　$K_{\mathrm{o}}=\dfrac{Q}{A_{\mathrm{o}}\Delta t_{\mathrm{m}}}=\dfrac{8.658\times10^5}{40.035\times36.1}=599\mathrm{W/(m^2 \cdot K)}$

（2）管内对流传热系数

管内流速　　$u_{\mathrm{i}}=\dfrac{V_{\mathrm{s}}}{A_{\mathrm{i}}}=\dfrac{50/3600}{\dfrac{1}{4}\pi\times0.02^2\times85}=0.5204\mathrm{m/s}$

雷诺数　　$Re=\dfrac{d_{\mathrm{i}}u_{\mathrm{i}}\rho}{\mu}=\dfrac{995.7\times0.02\times0.5204}{0.801\times10^{-3}}=1.294\times10^4$

普朗特数　　$Pr=\dfrac{c_p\mu}{\lambda}=\dfrac{4.174\times10^3\times0.801\times10^{-3}}{0.618}=5.41$

可用式（4-45）求出 α_{i}

$$\alpha_i = 0.023 \frac{\lambda}{d_i} Re^{0.8} Pr^{0.4} = 0.023 \times \frac{0.618}{0.02} \times (1.294 \times 10^4)^{0.8} \times 5.41^{0.4}$$

$$= 2719 \text{W}/(\text{m}^2 \cdot \text{K})$$

（3）壳程对流传热系数

$$\frac{1}{K_o} = \frac{1}{\alpha_o} + \frac{1}{\alpha_i} \frac{d_o}{d_i}$$

$$\frac{1}{599} = \frac{1}{\alpha_o} + \frac{25}{2719 \times 20}$$

$$\alpha_o = 826.6 \text{W}/(\text{m}^2 \cdot \text{K})$$

4.5.4 壁温的计算

用传热速率方程式 $Q = KA\Delta t_m$ 进行传热过程计算时，可避开壁温（因壁温往往未知），直接根据冷、热流体的始、终温度进行传热计算。

【例 4-10】 在一由 $\phi 25\text{mm} \times 2.5\text{mm}$ 钢管构成的废热锅炉中，管内通入高温气体，进口 $500℃$，出口 $400℃$。管外为 $p = 981\text{kPa}$ 的沸腾水。已知高温气体对流传热系数 $\alpha_i = 250\text{W}/(\text{m}^2 \cdot ℃)$，水沸腾的对流传热系数 $\alpha_o = 10000\text{W}/(\text{m}^2 \cdot ℃)$，钢管的热导率为 $45\text{W}/(\text{m} \cdot \text{K})$。忽略污垢热阻，试求管内壁平均温度及管外壁平均温度。

解：（1）求总传热系数

以管外表面积 A_o 为基准

$$K_o = \frac{1}{\dfrac{1}{\alpha_o} + \dfrac{b}{\lambda}\dfrac{d_o}{d_m} + \dfrac{1}{\alpha_i}\dfrac{d_o}{d_i}} = \frac{1}{\dfrac{1}{10000} + \dfrac{0.0025}{45} \times \dfrac{25}{22.5} + \dfrac{1}{250} \times \dfrac{25}{20}} = 193.7 \text{W}/(\text{m}^2 \cdot ℃)$$

（2）平均温度差

在 $p = 981\text{kPa}$，水的饱和温度为 $179℃$

$$\begin{array}{ccc} 500 & \rightarrow & 400 \\ 179 & \rightarrow & 179 \\ \hline 321 & & 221 \end{array} \qquad \Delta t_m = \frac{321 + 221}{2} = 271℃$$

（3）计算单位面积传热量

$$\frac{Q}{A_o} = K_o \Delta t_m = 193.7 \times 271 = 52493 \text{W}/\text{m}^2$$

（4）管壁温度

冷流体的平均温度 $t_c = 179℃$

管外壁温度 $\qquad t_{c,w} = t_c + \dfrac{Q}{\alpha_o A_o} = 179 + \dfrac{52493}{10000} = 184.2℃$

管内壁温度 $\qquad t_{h,w} = t_h - \dfrac{Q}{\alpha_i A_i}$

t_h 为热流体的平均温度，取进、出口温度的平均值

$$t_h = (500 + 400)/2 = 450℃$$

$$K_i = \frac{K_o A_o}{A_i} = \frac{193.7 \times 25}{20} = 242 \text{W}/(\text{m}^2 \cdot ℃)$$

$$\frac{Q}{A_i} = K_i \Delta t_m = 242 \times 271 = 65582 \text{W}/\text{m}^2$$

$$t_{h,w} = t_h - \frac{Q}{\alpha_i A_i} = 450 - \frac{65582}{250} = 187.7℃$$

4.5.5 换热器的操作型计算

在实际工作中，换热器的操作型计算问题是经常碰到的。例如，判断一个现有换热器对指定的传热任务是否适用，或者预测在生产中某些参数的变化对换热器传热能力的影响等都属于操作型问题。常见的操作型问题命题如下：

① 给定换热器的传热面积以及有关尺寸，冷、热流体的物理性质，冷、热流体的流量和进口温度以及流体的流动型式，计算冷热流体的出口温度。

② 给定换热器的传热面积以及有关尺寸，冷、热流体的物理性质，热流体的流量和进、出口温度，冷流体的进口温度以及流动型式，计算所需冷流体的流量及出口温度。

操作型问题计算的大致步骤：

在换热器内所传递的热量可由传热基本方程式计算。对于逆流操作其值为

$$q_{m,h}c_{p,h}(t_{h1}-t_{h2}) = KA \frac{(t_{h1}-t_{c2})-(t_{h2}-t_{c1})}{\ln \dfrac{t_{h1}-t_{c2}}{t_{h2}-t_{c1}}} \tag{4-72}$$

此热量所造成的结果，必满足热量衡算式

$$q_{m,h}c_{p,h}(t_{h1}-t_{h2}) = q_{m,c}c_{p,c}(t_{c2}-t_{c1}) \tag{4-73}$$

因此，对于各种操作型问题，可联立求解以上两式得到解决。

$$\ln \frac{t_{h1}-t_{c2}}{t_{h2}-t_{c1}} = \frac{KA}{q_{m,h}c_{p,h}}\left(1-\frac{q_{m,h}c_{p,h}}{q_{m,c}c_{p,c}}\right) \tag{4-74}$$

4.5.6 换热器的设计型计算

(1) 设计型计算的步骤

下面以某一热流体的冷却为例，说明设计型计算的大致步骤：

① 首先由传热任务计算换热器的热负荷

$$Q = q_{m,h}c_{p,h}(t_{h1}-t_{h2})$$

② 作出适当的选择并计算平均推动力 Δt_m；

③ 计算冷、热流体与管壁的对流传热系数及总传热系数 K；

④ 由传热速率方程 $Q = KA\Delta t_m$ 计算传热面积。

(2) 设计型计算中参数的选择

由传热速率方程式可知，为确定所需的传热面积，必须知道平均推动力 Δt_m 和传热系数 K。

为计算对数平均温度差 Δt_m，设计者首先必须：

① 选择流体的流向，即决定采用逆流、并流还是其他复杂流动型式；

② 选择冷却介质的出口温度。

③ 根据流动的形式，可从手册查得温差校正系数 $\varphi_{\Delta t}$，通过 $\Delta t_m = \varphi_{\Delta t}\Delta t_{m,逆流}$ 计算平均温度差。

为求得传热系数 K，须计算两侧的对流传热系数 α，故设计者必须决定：

① 冷、热流体各走管内还是管外；

② 选择适当的流速。

同时，还必须选定适当的污垢热阻。

总之，在设计型计算中，涉及一系列的选择。各种选择决定以后，所需的传热面积及管长等换热器其他尺寸是不难确定的。不同的选择有不同的计算结果，设计者必须作出恰当的选择才能得到经济上合理、技术上可行的设计，或者通过多方案计算，从中选出最优方案。近年来，依靠计算机按规定的最优化程序进行自动寻优的方法得到日益广泛的应用。

【例 4-11】 在一单壳程、四管程管壳式换热器中，用水冷却热油。冷水在管内流动，进口温度为 15℃，出口温度为 32℃。热油在壳程流动，进口温度为 120℃，出口温度为 40℃。热油流量为 1.25kg/s，平均比热容为 1.9kJ/(kg·℃)。若换热器的总传热系数为 470W/(m²·℃)，试求换热器的传热面积（从手册查得温差校正系数为 0.89）。

解： 换热器传热面积可以根据总传热速率方程求得

$$A = \frac{Q}{K \Delta t_{m}}$$

换热器的传热量为：$Q = q_{m,h} c_{p,h}(t_{h1} - t_{h2}) = 1.25 \times 1.9 \times 10^3 \times (120 - 40) = 190 \text{kW}$

1-4 型管壳式换热器的对数平均温度差先按逆流计算，即

$$
\begin{array}{c}
120 \rightarrow 40 \\
32 \leftarrow 15 \\
\hline
88 \quad 25
\end{array}
\qquad
\Delta t_{m,逆} = \frac{\Delta t_1 - \Delta t_2}{\ln \dfrac{\Delta t_1}{\Delta t_2}} = \frac{88 - 25}{\ln \dfrac{88}{25}} = 50℃
$$

因为 $\varphi_{\Delta t} = 0.89$，所以

$$\Delta t_m = \varphi_{\Delta t} \Delta t_{m,逆} = 0.89 \times 50 = 44.5℃$$

因此

$$A = \frac{Q}{K \Delta t_m} = \frac{190 \times 10^3}{470 \times 44.5} = 9.1 \text{m}^2$$

4.5.7 传热单元数法

传热单元数（NTU）法又称传热效率-传热单元数（ε-NTU）法。该法在换热器的操作型计算、热能回收利用等方面的计算中得到了广泛的应用。例如，换热器的操作型计算通常是对于一定尺寸和结构的换热器，确定流体的出口温度。因温度为未知项，直接利用对数平均温度差求解就必须反复试算，十分麻烦。此时，若采用 ε-NTU 法则较为简便。

在进行操作型传热计算时，出口温度 t_{h2} 以及 t_{c2} 为未知。如果将传热基本方程中所含的两个出口温度用热量衡算式消去其中的一个，从而使计算式中仅包含一个出口温度，计算可较为方便。为此，将逆流换热时的式（4-73）代入式（4-74）以消去 t_{c2}，整理得

$$\ln \frac{1 - \dfrac{q_{m,h} c_{p,h}}{q_{m,c} c_{p,c}} \times \dfrac{t_{h1} - t_{h2}}{t_{h1} - t_{c1}}}{1 - \dfrac{t_{h1} - t_{h2}}{t_{h1} - t_{c1}}} = \frac{KA}{q_{m,h} c_{p,h}} \left(1 - \frac{q_{m,h} c_{p,h}}{q_{m,c} c_{p,c}} \right) \tag{4-75}$$

令

$$\frac{KA}{q_{m,h} c_{p,h}} = \frac{t_{h1} - t_{h2}}{\Delta t_m} = NTU_h$$

$$\frac{q_{m,h} c_{p,h}}{q_{m,c} c_{p,c}} = \frac{t_{c2} - t_{c1}}{t_{h1} - t_{h2}} = R_h \tag{4-76}$$

$$\frac{t_{h1} - t_{h2}}{t_{h1} - t_{c1}} = \varepsilon_h$$

式（4-76）可写为

$$\ln \frac{1 - \varepsilon_h R_h}{1 - \varepsilon_h} = NTU_h - R_h$$

或
$$\varepsilon_h = \frac{1-e^{NTU_h(1-R_h)}}{R_h - e^{NTU_h(1-R_{hl})}}$$
(4-77)

其中，NTU 称为传热单元数，ε 称为换热器的传热效率。

同样，可相应导出

$$\varepsilon_c = \frac{1-e^{NTU_c(1-R_c)}}{R_c - e^{NTU_c(1-R_c)}}$$

式中 $\quad \varepsilon_c = \dfrac{t_{c2}-t_{c1}}{t_{h1}-t_{c1}}, \quad R_c = \dfrac{q_{m,c}c_{p,c}}{q_{m,h}c_{p,h}} = \dfrac{t_{h1}-t_{h2}}{t_{c2}-t_{c1}}, \quad NTU_c = \dfrac{KA}{q_{m,c}c_{p,c}} = \dfrac{t_{c2}-t_{c1}}{\Delta t_m}$

【例 4-12】 在列管换热器中，两流体进行换热。若已知管内、外流体的平均温度分别为 170℃ 和 135℃；管内、外流体的对流传热系数分别为 12000W/(m²·℃) 及 1100 W/(m²·℃)，管内、外侧污垢热阻分别为 0.0002m²·℃/W 及 0.0005m²·℃/W，试估算管壁平均温度。假设管壁热传导热阻可忽略。

解： 管壁的平均温度可由 $\dfrac{|t_o - t_w|}{\dfrac{1}{\alpha_o}+R_{so}} = \dfrac{|t_w - t_i|}{\dfrac{1}{\alpha_i}+R_{si}}$ 进行计算

$$\frac{|135-t_w|}{\dfrac{1}{1100}+0.0005} = \frac{|t_w-170|}{\dfrac{1}{12000}+0.0002}$$

则

$$\frac{|135-t_w|}{0.00141} = \frac{|t_w-170|}{0.000283}$$

解得

$$t_w \approx 164℃$$

计算表明，管壁温度接近于热阻小的那一侧流体的温度。

4.6 换热器

4.6.1 换热器的类型

化工生产中所用的换热器类型很多，可按不同的分类方法分类。

换热器按用途不同可分为加热器、预热器、冷却器、蒸发器、再沸器、冷凝器等。根据冷、热流体热量交换的原理和方式基本上可分为三大类，即间壁式、直接接触式（混合式）、蓄热式，其中间壁式换热器应用最多。

4.6.2 间壁式换热器

在化工生产中，大多数情况下，冷、热两种流体在换热过程中不允许混合，故间壁式换热器在化工生产中被广泛使用。下面就常用的换热器作以简要介绍。

4.6.2.1 管式换热器

管式换热器通过管子壁面进行传热，按传热管的结构形式可分为列管式换热器、蛇管式换热器、套管式换热器和夹套式换热器等几种。管式换热器在工业生产中应用最为广泛。

（1）套管式换热器

套管式换热器是将两种直径大小不同的标准管套在一起组成同心套管，并用 U 形弯管把管段串联起来，如图 4-20 所示。每一段套管称为一程，换热器的程数可以按照传热面大小而增减，亦可几排并列，每排与总管相连。换热时一种流体在内管中流动，另一种流体在套管的环隙中流动，两种流体可始终保持逆流流动。

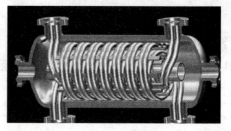

图 4-20　套管式换热器

由于两个管径都可以适当选择，以使内管与环隙间的流体呈湍流状态，故一般具有较高的总传热系数，同时也可减少垢层的形成。这种换热器的优点是：结构简单，能耐高压，制造方便，应用灵便，传热面易于增减。其缺点是：单位传热面积的金属消耗量很大；管子接头多，检修清洗不方便；占地面积较大。故一般适用于流量不大、所需传热面亦不大及高压的场合。

（2）蛇管式换热器

蛇管式换热器可分为沉浸式和喷淋式两种。

① 沉浸蛇管式换热器　沉浸蛇管式换热器中的蛇管多以金属管子弯绕而成，或制成适应容器需要的形状，沉浸在容器中，两种流体分别在管内、外进行换热。此种换热器的主要优点是结构简单，便于制造，便于防腐，且能承受高压。其主要缺点是管外液体的对流传热系数较小，从而总传热系数亦小，如增设搅拌装置，则可提高传热效果。几种常用的蛇管形状如图 4-21 所示。

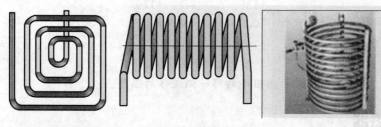

图 4-21　蛇管的形状

② 喷淋蛇管式换热器　喷淋蛇管式换热器如图 4-22 所示。此种换热器多用于管内热流体的冷却。冷水由最上面管子的喷淋装置中淋下，沿管表面下流，而被冷却的流体自最下面管子流入，由最上面管子中流出，与外面的冷流体进行热交换。该装置通常放在室外空气流通处，冷却水在空气中汽化，可以带走部分热量。与沉浸式相比，该换热器便于检修和清洗。其缺点是占地面积较大，冷却水消耗量较大，水滴溅洒到周围环境，且喷淋不易均匀。

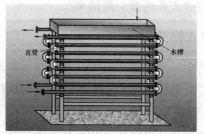

直管　　　　　　　　水槽

图 4-22　喷淋蛇管式换热器

(3) 列管式换热器

列管式换热器又称管壳式换热器，是一种通用的标准换热器。它具有结构简单、坚固耐用、造价低廉、用材广泛、清洗方便、适应性强等优点，在化工厂中应用最为广泛。一般由壳体、管板、管束、封头、折流挡板构成。

冷热流体分别流经管程、壳程，由于温度不同，热膨胀程度有所不同，当温差大于50℃时，导致设备弯曲、变形，甚至破裂，此时应考虑热膨胀因素，并设法加以补偿，根据热补偿的方式不同可分为固定管板式、浮头式、U形管式、釜式等。

① 固定管板式换热器 固定管板式换热器由壳体、管束、管板、封头、接管和折流挡板等部件组成。两端管板与壳体焊在一起。如图4-23所示，整个换热器分为两部分：换热管内的通道及两端相贯通处称为管程；换热管外的通道及其相贯通处称为壳程。冷热流体分别在管程和壳程中连续流动，若管内流体一次通过管程，称为单管程。当换热器传热面积较大，所需管子数目较多时，为提高流体的流速，可分为多管程，程数可分为2、4、6、8。流体一次通过壳程，称为单壳程。为提高壳程流体流速，也可在与管束轴线平行方向放置纵向隔板使壳程分为多程。

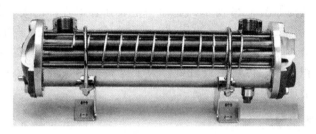

图4-23 固定管板式换热器

固定管板式换热器优点是结构简单、紧凑，管内便于清洗；当管程与壳程流体的温差大于50℃时，可引起很大的内应力，需在壳体上设置膨胀节。此种换热器适用于壳程流体清洁且不易结垢，两流体温差不大的场合。

② 浮头式换热器 浮头式换热器的结构如图4-24所示。其结构特点是两端管板之一不与壳体固定连接，可以在壳体内沿轴向自由伸缩，称为浮头。此种换热器的优点是可以消除热应力，管束可以从管内抽出，便于管内和管间的清洗。缺点是结构复杂，造价高。适用于壳体与管束温差较大或壳程流体容易结垢的场合。

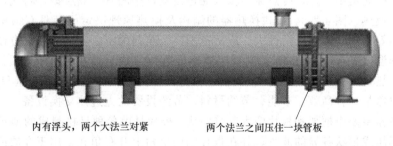

内有浮头，两个大法兰对紧　　　　两个法兰之间压住一块管板

图4-24 浮头式换热器

③ U形管式换热器 U形管式换热器的结构如图4-25所示。每根换热管都弯成U形，进出口分别安装在同一管板的两侧，封头以隔板分成两室，这样，每根管子皆可自由伸缩，而与外壳无关。在结构上U形管式换热器比浮头式简单，但管程不易清洗，只适用于洁净而不易结垢的流体。

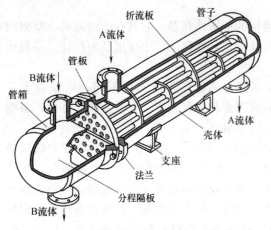

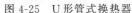

图 4-25　U 形管式换热器

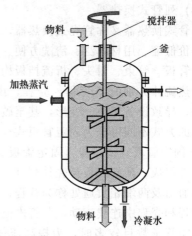

图 4-26　夹套式换热器

（4）夹套式换热器

夹套式换热器的结构如图 4-26 所示。它由一个装在容器外部的夹套构成，主要用于反应过程的加热或冷却，器壁是传热面。当用蒸汽进行加热时，蒸汽由上部接管进入夹套，冷凝水由下部接管中排出。冷却时，冷却水由下部进入，由上部流出。这种换热器结构简单，容易制造，但传热面积有限，传热系数较低。为了提高传热系数，可采取在釜内安装搅拌器、蛇管，在夹套中增加螺旋隔板等措施。

4.6.2.2　板式换热器

板式换热器通过板面进行传热，按传热板的结构不同，可分为平板式换热器、螺旋板式换热器、板翅式换热器等几种。

（1）平板式换热器

平板式换热器（简称为板式换热器）是由一系列具有一定波纹形状的金属片叠装而成的一种新型高效换热器。各种板片之间形成薄矩形通道，通过板片进行热量交换。它与常规的管壳式换热器相比，在相同的流动阻力和泵功率消耗情况下，其传热系数要高出很多，在适用的范围内有取代管壳式换热器的趋势。板式换热器是用薄金属板压制成具有一定波纹形状的换热板片，然后叠装，用夹板、螺栓紧固而成的一种换热器。工作流体在两块板片间形成的窄小而曲折的通道中流过。冷热流体依次通过流道，中间有一隔层板片将流体分开，并通过此板片进行换热（图 4-27）。板式换热器的结构及换热原理决定了其具有结构紧凑、占地面积小、传热效率高、操作灵活性大、应用范围广、热损失小、安装和清洗方便等特点。两种介质的平均温度差可以小至 1℃，热回收效率可达 99％以上。在相同压力损失情况下，板式换热器的传热是列管式换热器的 3～5 倍，占地面积为其的 1/3，金属耗量只有其的 2/3。因此板式换热器是一种高效、节能、节约材料、节约投资的先进热交换设备。

板式换热器主要由框架和板片两大部分组成。板片是由各种材料制成的薄板，用各种不同形式的模具压成形状各异的波纹，并在板片的四个角上开有角孔，用于介质的流道。板片的周边及角孔处用橡胶垫片加以密封。框架由固定压紧板、活动压紧板、上下导杆和夹紧螺栓等构成。板式换热器是将板片以叠加的形式装在固定压紧板、活动压紧板中间，然后用夹紧螺栓夹紧而成。

（2）螺旋板式换热器

螺旋板式换热器是一种高效换热器设备，适用汽-汽、汽-液、液-液，对液传热。它适用

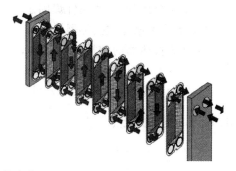

图 4-27　板式换热器流体流向

于化学、石油、溶剂、医药、食品、轻工、纺织、冶金、轧钢、焦化等行业。结构形式可分为不可拆式（Ⅰ型）螺旋板式及可拆式（Ⅱ型、Ⅲ型）螺旋板式换热器。

螺旋板式换热器的结构如图 4-28 所示。它是由焊在中心隔板上的两块金属薄板卷制而成，两薄板之间形成螺旋形通道，两板之间焊有一定数量的定距柱以维持通道间距，两端用盖板焊死。两流体分别在两通道内流动，隔着薄板进行换热。其中一种流体由外层的一个通道流入，顺着螺旋通道流向中心，最后由中心的接管流出；另一种流体则由中心的另一个通道流入，沿螺旋通道反方向向外流动，最后由外层接管流出。两流体在换热器内作逆流流动。

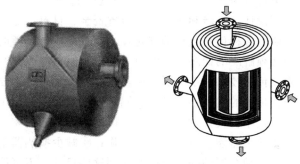

图 4-28　螺旋板式换热器

螺旋板式换热器的优点是结构紧凑；单位体积设备提供的传热面积大，约为列管式换热器的 3 倍；流体在换热器内作严格的逆流流动，可在较小的温差下操作，能充分利用低温能源；由于流向不断改变，且允许选用较高流速，故传热系数大，为列管式换热器的 1～2 倍；又由于流速较高，同时有惯性离心力的作用，污垢不易沉积。其缺点是制造和检修比较困难；流动阻力大，在同样物料和流速下，其流动阻力为直管的 3～4 倍；操作压力和温度不能太高，一般压力在 2MPa 以下，温度则不超过 400℃。

（3）板翅式换热器

板翅式换热器是一种更为高效紧凑的换热器，过去由于制造成本较高，仅用于宇航、电子、原子能等少数部门，现在已逐渐应用于化工和其他工业，取得良好效果。

如图 4-29 所示，在两块平行金属薄板之间，夹入波纹状或其他形状的翅片，将两侧面封死，即成为一个换热基本元件。将各基本元件适当排列（两元件之

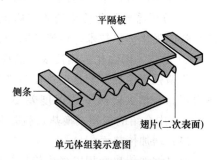

单元体组装示意图

图 4-29　板翅式换热器

间的隔板是公用的），并用钎焊固定，制成逆流式或错流式板束。将板束放入适当的集流箱（外壳）就成为板翅式换热器。

板翅式换热器的结构高度紧凑，单位容积可提供的传热面积高达 $2500\sim4000m^2/m^3$。所用翅片的形状可促进流体的湍动，故其传热系数也很高。因翅片对隔板有支撑作用，板翅式换热器允许操作压力也较高，可达 5MPa。

4.6.3　强化传热

工质的流动和传热是动力、核能、制冷、化工、石油、航空、火箭与航天等工业中的常见过程。在这些工业的换热设备中广泛存在着各种传热问题。以动力工业的火力发电厂为例，蒸汽锅炉本身就是一个大型复杂的换热器。燃料在炉膛中燃烧生成的热量需要应用多种传热方式，通过炉膛受热面、对流蒸发受热面、过热器及省煤器加热工质，使之汽化、过热，成为能输往蒸汽轮机的符合要求的过热蒸汽。此外，在锅炉尾部还装有利用排出烟气加热燃烧所需空气的空气预热器。在火力发电厂的热力系统中还装有各式给水加热器、蒸汽凝结器、燃油加热器等，在这些设备中也都存在各式各样的传热问题。

换热器在上述各工业中，不仅是保证工程设备正常运转的不可缺少的部件，而且在金属消耗、动力消耗和投资方面，在整个工程中占有重要份额。据统计，在热电厂中如果将锅炉也作为换热设备，则换热器的投资约占整个电厂总投资的 70% 左右。在一般石油化工企业中，换热器的投资要占全部投资的 $40\%\sim50\%$；在现代石油化工企业中约占 $20\%\sim30\%$。由此可见，换热器的合理设计、运转和改进对于节省资金、材料、能源和空间而言是十分重要的。综上所述可见，研究各种传热过程的强化技术并依此设计新颖的紧凑式换热器，不仅是现代工业发展过程中必须解决的课题，同时也是开发利用新能源和开展节能工作的紧迫任务。因而研究和开发强化传热技术对于发展国民经济的意义是十分重要的。

各种工业设备对强化传热的具体要求各不相同，但归纳起来，应用强化传热技术总的可以达到下列任一目的：①减小初设计的传热面积，以减小换热器的体积和重量；②提高现有换热器的换热能力；③使换热器能在较低温差下工作；④减少换热器阻力，以减少换热器的动力消耗。上述目的要求是相互制约的，要同时达到这些目的是不可能的。因此，在采用强化传热技术前，必须先明确要达到的主要目的和任务以及达到这一主要目的所能提供的现有条件，然后通过选择比较，才能确定一种合用的强化传热技术。

一般可采用下列方法解决强化传热技术的选用问题。

① 在给定工质温度、热负荷以及总流动阻力条件下，先用简明方法对拟采用的强化传热技术从使换热器尺寸小、质轻的角度进行比较。这一方法虽不全面，但分析表明，按此法进行比较得出的最佳强化传热技术一般在改变固定换热器三个主要性能参数（换热器尺寸、总阻力和热负荷）中的其他两个再从第三个性能参数最佳角度进行比较时也是最好的。

② 分析需要强化传热处的工质流动结构、热负荷分布特点以及温度场分布工况，以定出有效的强化传热技术，使流动阻力最小而传热系数最大。

③ 比较采用强化传热技术后的换热器制造工艺、安全运行工况以及经济性问题。

所谓强化传热，就是设法提高换热器的传热速率。从传热基本方程式可以看出，增加传热面积 A、增大传热平均温度差 Δt_m 及提高总传热系数 K 都可以达到强化传热的目的。4.6.2节中介绍的板翅式换热器就是利用板翅结构强化传热的代表。

(1) 增加传热面积 A

通过增加传热面积以强化传热是增加换热量的一种途径。采用小直径管子和扩展表面传热面均可增大传热面积。管径越小，耐压越高，因而在同样金属重量下总表面积越大。采用扩展表面传热面后，例如采用肋片管等，由于增加了肋片，也增加了传热面积。因此，在传热器中采用各种肋片管、螺纹管等扩展表面换热面，是提高单位体积内传热面积的有效方法。肋片应加在换热器中传热较差的一侧，这样对增强传热效果最好。

采用扩展表面换热面后，不仅增加了传热面积，若几何参数选择合适，同时能提高换热器中的传热系数，但同时也会带来流动阻力增大等问题。所以在选用或开发扩展表面换热面时应综合考虑其优缺点。

（2）增大传热平均温度差 Δt_m

增大传热平均温度差可以提高换热器的传热速率。传热平均温度差的大小取决于两流体的温度大小及流动型式。流体温度是由生产工艺条件所决定，一般不能随意变动，而加热剂或冷却剂，可以根据 Δt_m 的需要，选择不同的介质和流量加以改变。但需要注意的是，改变加热剂和冷却剂的温度，必须考虑到技术上的可行性和经济上的合理性。另外，采用逆流操作或增加壳程数，均可得到较大的平均温度差。

（3）提高总传热系数 K

提高换热器的传热系数以增加换热量，是强化传热的重要途径，也是当前研究强化传热的重点。当换热器的传热平均温度差和传热面积给定时，提高换热器中传热系数将是增大换热量的唯一方法。

提高总传热系数，可以提高换热器的传热速率。提高总传热系数，实际上就是降低换热器的热阻。为分析方便起见，总热阻按平壁考虑，有

$$\frac{1}{K} = \frac{1}{\alpha_i} + \frac{b}{\lambda} + \frac{1}{\alpha_o} + R_{s,i} + R_{s,o}$$

由此可见，要降低总热阻，必须减少各分热阻。在不同情况下，各分热阻所占比例不同，应设法减少占比例较大的分热阻。一般来说，在金属换热器中，壁面较薄且热导率较大，管壁热阻不会成为主要热阻；污垢热阻是一个可变因素，在换热器刚投入使用时，可不予考虑，但随着使用时间的加长，污垢热阻逐渐增加，便可成为主要热阻，故对换热器必须定期清洗。提高 K 值的具体途径和措施如下。

① 提高流体的 α 值　如前所述，在管壁及污垢热阻忽略不计时，欲提高 K 值，就要提高 α 较小流体的 α 值。若 α_i 与 α_o 接近，必须同时提高两侧的 α 值。提高 α 的方法有增大流体流速、改变传热面的形状和增加粗糙度等。

② 抑制污垢的生成或及时除垢　当壁面两侧的对流传热系数 α 都很大，即两侧的对流传热热阻都很小，而污垢热阻很大时，欲提高 K 值，则必须设法减缓污垢的形成，同时及时清除垢层。减小污垢热阻的措施有提高流体的流速，以减弱垢层的沉积；加强水质处理，采用软化水；加入阻垢剂，防止和减缓垢层形成；定期采用机械或化学方法清除垢。

（4）强化传热技术的效应评价准则

采用强化传热技术的换热器与普通换热器的工作效应对比，一般可分为三种：第一种为在换热功率、工质流量与压力损失相同时比较采用强化传热技术的换热器与普通换热器的传热面积与体积；第二种为在换热器体积、工质流量与压力损失相同时比较采用强化传热技术的换热器与普通换热器的换热功率；第三种为在换热器体积、换热功率与工质流量相同时比较采用强化传热技术的换热器与普通换热器的压力损失。

4.6.4　列管式换热器的设计与选用

4.6.4.1　列管式换热器设计和选用应考虑的问题

（1）冷、热流体流动通道的选择

① 不洁净或易结垢的液体宜走管程，因管内清洗方便。

② 腐蚀性流体宜走管程，以免管束和壳体同时受到腐蚀。

③ 有毒易污染的流体宜走管程，使泄漏的机会减少。

④ 压力高的流体宜走管程，以免壳体承受压力。

⑤ 饱和蒸汽宜走壳程，因饱和蒸汽比较洁净，对流传热系数与流速无关，而且冷凝液容易排出。

⑥ 流量小而黏度大（$\mu > 1.5 \times 10^{-3} \sim 2.5 \times 10^{-3} \mathrm{Pa \cdot s}$）的流体一般以壳程为宜，因在壳程 $Re > 100$ 即可达到湍流，以提高传热系数。

⑦ 若两流体温差较大，对于刚性结构的换热器，宜将对流传热系数大的流体通入壳程，以减小热应力。

⑧ 需要被冷却物料一般走壳程，便于散热。

以上讨论的原则并不是绝对的，对具体的冷热流体而言，上述原则可能是互相矛盾的。因此，在选择流径时，必须根据具体情况，抓住主要矛盾进行确定。

(2) 流体流速的选择

流体在管程或壳程中的流速，直接影响传热系数、流动阻力、污垢热阻及换热器的结构等，因此选择适宜的流速是十分重要的。根据经验，表 4-13 列出一些工业上常用的流速范围，以供参考。

表 4-13　列管换热器内常用的流速范围

流体种类	流体速度 $u/(\mathrm{m/s})$	
	壳　程	管　程
一般液体	0.2～1.5	0.5～3
易结垢液体	>0.5	>1
气体	3～15	5～30

(3) 冷却介质（或加热介质）进、出口温度的选择

在换热器设计中，进、出换热器物料的温度一般由工艺条件确定，而冷却介质（或加热介质）进、出口温度则由设计者视具体情况而定。为确保换热器在所有条件下均能满足工艺要求，加热介质的进口温度应按所在地的冬季状况确定，冷却介质的进口温度应按所在地的夏季状况确定。在用冷却水作冷却介质时，进出口温度差一般控制在 5～10℃。

(4) 换热管的规格

换热管的规格包括管径和管长。换热管直径越小，换热器单位体积的传热面积越大。因此，对于洁净的流体管径可取小些，但对于不洁净或易结垢的流体，管径应取得大些，以免堵塞。目前我国试行的系列标准规定采用 $\phi 25\mathrm{mm} \times 2.5\mathrm{mm}$ 和 $\phi 19\mathrm{mm} \times 2\mathrm{mm}$ 两种规格，对一般流体是适用的。此外，还有 $\phi 38\mathrm{mm} \times 2.5\mathrm{mm}$、$\phi 57\mathrm{mm} \times 2.5\mathrm{mm}$ 的无缝钢管。

我国生产的钢管系列标准中管长有 1.5m、2m、3m、4.5m、6m 和 9m，按选定的管径和流速确定管子数目，再根据所需传热面积，求得管长，合理截取。同时，管长又应与壳径相适应，一般管长与壳径之比，即 L/D 为 4～6。

管子的排列方式有等边三角形和正方形两种，如图 4-30 (a)、图 4-30 (b) 所示。与正方形相比，等边三角形排列比较紧凑，管外流体湍动程度高，表面传热系数大。正方形排列虽比较松散，传热效果也较差，但管外清洗方便，对易结垢流体更为适用。如将正方形排列的管束斜转 45°安装，如图 4-30 (c)，可在一定程度上提高对流传热系数。

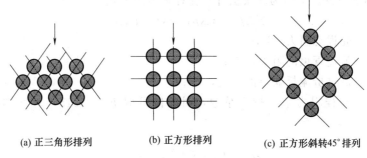

(a) 正三角形排列　　　　(b) 正方形排列　　　　(c) 正方形斜转45°排列

图 4-30　管子在管板上的排列

(5) 折流挡板

安装折流挡板的目的是为提高管外对流传热系数，为取得良好效果，挡板的形状和间距必须适当。对常用的圆缺形挡板，弓形缺口的大小对壳程流体的流动情况有重要影响。由图 4-31 可以看出，弓形缺口太大或太小都会产生"死区"，太大不利于传热，太小又增加流体阻力。

(a) 切除过少　　　　(b) 切除适当　　　　(c) 切除过多

图 4-31　挡板切除对流动的影响

挡板的间距对壳程的流动亦有重要的影响。间距太大，不能保证流体垂直流过管束，使管外对流传热系数下降；间距太小，不便于制造和检修，阻力损失亦大。一般取挡板间距为壳体内径的 0.2～1.0 倍。我国系列标准中采用的挡板间距为：固定管板式有 100mm、150mm、200mm、300mm、450mm、600mm、700mm 7 种；浮头式有 100mm、150mm、200mm、250mm、300mm、350mm、450mm（或 480mm）、600mm 8 种。

(6) 流体通过换热器时阻力（压降）的计算

换热器管程及壳程的流动阻力，常常控制在一定允许范围内，若计算结果超过允许值，则应修改设计参数或重新选择其他规格的换热器。按一般经验，对于液体常控制在 $10^4 \sim 10^5$ Pa 范围内，对于气体则以 $10^3 \sim 10^4$ Pa 为宜。

① 管程阻力　流体通过管程阻力包括各程直管摩擦阻力 Δp_1、每程回弯阻力 Δp_2 以及进出口阻力 Δp_3 三项之和。而 Δp_3 对比之下常可忽略不计。因此可用下式计算管程总阻力

$$\sum \Delta p_i = (\Delta p_1 + \Delta p_2) F_t N_s N_p \tag{4-78}$$

式中　Δp_1——每程直管阻力，Pa；

　　　Δp_2——每程回弯阻力，Pa；

　　　F_t——管程阻力结垢校正系数，无量纲，对于 $\phi 25mm \times 2.5mm$ 的管子，$F_t = 1.4$，对 $\phi 19mm \times 2mm$ 的管子 $F_t = 1.5$；

　　　N_s——壳程数；

　　　N_p——管程数。

② 壳程阻力　对于壳程阻力的计算，由于流动状态比较复杂，提出的计算公式较多，

所得计算结果相差不少。下面为埃索法计算壳程阻力的公式

$$\sum \Delta p_o = (\Delta p_1' + \Delta p_2') F_s N_s \tag{4-79}$$

式中　$\sum \Delta p_o$——壳程总阻力，Pa；

　　　　$\Delta p_1'$——流过管束的阻力，Pa；

　　　　$\Delta p_2'$——流过折流板缺口的阻力，Pa；

　　　　F_s——壳程阻力结垢校正系数，对液体可取 $F_s = 1.15$，对气体或可凝蒸汽取 $F_s = 1.0$。

管束阻力　　　　　　　　$$\Delta p_1' = F f_o N_c (N_B + 1) \frac{\rho u_o^2}{2} \tag{4-80}$$

折流板缺口阻力　　　　　$$\Delta p_2' = N_B \left(3.5 - \frac{2B}{D} \right) \frac{\rho u_o^2}{2} \tag{4-81}$$

式中　N_B——折流板数目；

　　　　N_c——横过管束中心的管子数，对于三角形排列的管束 $N_c = 1.1 N_T^{0.5}$，对于正方形排列的管束，$N_c = 1.19 N_T^{0.5}$；

　　　　N_T——每一壳程的管子总数；

　　　　B——折流挡板间距，m；

　　　　D——壳体直径，m；

　　　　u_o——按壳程最大流通截面积计算所得的壳程流速，m/s；

　　　　F——管子排列形式对压降的校正系数，对三角形排列 $F = 0.5$，对正方形排列 $F = 0.3$，对正方形斜转 $45°$ 排列 $F = 0.4$；

　　　　f_o——壳程流体摩擦系数，根据 $Re_o = \dfrac{d_o u_o \rho}{\mu}$，当 $Re_o > 500$ 时，$f_o = 5.0 Re_o^{-0.228}$。

4.6.4.2　列管式换热器选型设计的一般步骤

① 确定流体在换热器内的流动空间。

② 根据传热任务计算热负荷。

③ 根据传热量确定第二种换热流体的未知量（用量、出口温度等）。

④ 根据两流体的温度差和流体类型，确定换热器的型式。

⑤ 计算定性温度，确定定性温度下流体物性。

⑥ 先按逆流（单壳程，单管程）计算平均温度差，若 $\varphi_{\Delta t} < 0.8$，应增加壳程数。

⑦ 根据总传热系数的经验值或按生产实际情况，选择总传热系数 $K_{选}$。

⑧ 由传热基本方程式初算出传热面积 $A_{估}$。

⑨ 由初选的传热面积 $A_{估}$，从系列标准中选取换热器型号，从而确定初选的换热器的实际传热面积 $A_{实}$。

⑩ 校核总传热系数。计算管、壳程流体的对流传热系数，确定污垢热阻，计算总传热系数 $K_{计}$，由传热基本方程式求出所需传热面积 $A_{需}$，与换热器的实际传热面积 $A_{实}$ 比较，若 $A_{实}$ 比 $A_{需}$ 大 $10\% \sim 25\%$，即可以为合理，否则重新选择 $K_{选}$，重复步骤⑦～⑧。

校核压力降。根据初选换热器的结构，计算管、壳程压力降，若不符合要求，重新选择其他型号的换热器，直至压力降满足要求。下面通过一实例说明具体步骤和方法。

> **在选用换热器时，冷热两流体传热温差大于 50℃ 时，应选用具有热补偿结构的换热器。**

【例 4-13】 某油厂拟采用列管式换热器，将原油从70℃加热至110℃，原油处理能力为29.5万吨/a。加热剂采用柴油，柴油进口温度175℃，出口温度150℃，要求管壳程压力降均小于0.05MPa，年操作时间为8000h。试选择一适当型号的列管式换热器。

原油平均温度下的物性参数：$\rho = 815 \text{kg/m}^3$，$c_p = 2.2 \text{kJ/(kg} \cdot \text{K)}$，$\lambda = 0.128 \text{W/}$ (m · ℃)，$\mu = 6.65 \times 10^{-3} \text{Pa} \cdot \text{s}$。

柴油平均温度下的物性参数：$\rho = 715 \text{kg/m}^3$，$c_p = 2.48 \text{kJ/(kg} \cdot \text{K)}$，$\lambda = 0.133 \text{W/}$ (m · ℃)，$\mu = 0.64 \times 10^{-3} \text{Pa} \cdot \text{s}$。

解：(1) 计算并初选换热器

① 确定流体流动空间 由于原油黏度较大，选择原油走壳程，柴油走管程。

② 计算热负荷，确定柴油用量

$$Q = q_{m,c} c_{p,c} (t_{c2} - t_{c1}) = \frac{29.5 \times 10^4 \times 10^3}{8000 \times 3600} \times 2.2 \times 10^3 \times (110 - 70) = 9.01 \times 10^5 \text{W}$$

$$q_{m,h} = \frac{Q}{c_{p,c}(t_{h2} - t_{h1})} = \frac{9.01 \times 10^5}{2.48 \times 10^3 \times (175 - 150)} = 14.5 \text{kg/s} = 41.87 \text{万吨/a}$$

③ 确定流体定性温度、温差、换热器型式

$$t_{m,h} = \frac{t_{h1} + t_{h2}}{2} = \frac{175 + 150}{2} = 162.5 \text{℃}$$

$$t_{m,c} = \frac{t_{c1} + t_{c2}}{2} = \frac{70 + 110}{2} = 90 \text{℃}$$

两流体温度差 $\Delta t = t_{m,h} - t_{m,c} = 162.5 - 90 = 72.5 \text{℃} > 50 \text{℃}$，故选用浮头式列管换热器。

④ 计算平均温度差 先按逆流

$$\begin{array}{c} 175 \rightarrow 150 \\ \underline{110 \leftarrow 70} \\ 65 \quad 80 \end{array} \quad \Delta t_{m,逆} = \frac{\Delta t_2 - \Delta t_1}{2} = \frac{65 + 80}{2} = 72.5 \text{℃}$$

查手册得 $\varphi_{\Delta t} = 0.98 > 0.8$，故采用单壳程 $\Delta t_m = \Delta t_{m,逆} \varphi_{\Delta t} = 72.5 \times 0.98 = 71 \text{℃}$。

⑤ 选 K 值 估算传热面积，参照表4-10，取 $K_{选} = 250 \text{W/(m}^2 \cdot \text{K)}$

$$A_{估} = \frac{Q}{K_{选} \Delta t_m} = \frac{9.01 \times 10^5}{250 \times 71} = 51 \text{m}^2$$

⑥ 初选换热器型号 查附录初选换热器型号，列表见表4-14。

表 4-14 【例 4-13】附表

项目	参数	项目	参数
壳径 D/mm	600	管数 n	124
公称面积 A/m^2	65	管径 d_o/mm	25
管程数 N_p	2	管心距 t/mm	32
管长 L/m	6	管子排列方式	正方形
折流挡板间距 B/m	0.2		

换热器实际传热面积

$$A_{实} = n \pi d_o (L - 0.1) = 124 \times 3.14 \times 0.025 \times (6 - 0.1) = 57.4 \text{m}^2$$

(2) 校核总传热系数

① 管内对流传热系数 α_i 管内柴油流速

$$u_i = \frac{q_{m,h}}{\rho_i \times \frac{1}{4}\pi d_i^2 n} = \frac{14.5}{715 \times 3.14 \times \frac{1}{4} \times 0.02^2 \times \frac{124}{2}} = 1.04 \text{m/s}$$

$$Re_i = \frac{d_i u_i \rho_i}{\mu_i} = \frac{0.02 \times 1.04 \times 715}{0.64 \times 10^{-3}} = 2.3 \times 10^4$$

$$Pr_i = \frac{c_{pi} \mu_i}{\lambda_i} = \frac{2.48 \times 10^3 \times 0.64 \times 10^{-3}}{0.133} = 11.9$$

$$\alpha_i = 0.023 \frac{\lambda_i}{d_i} Re^{0.8} Pr^{0.3} = 0.023 \times \frac{0.133}{0.02} \times (2.3 \times 10^4)^{0.8} \times 11.9^{0.3} = 992 \text{W/(m}^2 \cdot \text{K)}$$

② 壳程对流传热系数 α_o。 壳程流通截面积

$$A = BD(1 - d_o/t) = 0.2 \times 0.6 \times (1 - 25/32) = 0.0263 \text{m}^2$$

原油流速
$$u_o = \frac{q_{m,c}}{\rho_c A} = \frac{29.58 \times 10^7}{8000 \times 3600 \times 815 \times 0.0263} = 0.48 \text{m/s}$$

当量直径

$$d_{eo} = \frac{4\left(t^2 - \frac{\pi}{4}d_o^2\right)}{\pi d_o} = \frac{4 \times \left(0.0032^2 - \frac{3.14}{4} \times 0.025^2\right)}{3.14 \times 0.025} = 0.027 \text{m}$$

$$Re_o = \frac{d_{eo} u_o \rho_o}{\mu_o} = \frac{0.027 \times 815 \times 0.48}{6.65 \times 10^3} = 1588$$

$$Pr_o = \frac{c_{po} \mu_o}{\lambda_o} = \frac{2.2 \times 10^3 \times 6.65 \times 10^{-3}}{0.128} = 114$$

原油被加热，取 $\mu_o/\mu_w = 1.05$

$$\alpha_o = 0.023 \frac{\lambda_o}{d_{eo}} Re_o^{0.56} Pr_o^{1/3} (\mu_o/\mu_w)^{0.14}$$

$$= 0.023 \times \frac{0.128}{0.027} \times 1588^{0.56} \times 114^{1/3} \times 1.05^{0.14} = 500 \text{W/(m}^2 \cdot \text{K)}$$

取污垢热阻，柴油 $R_{si} = 0.0002 \text{m}^2 \cdot \text{K/W}$，原油 $R_{so} = 0.0004 \text{m}^2 \cdot \text{K/W}$，碳钢热导率 $\lambda = 45 \text{W/(m} \cdot \text{K)}$，则

$$K = \left(R_{s,i}\frac{d_o}{d_i} + \frac{1}{\alpha_i}\frac{d_o}{d_i} + \frac{b}{\lambda}\frac{d_o}{d_m} + \frac{1}{\alpha_o} + R_{s,o}\right)^{-1}$$

$$= \left(\frac{0.0002 \times 25}{20} + \frac{25}{992 \times 20} + \frac{0.0025 \times 25}{45 \times 22.5} + \frac{1}{500} + 0.0004\right)^{-1} = 252 \text{W/(m}^2 \cdot \text{K)}$$

$$A_{需} = \frac{Q}{K_o \Delta t_m} = \frac{9.01 \times 10^5}{252 \times 71} = 5.04 \text{m}^2$$

则
$$\frac{A_{实} - A_{需}}{A_{需}} = \frac{57.4 - 50.4}{50.4} = 13.8\%$$

（3）校核压力降

① 管程压力降

$$\sum \Delta p_i = (\Delta p_1 + \Delta p_2) F_t N_s N_p$$

当 $Re_i = 2.3 \times 10^4$，$\varepsilon = 0.2 \text{mm}$，$\varepsilon/d = 0.01$，查得 $\lambda = 0.041$

$$\Delta p_1 = \lambda \frac{L}{d_i} \frac{\rho_i u_i^2}{2}, \quad \Delta p_2 = 3 \times \frac{\rho_i u_i^2}{2}$$

$$\Delta p_1 + \Delta p_2 = \left(\lambda \frac{L}{d_i} + 3\right)\frac{\rho_i u_i^2}{2} = \left(0.041 \times \frac{6}{0.02} + 3\right) \times \frac{715 \times 1.04^2}{2} = 5916\text{Pa}$$

$$\sum \Delta p_i = 5916 \times 1.4 \times 2 \times 1 = 16564\text{Pa} < 0.05\text{MPa}$$

② 壳程压力降

$$\sum \Delta p_o = (\Delta p_1' + \Delta p_2')F_s N_s, \quad \Delta p_1' = F f_o N_c (N_B + 1)\frac{\rho u_o^2}{2}$$

正方形排列 $F = 0.4$

$$N_c = 1.19(N_T)^{0.5} = 1.19 \times 124^{0.5} = 13$$

$$N_B = \frac{L}{B} - 1 = \frac{6}{0.2} - 1 = 29$$

$$A_o = B(D - N_c d_o) = 0.2 \times (0.5 - 13 \times 0.025) = 0.035\text{m}^2$$

$$Re_o = \frac{d_o u_o \rho_o}{\mu_o} = \frac{0.025 \times 815 \times 0.36}{6.65 \times 10^3} = 1100 > 500$$

$$f_o = 5Re^{-0.228} = 5 \times 1100^{-0.228} = 1.01$$

$$\Delta p_1' = 0.4 \times 1.01 \times 13 \times (29 + 1) \times \frac{815 \times 0.36^2}{2} = 8321\text{Pa}$$

$$\Delta p_2' = N_B \left(3.5 - \frac{2 \times B}{D}\right)\frac{\rho u_o^2}{2} = 29 \times \left(3.5 - \frac{2 \times 0.2}{0.5}\right) \times \frac{815 \times 0.36^2}{2} = 4135\text{Pa}$$

$$\sum \Delta p_o = (\Delta p_1' + \Delta p_2')F_s N_s = (8321 + 4135) \times 1.15 \times 1 = 14324\text{Pa} < 0.05\text{MPa}$$

以上计算可知，选用的换热器是合适的。

4.7 强化传热技术的工程应用

前述各种强化传热方法多半是在实验室得出的，是否适用于工业设备尚需经过工程实际的检验。工程上采用一项强化传热技术需考虑很多因素。除了考虑这项技术在传热和流动阻力方面的综合效应外，还需考采用这项技术后的运行问题、制造问题、安全问题和经济问题。设计运行人员必须根据工程系统的实际情况进行全面周到的考虑后，才能做出正确决定。

4.7.1 审核实验数据的适用性

实验室得出的或者文献资料上发表的换热系数或阻力损失数据常有一定的局限性，将其应用到具体工程设备时必须严加审核。例如，某些高效沸腾换热面在某种给定流体及压力下运行时换热性能良好，但当条件变更时换热性能就随之而变。再以添加剂为例，在水中加入少量1-戊醇，可以使池沸腾时的临界热流密度提高不少。但加热器尺寸对此有明显影响，应用大直径加热器的池沸腾临界热流密度值要比应用小直径加热器时小得多。

另一个问题是实验室实验结果的推广问题。在实验室中不少实验为单管实验，有的是在模型化情况下得出的，将这些数据用于工业换热器的管束情况就有一定偏差。实践表明，水平肋片管束中，顶部肋片管的换热系数要比下部高。因而当装设强化传热管时应该将效果最好的强化传热管装在管束下部，这是因为顶部管子换热工况已较好，再进行强化收效就较少。在凝结器中也存在同样问题，管束下部的几排管子，由于上面管子凝结液下流的结果，凝结液膜较厚，凝结换热系数较小，因而也可应用类似方法处理。

4.7.2 制造问题

在确定将某种强化传热技术用于换热器时，必须考虑换热器在采用这种强化传热技术时的各种制造问题。首先强化传热技术的部件和设备，如所用管子的形状或各种管内插入物等，在外形和材料上必须与换热器现有的外形及材料配合。其次，必须根据各种换热设备的制造规程或标准检验是否允许采用这种强化传热技术。例如，采用有些强化传热技术会引起管壁变形、削薄，使材料强度降到低于压力容器规范的规定值。

4.7.3　运行问题

(1) 运行时间的影响

运行时间的长短对强化传热技术的效应有一定的影响。特别对采用表面粗糙法和表面特殊处理法的强化传热技术更要注意这一点。这些壁面人工粗糙度对强化传热的效应是不持久的。例如，带粗糙槽纹的壁面在开始运行时沸腾换热系数可比普通平板高 3 倍，但长期使用后换热系数降到与光滑镀铬平板相同的地步。

(2) 结垢与腐蚀

结垢与腐蚀是工程设备运行中必须考虑的一个重要问题。如采用特殊处理的壁面来进行强化传热，则一般用于清洁流体，否则工质中的杂质和腐蚀生成物会塞住表面多孔层的微孔，使强化传热效应逐渐消失。因此，这种强化传热管以及其他一些强化传热技术不宜用于强化工业锅炉的锅内换热。

(3) 可靠性

运行可靠性是检验某项强化传热技术是否适用于换热器的重要标志，应用有功强化传热技术时，如振动法、静电场法等，更需特别注意。因为这类强化传热技术需要采用附加设备，附加设备上的动力中断或任意零部件的损坏都会影响传热过程的进行。另外，也应考虑采用这类强化传热技术后是否会影响换热器本身的运行可靠性，对于上面提到的采用强化传热技术后是否会增加换热器或其他设备的结垢和腐蚀的可能性，也必须慎重考虑。

(4) 考虑安全性及对环保的影响

在采用某项强化传热技术时，还必须考虑安全性及对环保的影响。有些强化传热技术常因这些原因影响其工程应用范围。

(5) 进行技术经济比较

在工程上采用一项强化传热技术必须先进行技术经济比较。一项强化传热技术如应用于工程设备，一定要技术上可行、运行上可靠和经济上有利才有生命力。

本 章 小 结

传热是重要的单元操作，既广泛应用于化工过程中，也同时出现于其他工程及日常生活中。本章首先介绍了传热的基本原理及三种不同的传热机理。之后以研究换热过程为目标，研究了导热及对流传热的原理及计算方法。为了对换热器进行分析和设计，研究了总传热系数及传热过程平均温度差计算方法。对不同类型换热器的结构及特点进行了说明和比较。学习过程中，需要掌握和理解传热过程中推动力与阻力的关系。

通过本章的学习，需要重点了解传热过程的原理，掌握换热过程及换热器的计算方法，并能够根据工艺要求，选择合适类型和规格的换热器。

思　考　题

1. 在化工生产中，传热有哪些要求？

2. 传导传热、对流传热和辐射传热，三者之间有何不同？

3. 强化传热过程应采取哪些途径？

4. 为什么工业换热器的冷、热流体的流向大多采用逆流操作？

5. 什么是稳定传热和不稳定传热？

6. 有一高温炉，炉内温度高达 1000℃以上，炉内有燃烧气体和被加热物体，试定性分析从炉内向外界大气传热的传热过程。

习　题

填空题

1. 某大型化工容器的外层包上隔热层，以减少热损失，若容器外表温度为 500℃，而环境温度为 20℃，采用某隔热材料，其厚度为 240mm，$\lambda = 0.57$W/(m·℃)，此时单位面积的热损失为_____。（注：大型容器可视为平壁）

2. 某间壁换热器中，流体被加热时，圆形直管内湍流的传热系数表达式为_____。当管内水的流速为 0.5m/s 时，计算得到管壁对水的传热系数 $\alpha = 2.61$kW/(m²·℃)。若水的其他物性不变，仅改变水在管内的流速，当流速为 0.8m/s 时，此时传热系数 $\alpha =$ _____。

3. 牛顿冷却定律的表达式为_____，对流传热系数 α 的单位是_____。

4. 某并流操作的间壁式换热器中，热流体的进出口温度为 90℃和 50℃，冷流体的进出口温度为 30℃和 40℃，此时传热平均温度差 $\Delta t =$ _____。

5. 热量传递的方式主要有三种：_____、_____、_____。

6. 圆筒壁总传热系数 K 与间壁两侧对流传热系数 α_0、α_i 以及间壁热导率 λ 的关系为_____。当间壁管规格为 $\phi 108$mm×4mm，热导率为 45W/(m·℃) 时，管内外两侧给热系数分别为 8000W/(m·℃) 和 1200W/(m·℃) 时，总传热系数 K 为_____。

7. 某逆流操作的间壁式换热器中，热流体的进、出口温度为 80℃和 50℃，冷流体的进出、口温度为 20℃和 45℃，此时传热平均温度差 $\Delta t =$ _____。

8. 两固体间的辐射传热速率公式为_____。

9. 液体沸腾根据温度差大小可分为_____、_____、_____三个阶段，实际操作应控制在_____。

10. 举出五种间壁式换热器_____、_____、_____、_____、_____。

选择题

11. 红砖的黑度为 0.93，当其表面温度为 300℃时，红砖的辐射能力为（　　）。

A. 5683.4W/m²　　　　　　B. 916.7W/m²

12. 在列管换热器中，用饱和蒸汽加热空气，下面两项判断是否合理：（　　）。

甲：换热管的壁温将接近加热蒸汽温度。

乙：换热器总传热系数 K 将接近空气侧的对流传热系数。

A. 甲乙均合理　　　　　　　　　　B. 甲乙均无理

C. 甲合理，乙无理　　　　　　　　D. 乙合理，甲无理

13. 在一列管式加热器中，壳程为饱和水蒸气以加热管程中的空气。若空气流量增大 10%，为保证空气出口温度不变，可采用的办法是（　　）。

A. 壳程加折流挡板，增大壳程 α 值

B. 将原先的并流改为逆流流动以增气 Δt_m

C. 开大蒸汽进口阀门以便增大水蒸气流量

D. 开大蒸汽进口阀门以便提高加热蒸汽压力

14. 对流传热仅发生在（　　）中。

A. 固体　　　　　　　　B. 静止的流体　　　　　C. 流动的流体

15. 判断下面的说法中哪一种是错误的（　　）。

A. 在一定的温度下，辐射能力越大的物体，其黑度越大

B. 在同一温度下，物体的吸收率 A 与黑度 ε 在数值上相等，因此，吸收率 A 与黑度 ε 的物理意义相同

C. 黑度越大的物体吸收辐射的能力越强

D. 黑度反映了实际物体接近黑体的程度

16. 间壁传热时，各层的温度降与各相应层的热阻（　　）。

A. 成正比　　　　　　　B. 成反比　　　　　　　C. 没关系

17. 工业采用翅片状的暖气管代替圆钢管，其目的是（　　）。

A. 增加热阻，减少热量损失　　　　　　　B. 节约钢材、增强美观

C. 增加传热面积，提高传热效果

18. 对流传热是由（　　）因素产生的。

A. 流体分子的热振动　　　　　　　　　　B. 流体体内电子的移动

C. 流体质点的位移、扰动

19. 湍流体与器壁间的对流传热（即给热过程）其热阻主要存在于（　　）。

A. 流体内　　　　　　　　　　　　　　　B. 器壁内

C. 湍流体层流内层中　　　　　　　　　　D. 流体湍流区域内

20. 用饱和水蒸气加热空气时，传热管的壁温接近（　　）。

A. 蒸汽的温度　　　　　　　　　　　　　B. 空气的出口温度

C. 空气进、出口平均温度

计算题

21. 平壁炉壁由三种材料组成，其厚度和热导率如下：

序号	材料	厚度 b/mm	热导率 λ/[W/(m·℃)]
1（内层）	耐火砖	200	1.07
2	绝热砖	100	0.14
3	钢板	6	45

若耐火砖层内表面温度 $t_1 = 1150℃$，钢板外表面温度 $t_4 = 30℃$，试计算导热的热通量。又实测通过炉壁的热损失为 $300W/m^2$，如计算值与实测不符，试分析原因并计算附加热阻。

22. 某厂精馏塔顶冷凝器，采用列管式换热器，有 $\phi25mm \times 2.5mm$ 管子 60 根，管长 2m，塔顶蒸汽走管间，冷凝水走管内，其流速为 1.2m/s，进出口温度分别为 20℃ 和 60℃。已知 40℃ 时水的比热容 4.174kJ/(kg·℃)，热导率 0.634W/(m·℃)，黏度 0.656cP，密度 992.2kg/m³。

求：（1）管内水的对流传热系数；（2）如总管数改为 50 根，仍保持换热器的传热面积不变（管长增加），水量及水进口温度不变，此时管内水的对流传热系数又为多少？

23. 有一套管换热器，内管为 $\phi19mm \times 3mm$，管长为 2m，环隙的油与管内的水流向相反，油的流量为 270kg/h，进口温度为 100℃，水的流量为 360kg/h，入口温度为 10℃，油和水的比热容分别为 1.88kJ/(kg·℃) 和 4.18kJ/(kg·℃)，且已知以管外表面积为基准的传热系数 $K = 374W/(m^2·℃)$，试求油和水的出口温度为多少？

24. 接触法硫酸生产中用氧化后的高温 SO_3 混合气预热原料气（SO_2 及空气混合物），

已知：列管式换热器的传热面积为 $90m^2$，原料气入口温度 $t_1 = 300℃$，出口温度 $t_2 = 430℃$。SO_3 混合气入口温度 $T_1 = 560℃$，两种流体的流量均为 $10000kg/h$，热损失为原料气所得热量的 6%，设两种气体的比热容均可取为 $1.05kJ/(kg·℃)$，且两流体可近似作为逆流处理。

求：（1）SO_3 混合气的出口温度 T_2？（2）传热系数 K 为多少？

25. 在内管为 $\phi189mm×10mm$ 的套管换热器中，将流量为 $3500kg/h$ 的某液态烃从 $100℃$ 冷却到 $60℃$，其平均比热容 $c_{p烃} = 2.38kJ/(kg·℃)$，环隙走冷却水，其进出口温度分别为 $40℃$ 和 $50℃$，平均比热容 $c_{p水} = 4.17kJ/(kg·℃)$，基于传热管外表面积的总传热系数 $K_o = 2000W/(m^2·℃)$，设其值恒定，忽略热损失。

试求：（1）冷却水用量；（2）分别计算两流体为逆流和并流情况下的平均温度差及所需管长。

26. 某厂用套管式换热器每小时冷凝 $2000kg$ 的甲苯蒸气，冷凝温度为 $110℃$，潜热为 $360kJ/kg$，甲苯蒸气冷凝传热系数 α 为 $10000W/(m^2·℃)$。冷却水于 $15℃$，以 $4500kg/h$ 的流量进入 $\phi57mm×3.5mm$ 的管内作湍流流动，其对流传热系数为 $1500W/(m^2·℃)$。管壁热阻和污垢热阻忽略不计，水的比热容为 $4.18kJ/(kg·℃)$。

试求：（1）该换热器传热面积 A 为多少？（2）若夏天冷却水进口温度升至 $20℃$，操作时将冷却水量加大一倍，原换热器能否完成任务？

27. 用一传热面积为 $3m^2$，由 $\phi25mm×2.5mm$ 管子组成的单程列管式换热器，用初温为 $10℃$ 的水将机油由 $200℃$ 冷却至 $100℃$，水走管内，机油走管间。已知水和机油的质量流量分别为 $1000kg/h$ 和 $1200kg/h$，其比热容分别为 $4.187kJ/(kg·℃)$ 和 $2.0kJ/(kg·℃)$；水侧和油侧的对流传热系数分别为 $2000W/(m^2·℃)$ 和 $250W/(m^2·℃)$，两流体呈逆流流动，忽略管壁和污垢热阻。

（1）计算说明该换热器是否合用？（2）夏天当水的初温达到 $30℃$，而油的流量及冷却程度不变时，该换热器是否合用？如何解决？（假设传热系数不变）

28. 一单壳程单管程列管换热器，由多根 $\phi25mm×2.5mm$ 的钢管组成管束，管程走某有机溶液，流速为 $0.5m/s$，流量为 $15t/h$，比热容为 $1.76kJ/(kg·℃)$，密度为 $858kg/m^3$，温度由 $20℃$ 加热至 $50℃$。壳程为 $130℃$ 的饱和水蒸气冷凝，管程、壳程的对流传热系数分别为 $700W/(m^2·℃)$ 和 $10000W/(m^2·℃)$，钢热导率为 $45W/(m·℃)$，垢层热阻忽略不计。

求：（1）总传热系数；（2）管子根数和管长；（3）在冷流体温度不变的情况下，若要提高此设备的传热速率，你认为要用什么措施？

29. 有一列管式换热器，装有 $\phi25mm×2.5mm$ 钢管 300 根，管长为 $2m$。要求将质量流量为 $8000kg/h$ 的常压空气于管程由 $20℃$ 加热到 $85℃$，选用 $108℃$ 饱和蒸汽于壳程冷凝加热之。若水蒸气的冷凝传热系数为 $1×10^4W/(m^2·K)$，管壁及两侧污垢的热阻均忽略不计，而且不计热损失。已知空气在平均温度下的物性常数为 $c_p = 1kJ/(kg·K)$，$\lambda = 2.85×10^{-2}W/(m·K)$，$\mu = 1.98×10^{-5}Pa·s$，$Pr = 0.7$。

试求：（1）空气在管内的对流传热系数；（2）求换热器的传热系数（以管子外表面为基准）；（3）通过计算说明该换热器能否满足需要？（4）计算说明管壁接近于哪一侧的流体温度。

30. 用一单程列管式换热器将 $46℃$ 的 CS_2 饱和蒸气冷凝后再冷却至 $10℃$。CS_2 走壳程，流量为 $250kg/h$，又其冷凝潜热为 $355kJ/kg$。液相 CS_2 比热容为 $1.05kJ/(kg·℃)$，冷却水走管程，与 CS_2 呈逆流流动，其进、出口温度分别为 5℃ 和 30℃。换热器中有 ϕ25mm×2.5mm 管 30 根，管长 3m，设此换热器中，CS_2 蒸气冷凝和液体冷却时的总传热系数分别为 200W/(m²·℃) 和 100W/(m²·℃)（均以管外表面为基准），问此换热器的传热面积能否满足要求？

本章主要符号说明

符号	意义与单位	符号	意义与单位
A	传热面积，m²；吸收率	**希腊字母**	
b	厚度，m；润湿周边长，m	α	传热系数，W/(m²·℃)
C_0	黑体辐射系数，W/(m²·K⁴)	β	体积膨胀系数，1/℃
c_p	定压比热容，kJ/(kg·℃)	δ	边界层厚度，m
d	管径，m	ε	黑度；传热效率
d_e'	传热当量直径，m	θ	时间，s
D	换热器壳径，m；透过率	λ	热导率，W/(m·℃)
E	辐射能力，W/m²；	μ	黏度，Pa·s
Gr	格拉晓夫数	ρ	密度，kg/m³
h	挡板间距，m	σ	表面张力，N/m
I	流体的焓，kJ/kg	φ	角系数，无量纲
K	总传热系数，W/(m²·℃)	$\varphi_{\Delta t}$	温差校正系数
L	管子长度，m	**下标**	
Nu	努塞尔数	B	黑体
n	管数	c	冷流体；临界
Pr	普朗特数	h	热流体
q	热流密度或热通量，W/m²	i	管内
Q	传热速率或热负荷，W	m	平均
r	半径，m；汽化热或冷凝热，kJ/kg	o	管外
R	热阻，m²·℃/W；反射率	s	污垢；饱和
Re	雷诺数，无量纲	v	蒸汽
t	冷流体温度，℃；管心距，m	w	壁面
t_c	冷流体温度，℃	min	最小
t_h	热流体温度，℃	max	最大
T	热流体温度，℃		
Δt	温度差		
u	流速，m/s		

第5章

蒸　发

本章学习要求

1. 了解动力装备、流体、蒸发器以及蒸发过程的概念。

2. 熟悉动力装备，如蒸发器消耗电能将之转化为蒸汽携带的热能，泵消耗电能将之转化为流体流动所需要的功。

3. 了解动力装备与蒸发器之间的供需关系。

4. 熟悉蒸发过程的设计与操作应遵循质量守恒定律、热量守恒定律以及动量、热量与质量传递过程规律。

蒸发是将稀溶液在沸腾状态下进行浓缩的单元操作，进行蒸发操作的目的为：由于溶液中溶剂的汽化，进而获得溶剂产品或不挥发的溶质产品。

蒸发操作进行的必要条件是要不断地供给热能，不断排除蒸汽，并且要求溶剂易挥发。蒸发操作一般分为单效蒸发与多效蒸发，单效蒸发通常包括常压、加压及减压蒸发等。蒸发操作中通常所采用的蒸汽为生蒸汽与二次蒸汽，并且可以采用直接加热或间接加热的方式。蒸发操作主体设备为蒸发器，在整个蒸发操作的过程中，有如下特点：沸点升高、能耗大及蒸发器的结构特性取决于溶液的特性。

5.1　概述

(1) 蒸发的基本概念

蒸发操作可以在常压、加压或减压下进行。常压蒸发可用敞口设备，使二次蒸汽排入大气中。真空蒸发时溶液侧的操作压强低于大气压强，要依靠真空泵抽出不凝气体并维持系统的真空度。加压蒸发在加压下进行，因而溶液的沸点升高，产生的二次蒸汽的温度也高，就有可能利用二次蒸汽作为其他设备的加热剂。

由上所述，蒸发过程的实质是传热壁面一侧的蒸汽冷凝与另一侧的溶液沸腾间的传热过程。

(2) 蒸发的特点

蒸发器虽然是一种换热器，但蒸发过程又具有不同于一般传热过程的特殊性：

① 溶液中含有不挥发性溶质，故其蒸气压较同温度下溶剂（如纯水）的低，换言之，在相同的压强下，溶液的沸点高于纯水的沸点。相同条件下，蒸发溶液的传热温差就比蒸发纯溶剂的传热温差小，溶液浓度越高这种现象越显著。因此，溶液的沸点升高是蒸发操作必

须考虑的重要问题。

② 工业规模下，溶剂的蒸发量往往是很大的，需要耗用大量的加热蒸汽，同时产生大量的二次蒸汽，如何利用二次蒸汽的潜热，是蒸发操作中要考虑的关键问题。

③ 溶液的特殊性决定了蒸发器的特殊结构，例如，某些溶液在蒸发时可能结垢或析出结晶，在蒸发器的结构设计上应设法防止或减少垢层的生成，并应使加热面易于清洗。有些物料具有热敏性，有些则具有较大的黏度或具有较强的腐蚀性等等，需要根据物料的这些特性，设计或选择适宜结构的蒸发器。

(3) 蒸发的应用

蒸发是化工、食品、医药、海水淡化等生产领域中广泛使用的一种单元操作，例如硝铵、烧碱、制糖等生产中将溶液加以浓缩，通过脱除溶液中的杂质以制取较纯溶剂。在植物油脂加工厂中，油脂浸出车间混合油的浓缩、油脂精炼车间磷脂的浓缩以及肥皂车间甘油水溶液的浓缩等，都是蒸发操作。

5.2 蒸发过程与设备

5.2.1 循环型（非膜式）蒸发器

(1) 中央循环管式（标准式）蒸发器

中央循环管式蒸发器的结构如图 5-1 所示，它属于自然循环型的蒸发器，是工业生产中广泛使用且历史悠久的大型蒸发器，至今在化工、轻工、环保等行业中仍被广泛采用。

它的加热室由管径为 25～75mm，长度为 1～2m（长径之比约为 20～40）的直立管束组成，在管束中央安装一根较粗的管子。操作时，管束内单位体积溶液的受热面积大于粗管内的，即前者受热好，溶液汽化的多，因此细管内的溶液含汽量多，致使密度比粗管内溶液的要小，这种密度差促使溶液作沿粗管下降而沿细管上升的循环运动，故粗管除称为中央循环管外还称为降液管，细管称为加热管或沸腾管。为了促使溶液有良好的循环，设计时取中央循环管截面积为加热管束总截面积的 40%～100%。

中央循环管式蒸发器是从水平加热室及蛇管加热室蒸发器发展而来。相对于这些老式蒸发器而言，它具有溶液循环好、传热速率快等优点，同时由于结构紧凑、制造方便，应用十分广泛，有"标准蒸发器"之称。但实际上由于结构的限制，循环速度一般在 0.4～0.5m/s 以下；由于溶液不断循环，使加热管内溶液始终接近完成液的浓度，故有溶液黏度大、沸点高等缺点，此外，蒸发器的加热室不易清洗。中央循环管式蒸发器适用于蒸发结垢不严重、有少量结晶析出和腐蚀性较小的溶液。

中央循环管式蒸发器，作为应用得较早的蒸发设备，其广泛地应用在蒸发过程中有较少晶体出现、物料稍黏稠的蒸发场合，在各类蒸发设备

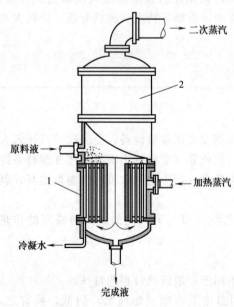

图 5-1 中央循环管式蒸发器
1—加热室；2—分离室

日益发展的今天，中央循环管式蒸发器则更多应用在各种有机溶剂的脱溶蒸馏工序。

（2）悬筐式蒸发器

悬筐式蒸发器结构如图 5-2 所示，它是中央循环管式蒸发器的一种改良，清洗时加热管束可以取出，用备用的加热管束替换，以节约清理时间。

加热蒸汽由中央管进入管束的管间。包围管束的外壳外壁面与蒸发器外壳内壁的环隙通道代替了中央循环管，操作时溶液沿环隙通道下降而沿加热管束上升。一般环隙截面积约为加热管束总截面积的 100%～150%，较中央循环管蒸发器的比例大，故改善与加速了料液的循环速度，循环速度可达1～1.5m/s，不但提高了传热效果，也阻止了加热管内的结垢，这种蒸发器传热面积限于 100m 以下，总传热系数在 600～3500W/（m·℃）之间。

悬筐式蒸发器适用于蒸发易结垢或有晶体析出的溶液，常用于烧碱工业中。

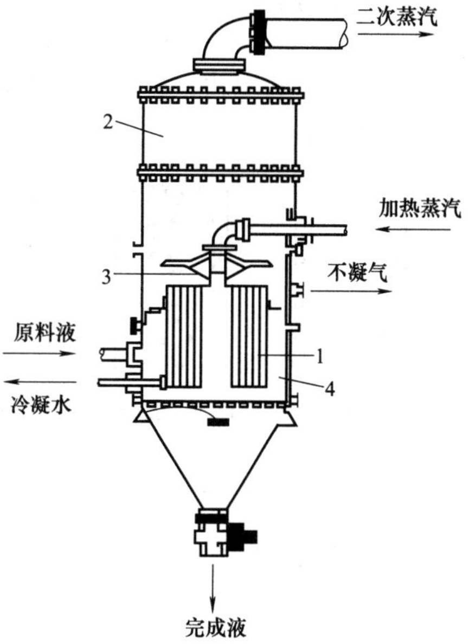

图 5-2 悬筐式蒸发器
1—加热室；2—分离室；
3—除沫器；4—环形循环通道

5.2.2 单程型（膜式）蒸发器

（1）升膜式蒸发器

升膜式蒸发器又称长管蒸发器，结构如图 5-3 所示。其加热室由很长的加热管束组成，常用的加热管直径为 25～50mm，管长和管径比一般约为 100～150。管束装在壳体内，实际上就是一台立式的固定管板式换热器。加热蒸汽在管外，料液由蒸发器底部进入加热管，受热沸腾，迅速汽化。蒸汽在管内高速上升，料液被上升的蒸汽所带动，沿管壁成膜状上升，并在此过程中继续蒸发。气液混合物在顶部分离室内分离，完成液由分离室底部排出，二次蒸汽由分离室顶部溢出。

料液在加热管内沸腾和流动情况对长管蒸发器的结果有很大的影响。现将其流动情况简述如下：

料液在低于其沸点时进入加热管，料液被加热，温度上升，料液因在管壁与中心受热程度不同而产生自然对流，此时尚未沸腾，溶液为如图5-4（a）所示的单相流动；当温度升高至沸点时，溶液沸腾而产生大量气泡，气泡分散于连续的液相中，此时管内开始如图5-4（b）所示的两相流动；随着气泡生成数量的增多，由许多气泡汇合而增大形成如图5-4（c）所示的片状流动；气泡

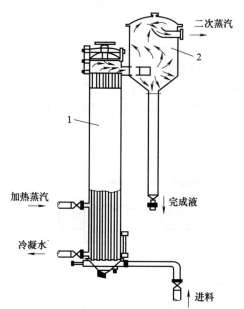

图 5-3 升膜式蒸发器
1—蒸发室；2—分离室

进一步增大形成柱状流动或称气栓；由于气栓不稳定，继而被液体隔断，形成如图5-4（d）

所示的环状流动；随着气量的进一步增大，在管子中央形成稳定的蒸汽柱，上升的蒸汽柱将料液拉曳成如图 5-4（e）所示的一层液膜沿管壁迅速上升；随着上升气速进一步增大，对液膜产生强烈的冲刷作用，使液滴分散在气流中，在蒸汽柱内形成如图 5-4（f）所示的带有液体雾沫的喷雾流。

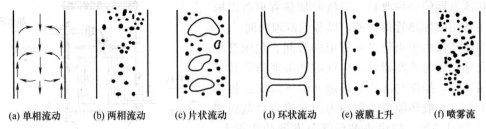

| (a) 单相流动 | (b) 两相流动 | (c) 片状流动 | (d) 环状流动 | (e) 液膜上升 | (f) 喷雾流 |

图 5-4　在垂直加热管内汽、液两相的流动状态

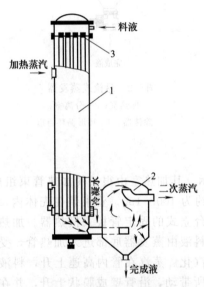

图 5-5　降膜式蒸发器
1—蒸发器；2—分离室；3—液体分布器

升膜蒸发器适宜处理蒸发量较大、热敏性、黏度不大及易起泡的溶液，但不适于高黏度、有晶体析出和易结垢的溶液。

（2）降膜式蒸发器

降膜式蒸发器如图 5-5 所示。在降膜式蒸发器中，原料液由加热室顶部加入，在重力作用下沿管内壁成膜状下降，并在下降过程中被蒸发增浓的气液混合物从底部进入分离室，完成液由分离室底部排出。

在每根加热管的顶部必须设置降膜分布器，以保证溶液呈膜状沿管内壁下降。降膜分布器的形式有多种，图 5-6 所示的三种较为常用。图 5-6（a）的导流管为一有螺旋形沟槽的圆柱体；图 5-6（b）的导流管下部是圆锥体，此锥体底面向内凹，以免沿锥体斜面流下的液体再向中央集中；在图 5-6（c）所示的分布器中，液体通过齿缝沿加热管内壁呈膜状下降。

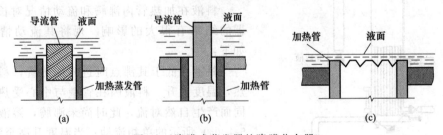

图 5-6　降膜式蒸发器的降膜分布器

降膜式蒸发器在水处理、乳品、制药、饮料、化工、玉米深加工等行业应用广泛。

在工业上还常把以上两种蒸发器联合使用，如升-降膜式蒸发器。其结构如图 5-7 所示，蒸发器底部封头内装置一块隔板，将加热管束分为两部分，形成类似于双管程换热器的结构。原料液经预热达到沸点或接近沸点后，引入升膜加热管束 2 的底部，液体沿管壁向上呈膜状流动，汽、液混合物由顶部流入降膜加热管束 3，液体又呈膜状沿管壁向下流动，最后汽、液混合物进入分离室 4 进行分离。

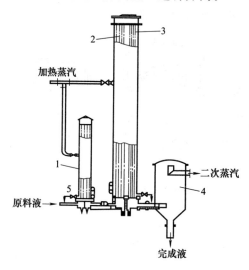

图 5-7　升-降膜式蒸发器

1—预热器；2—升膜加热管束；3—降膜加热管束；

4—分离室；5—冷凝水排出口

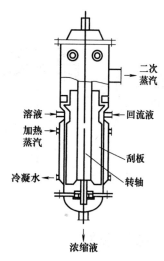

图 5-8　刮板式薄膜蒸发器

(3) 刮板式薄膜蒸发器

刮板式薄膜蒸发器的结构如图 5-8 所示，它具备的下述独特的优点，是常规膜式蒸发器所不能比拟的：

① 极小的压力损失：在旋转刮板薄膜蒸发器中，物料"流"与二次蒸汽"流"是两个独立的"通道"：物料是沿蒸发筒体内壁（强制成膜）降膜而下；而由蒸发面蒸发出的二次蒸汽则从筒体中央的空间几乎无阻碍地离开蒸发器，因此压力损失（或称阻力降）是极小的。

② 可实现真正真空条件下操作：正由于二次蒸汽由蒸发面到冷凝器的阻力极小，因此可使整个蒸发筒体内壁的蒸发面维持较高的真空度，几乎等于真空系统出口的真空度。由于真空度的提高，有效降低了被处理物料的沸点。

③ 高传热系数，高蒸发强度：物料沸点的降低，增大了与热介质的温度差；呈湍流状态的液膜，降低了热阻；同样，抑制物料在壁面结焦、结垢，也提高了蒸发筒壁的分传热系数；高效旋转薄膜蒸发器的总传热系数可高达 $8000kJ/(h \cdot m^2 \cdot ℃)$，因此其蒸发强度很高。

④ 低温蒸发：由于蒸发筒体内能维持较高的真空度，被处理物料的沸点大大降低，因此特别适合热敏性物料的低温蒸发。

由于刮板式薄膜蒸发器适宜热敏性物料、高黏度物料及易结晶含颗粒物料的蒸发浓缩、脱气脱溶、蒸馏提纯，因此，其在化工、石化、医药、农药、日化、食品、精细化工等行业获得广泛应用。

5.2.3　除沫器

除沫器的形式很多，常见的几种类型如图 5-9 所示。以图 5-9（c）中的丝网除沫器为例，它主要是由丝网、丝网格栅组成丝网块和固定丝网块的支承装置构成，丝网为各种材质的气液过滤网，气液过滤网是由金属丝或非金属丝组成。气液过滤网的非金属丝由多股非金属纤维捻制而成，亦可为单股非金属丝。该丝网除沫器不但能滤除悬浮于气流中的较大液沫，而且能滤除较小和微小液沫，广泛应用于化工、石油、塔器制造、压力容器等行业中的气液分离装置中。除此之外，其他几种除沫器也各具特点，其应用场合有所差异，在实际的设备选择及工艺设计中，需根据具体设备及流程需要选择适合工艺的除沫器。

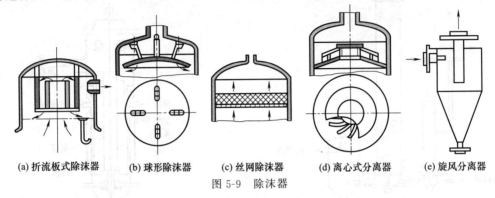

(a) 折流板式除沫器　　(b) 球形除沫器　　(c) 丝网除沫器　　(d) 离心式分离器　　(e) 旋风分离器

图 5-9　除沫器

5.3　单效蒸发

溶液在由单个蒸发器和附属设备所组成的装置内蒸发，所产生的二次蒸汽不再利用的蒸发操作，称为单效蒸发。在生产规模不大的情况下，多采用单效蒸发。

5.3.1　单效蒸发流程

最常见的单效蒸发为减压单效蒸发，其流程如图 5-10 所示。加热蒸汽在加热室的管间冷凝，所放出的热量通过管壁传给沸腾的溶液。被蒸发的溶液自分离室加入，经蒸发后的浓缩液由器底排出。汽化产生的二次蒸汽在分离室及其顶部的除沫器中将夹带的液沫加以分离后送往冷凝器与冷却水相混而被冷凝，冷凝液由冷凝器的底部排出。溶液中的不凝性气体用真空泵抽走。

工业上的蒸发操作经常在减压下进行，减压操作具有下列特点：

① 减压下溶液的沸点下降，有利于处理热敏性的物料，且可利用低压的蒸汽或废蒸汽作为加热剂。

② 溶液的沸点随所处的压强减小而降低，故对相同压强的加热蒸汽而言，当溶液处于减压时可以提高传热总温度差；但与此同时，溶液的黏度加大，使总传热系数下降。

③ 真空蒸发系统要求有造成减压的装置，使系统的投资费和操作费提高。

5.3.2　溶剂的蒸发量

在蒸发操作中，从溶液中蒸发出来的溶剂量可通过物料衡算来确定。现对图 5-11 所示的单效蒸发器作溶质的物料衡算。进入和离开蒸发器的溶质量不变，即 $Fx_{W0}=(F-W)x_{W1}$，由此可求得溶剂的蒸发量为

$$W=F\left(1-\frac{x_{W0}}{x_{W1}}\right) \tag{5-1}$$

完成液的浓度为

$$x_{W1}=\frac{Fx_{W0}}{F-W} \tag{5-2}$$

式中 F——溶液的进料量，kg/h；W——溶剂的蒸发量，kg/h；x_{W0}——原料液中溶质的质量分数；x_{W1}——完成液中溶质的质量分数。

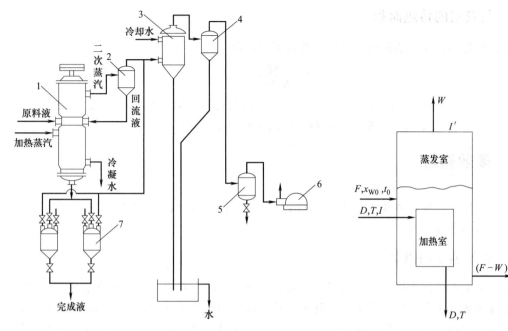

图 5-10　减压单效蒸发流程
1—蒸发器；2，4—分离器；3—混合冷凝器；
5—缓冲罐；6—真空泵；7—真空贮存罐

图 5-11　单效蒸发的物
料衡算及热量衡算

5.3.3　加热蒸汽的消耗量

加热蒸汽消耗量通过热量衡算求得。通常，加热蒸汽为饱和蒸汽，且冷凝后在饱和温度下排出，则加热蒸汽仅放出潜热用于蒸发。若料液在低于沸点温度下进料，对热量衡算式整理得

$$Q = Dr = F c_{p0}(t_1 - t_0) + W r' + Q_{损} \tag{5-3}$$

式中　Q——蒸发器的热负荷或传热量，kJ/h；D——加热蒸气消耗量，kg/h；c_{p0}——原料液比热容，kJ/(kg·℃)；t_0——原料液的温度，℃；t_1——溶液的沸点，℃；r——加热蒸汽的汽化潜热，kJ/kg；r'——二次蒸汽的汽化潜热，kJ/kg；$Q_{损}$——蒸发器的热损失，kJ/h。

原料液的比热容可按下面的经验式计算

$$c_{p0} = c_{pw}(1 - w_0) + c_{pB} w_0 \tag{5-4}$$

式中　c_{pw}——水的比热容，kJ/(kg·℃)；c_{pB}——溶质的比热容，kJ/(kg·℃)；w_0——质量分数，%。

由式（5-3）得加热蒸汽消耗量为

$$D = \frac{F c_{p0}(t_1 - t_0) + W r' + Q_{损}}{r} \tag{5-5}$$

若溶液为沸点进料，则 $t_1 = t_0$，设蒸发器的热损失忽略不计，则式（5-5）可简化为

$$D = \frac{W r'}{r} \quad 或 \quad \frac{D}{W} = \frac{r'}{r} \tag{5-6}$$

式中　D/W——蒸发 1kg 水时的蒸汽消耗量，称为单位蒸汽消耗量。

由于蒸汽的潜热随压力变化不大，即 $r \approx r'$，故 $D/W \approx 1$。但实际上因蒸发器有热损失等的影响，D/W 约为1.1或稍高。

5.3.4 蒸发器的传热面积

蒸发器的传热面积可依据传热基本方程式求得，即

$$A = \frac{Q}{K \Delta t_m} \tag{5-7}$$

式中 A——蒸发器的传热面积，m^2；K——蒸发器的传热系数，$W/(m^2 \cdot ℃)$；Δt_m——传热的平均温度差，℃；Q——蒸发器的热负荷或传热速率，W。

5.4 多效蒸发

在生产规模大，尤其涉及工业废液回收再利用等问题时，从能效及经济核算等方面考虑，通常会采用多效蒸发。

5.4.1 多效蒸发的概念

将几个蒸发器顺次连接起来协同操作以实现二次蒸汽的再利用，从而提高加热蒸汽利用率的操作称为多效蒸发。每一个蒸发器称为一效。通入加热蒸汽（生蒸汽）的蒸发器称为第一效，用第一效的二次蒸汽作为加热蒸汽的蒸发器称为第二效，用第二效的二次蒸汽作为加热蒸汽的蒸发器称为第三效，依此类推。

5.4.2 多效蒸发的流程

多效蒸发的流程从加料方式上分为顺流加料、逆流加料及平流加料。

(1) 顺流加料

顺流加料（也称并流加料）法是工业生产中常用的加料法，其流程如图 5-12 所示。

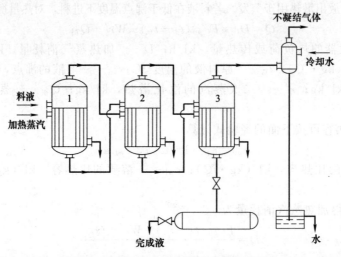

图 5-12 顺流加料三效蒸发装置的流程

(2) 逆流加料

其流程如图 5-13 所示。原料液从末效加入，用泵打入前一效，完成液由第一效底部排

出，而加热蒸汽仍是加入第一效加热室，与顺流加料的蒸汽流向相同。

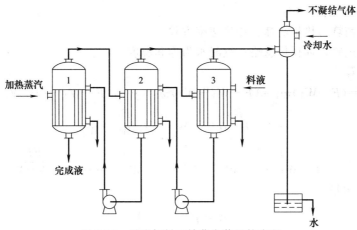

图 5-13 逆流加料三效蒸发装置的流程

(3) 平流加料

此种加料方法是按各效分别加料并分别出料的方式进行操作。而加热蒸汽仍是加入第一

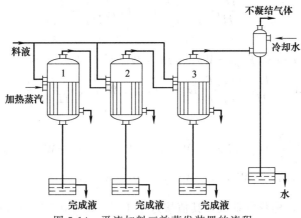

图 5-14 平流加料三效蒸发装置的流程

效的加热室，其流向与顺流加料相同，如图 5-14 所示。

5.4.3 多效蒸发的计算过程

多效蒸发流程如图 5-15 所示。

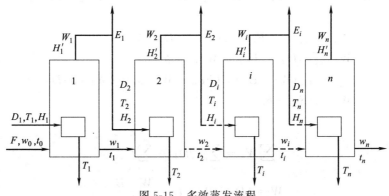

图 5-15 多效蒸发流程

已知：w_0，F，t_0，w_n，T_1，p_n，K_i，E_i

求：D_i，W_i，S_i

方法：物料衡算、热量衡算、传热速率方程。

假设：并流进料；稀释热忽略；汽凝水为饱和温度。

(1) 物料衡算

$$Fx_0 = (F-W_1)w_1 = (F-W_1-W_2)w_2 = \cdots = (F-W_1-\cdots-W_n)w_n$$

$$w_1 = \frac{Fw_0}{F-W_1}, \quad w_2 = \frac{Fw_0}{F-W_1-W_2}$$

$$w_i = \frac{Fw_0}{F-W_1-\cdots-W_i}, \quad w_n = \frac{Fw_0}{F-W_1-\cdots-W_n} = \frac{Fw_0}{F-W}$$

W 为总蒸发水量

$$W = F\left(1 - \frac{w_0}{w_n}\right)$$

(2) 热量衡算（不计热损）

$$D_1(H_1 - c_{pw}T_1) = W_1 H_1' + (Fc_{p0} - W_1 c_{pw})t_1 - Fc_{p0}t_0$$

$$W_1 = \frac{H_1 - c_{pw}T_1}{H_1' - c_{pw}t_1}D_1 + Fc_{p0}\frac{t_0 - t_1}{H_1' - c_{pw}t_1}$$

对第二效，同样得

$$D_2(H_2 - c_{pw}T_2) + (Fc_{p0} - W_1 c_{pw})t_1 = W_2 H_2' + (Fc_{p0} - W_1 c_{pw} - W_2 c_{pw})t_2$$

$$W_2 = \frac{H_2 - c_{pw}T_2}{H_2' - c_{pw}t_2}D_2 + (Fc_{p0} - W_1 c_{pw})\frac{t_1 - t_2}{H_2' - c_{pw}t_2}$$

类推

$$W_i = \frac{H_i - c_{pw}T_i}{H_i' - c_{pw}t_i}D_i + (Fc_{p0} - W_1 c_{pw} - W_2 c_{pw} - \cdots - W_{i-1}c_{pw})\frac{t_{i-1} - t_i}{H_i' - c_{pw}t_i}$$

$$= a_i D_i + (Fc_{p0} - W_1 c_{pw} - W_2 c_{pw} - \cdots - W_{i-1}c_{pw})b_i$$

讨论：① $a_i \approx \dfrac{r_i}{r_i'}$，称蒸发系数，其值接近于 1，一般为 $0.95 \sim 0.99$。

② $b_i \approx \dfrac{t_{i-1} - t_i}{r_i'}$，称自蒸发系数，除第一效外，一般为 $0.0025 \sim 0.025$。沸点进料 $b_i = 0$；逆流进料 $b_i < 0$。

③ 计入热损和浓缩热，用 h_i 表示，其值为 $0.96 \sim 0.98$，称热能利用系数。

$$W_i = [a_i D_i + (Fc_{p0} - W_1 c_{pw} - W_2 c_{pw} - \cdots - W_{i1}c_{pw})b_i]h_i$$

逐效应用

$$W_1 = (a_1 D_1 + Fc_{p0}b_1)h_1 = a_1 D_1 + b_1$$

$$W_2 = [a_2 D_2 + (Fc_{p0} - W_1 c_{pw})b_2]h_2$$

$$= [a_2(W_1 - E_1) + (Fc_{p0} - W_1 c_{pw})b_2]h_2 = a_2 D_1 + b_2$$

$$W_n = a_n D_1 + b_n$$

相加得

$$\sum_{i=1}^{n} W_i = \sum_{i=1}^{n} a_i D_1 + \sum_{i=1}^{n} b_i$$

$$W = AD_1 + B, \quad D_1 = \frac{W - B}{A}$$

再代入上述各式求 W_i

传热速率方程

$$S_i = \frac{Q_i}{K_i \Delta t_i} = \frac{D_i r_i}{K_i \Delta t_i}, \quad \Delta t_i = \frac{Q_i}{K_i S_i}$$

合比定理

$$\frac{\Delta t_i}{\sum \Delta t_i} = \frac{\dfrac{Q_i}{K_i S_i}}{\sum \dfrac{Q_i}{K_i S_i}}$$

其中

$$\sum \Delta t_i = \Delta t_{总} - \sum \Delta' - \sum \Delta'' - \sum \Delta'''$$

式中 Δ'——操作压力下由于溶液蒸气压下降引起的沸点升高；Δ''——因加热管内液柱静压力而引起的温差损失；Δ'''——由于管路流动阻力而引起的温差损失。

总温差

$$\Delta t_{总} = T_1 - t_n'$$

式中，t_n' 为操作条件下溶液的沸点。

等面积分配

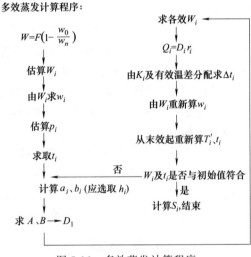

图 5-16 多效蒸发计算程序

$$S_1 = S_2 = \cdots = S, \quad \Delta t_i = \frac{\dfrac{Q_i}{K_i}}{\sum \dfrac{Q_i}{K_i}} \sum \Delta t_i$$

可以从最后一效开始往前推算，进行校核（图 5-16）。

【例 5-1】 用双效蒸发器，浓缩浓度为 5%（质量分数）的水溶液，沸点进料，进料量为 2000kg/h。第一、二效的溶液沸点分别为 95℃和 75℃。蒸发器消耗生蒸汽量为 800kg/h。各温度下水蒸气的汽化潜热均可取为 2280kJ/kg。忽略热损失，求蒸发量。

解： 第一效蒸发水量：

已知：生蒸汽用量 $q_{mD1} = 800$kg/h，汽化潜热 $r = 2280$kJ/kg

所以第一效蒸发产生的蒸汽量 $q_{mw1} = q_{mD1} = 800$kg/h

第一放出口浓度 $X_1 = q_{mF} X_0 / (q_{mF} - q_{mw1}) = 2000 \times 0.05 / (2000 - 800) = 0.0833 = 8.33\%$

第二效蒸发水量：

已知：$q_{mD2} = q_{mw1} = 800$kg/h

进入第二效的溶液量浓度为 $q_{mF2}=q_{mF}-q_{mw1}=2000-800=1200\text{kg/h}$

$$X_{02}=X_1=0.0833$$

$$t_1=95℃，t_2=70℃$$

计算单位质量溶液中水的比热容 $c_{p0}=c_{pw}(1-X_{02})=4.187\times(1-0.0833)=3.84\text{kJ/}$
$(\text{kg}\cdot℃)$

第二效热量衡算 $q_{mD2}r_2=q_{mF2}c_{p0}(t_2-t_1)+q_{mw2}r$

$$q_{mw2}=q_{mD2}-\frac{q_{mF2}c_{p0}(t_2-t_1)}{r}=800-\frac{1200\times3.84\times(75-95)}{2280}=840\text{kg/h}$$

蒸发水量

$$q_{mw}=q_{mw1}+q_{mw2}=800+840=1640\text{kg/h}$$

5.4.4　蒸发效数的选择及工业应用注意事项

在选择蒸发的效数时，应考虑到待蒸发溶液的性质及处理量，当溶液中的溶质较单一且处理量较小时，采用单效蒸发操作较适宜；反之，则需采用多效蒸发操作，具体采用的蒸发效数需根据实际情况确定。

蒸发过程在进行工业设计的过程中，除了对主体操作进行计算外，也需作管路计算、动力计算等。并且，在一系列计算的基础上对主体设备、附属设备及管路等进行选型。因此，要实现一个蒸发过程的完整设计，以及确保设备按设计建成后能够应用到生产中，并且能够满足生产要求，在考虑设备、管路及施工费用的同时，也需要考虑实际操作所产生的费用。同时，在蒸发操作过程中，也要考虑蒸发液所需的浓缩程度及所产生的规模效益，力争实现设计及操作过程中最优化、最经济的方案。

此外，在实际生产中，还须考虑节能及环保问题，主要包括：多效蒸发中是否采用变频调节以促进能量匹配更加合理，从而达到节能效果；蒸发操作后所剩余的蒸汽如何再利用才更加节能、环保；溶剂被蒸发后如何处理，从而避免环境污染以及冷凝水如何排放等。只要将这些问题处理得当，便会得到可观的经济、环境及社会效益。

本 章 小 结

蒸发是使溶液中的液相变为蒸汽的过程，蒸发过程包括物料衡算、热量衡算及流体流动。本章介绍了蒸发的基本原理及常用流程。论述了几种常用蒸发设备的结构及特点。介绍了单效蒸发及多效蒸发的流程及计算方法。

通过本章的学习，需要了解蒸发单元操作的原理、流程及设备，并掌握单效蒸发及多效蒸发的计算方法。

习　　题

填空题

1．蒸发是_____的单元操作。

2．为了保证蒸发操作能顺利进行，必须不断地向溶液供给_____并随时排除汽化出来的_____。

3．蒸发器的主体由_____和_____组成。

4．在蒸发操作中，降低单位蒸汽消耗量的主要方法有_____、_____、_____。

5．蒸发操作按蒸发器内压力可分为_____、_____、_____蒸发。

选择题

6. 蒸发操作中从溶液中汽化出来的蒸汽，常称为（　　）。

    A. 生蒸汽　　　　　　　B. 二次蒸汽　　　　　　C. 额外蒸汽

7. 蒸发室内溶液的沸点（　　）二次蒸汽的温度。

    A. 等于　　　　　　　　B. 高于　　　　　　　　C. 低于

8. 在蒸发操作中，若使溶液在（　　）下沸腾蒸发，可降低溶液沸点而增大蒸发器的有效温度差。

    A. 减压　　　　　　　　B. 常压　　　　　　　　C. 加压

9. 在单效蒸发中，从溶液中蒸发 1kg 水，通常都需要（　　）1kg 的加热蒸汽。

    A. 等于　　　　　　　　B. 小于　　　　　　　　C. 不少于

10. 蒸发器的有效温度差是指（　　）。

    A. 加热蒸汽温度与溶液的沸点之差

    B. 加热蒸汽与二次蒸汽温度之差

    C. 温差损失

11. 提高蒸发器生产强度的主要途径是增大（　　）。

    A. 传热温度差　　　　B. 加热蒸汽压力　　　　C. 传热系数　　　　　　D. 传热面积

12. 中央循环管式蒸发器属于（　　）蒸发器。

    A. 自然循环　　　　　　B. 强制循环　　　　　　C. 膜式

计算题

13. 在单效蒸发器内，将 10%（质量分数）NaOH 水溶液浓缩到 25%，分离室绝对压强为 15kPa，求溶液的沸点和溶质引起的沸点升高值。

14. 在单效蒸发器中用饱和水蒸气加热浓缩溶液，加热蒸汽的用量为 2100kg/h，加热蒸汽的温度为 120℃，其汽化热为 2205kJ/kg。已知蒸发器内二次蒸汽温度为 81℃，由于溶质和液柱引起的沸点升高值为 9℃，饱和蒸汽冷凝的传热膜系数为 8000W/($m^2 \cdot K$)，沸腾溶液的传热膜系数为 3500W/($m^2 \cdot K$)。求蒸发器的传热面积。（忽略换热器管壁和污垢层热阻，蒸发器的热损失忽略不计。）

15. 将 8% 的 NaOH 水溶液浓缩到 18%，进料量为 4540kg，进料温度为 21℃，蒸发器的传热系数为 2349W/($m^2 \cdot K$)，蒸发器内的压强为 55.6kPa，加热蒸汽温度为 110℃，求理论上需要加热蒸汽量和蒸发器的传热面积。

已知：8%NaOH 的沸点在 55.6kPa 时为 88℃，88℃时水的汽化潜热为 2298.6kJ/kg。8%NaOH 的比热容为 3.85kJ/(kg·℃)，110℃水蒸气的汽化潜热为 2234.4kJ/kg。

16. 某食品厂每小时要将 50t 质量分数为 10% 的桃浆浓缩到质量分数为 42%，采用三效蒸发，三个蒸发器的面积分别为 500m^2、500m^2 和 400m^2，第一效蒸发器的饱和加热蒸汽温度为 103℃，三效的总传热系数分别为 2200W/($m^2 \cdot K$)、1800W/($m^2 \cdot K$)、1100W/($m^2 \cdot K$)。假设各效蒸发器的浓度效应的沸点升高分别为 0.5℃、0.8℃、1.0℃，静压效应的沸点升高分别为 1.5℃、2.2℃、3.0℃，蒸汽过效的管路摩擦温差损失取 1.0℃，每小时从第一、二效蒸发器分别抽用二次蒸汽量为 5t、6t，第三效蒸发器的二次蒸汽全部进入冷凝器。沸点进料，忽略料液过效的自蒸发，并设蒸发 1kg 水需要 1.1kg 蒸汽。求各效蒸发器的有效温度差和末效蒸发器的二次蒸汽温度。

17. 在一中央循环管式蒸发器内将浓度为 10%（质量分数，下同）的 NaOH 水溶液浓缩到 40%，二次蒸汽压强为 40kPa，二次蒸汽的饱和温度为 75℃。已知在操作压强下蒸发纯水时,其沸点为80℃。求溶液的沸点和由于溶液的静压强引起的温度升高的值。

10%及40%NaOH水溶液杜林线的斜率及截距如下:

质量分数/%	斜率	截距
10	1.02	4.5
40	1.11	3.4

18. 在三效蒸发系统中将某水溶液从5%连续浓缩到40%。进料温度为90℃。用120℃的饱和水蒸气加热。末效二次蒸汽的温度为40℃。各效的传热面积均为140m²。各效的总传热系数分别为:$K_1 = 2950W/(m^2 \cdot ℃)$,$K_2 = 2670W/(m^2 \cdot ℃)$,$K_3 = 2900W/(m^2 \cdot ℃)$。若忽略溶液中溶质和液柱高度引起的沸点升高和蒸发器的热损失,求原料液的流量和加热蒸汽消耗量。

19. 双效并流蒸发系统的进料速率为1t/h,原液质量分数为10%,第一效和第二效完成液质量分数分别为15%和30%。两效溶液的沸点分别为108℃和95℃。当溶液从第一效进入第二效由于温度降产生自蒸发,求自蒸发量和自蒸发量占第二效总蒸发量的百分数。

本章主要符号说明

符号	意义与单位	符号	意义与单位
F	溶液的进料量,kg/h	c_{p0}	原料液比热容,kJ/(kg·℃)
W	溶剂的蒸发量,kg/h	c_{pw}	水的比热容,kJ/(kg·℃)
D	加热蒸汽消耗量,kg/h	A	蒸发器的传热面积,m²
Q	蒸发器的热负荷或传热量,kJ/h	K	蒸发器的传热系数,W/(m²·℃)
$Q_损$	蒸发器的热损失,kJ/h	Δt_m	传热的平均温度差,℃

附　录

附录 1　部分物理量的 SI 单位及量纲

物理量的名称	SI 单位		
	单位名称	单位符号	量　纲
长　度	米	m	[L]
时　间	秒	s	[T]
质　量	千克(公斤)	kg	[M]
力,重量	牛[顿]	$N(kg \cdot m \cdot s^{-2})$	$[MLT^{-2}]$
速　度	米每秒	m/s	$[LT^{-1}]$
加速度	米每二次方秒	m/s^2	$[LT^{-2}]$
密　度	千克每立方米	kg/m^3	$[ML^{-3}]$
压力,压强	帕[斯卡]	$Pa(N/m^2)$	$[ML^{-1}T^{-2}]$
能[量],功,热量	焦[耳]	$J(kg \cdot m^2 \cdot s^{-2})$	$[ML^2T^{-2}]$
功　率	瓦[特]	W(J/s)	$[ML^2T^{-3}]$
[动力]黏度	帕[斯卡]·秒	$Pa \cdot s(kg \cdot m^{-1} \cdot s^{-1})$	$[ML^{-1}T^{-1}]$
运动黏度	二次方米每秒	m^2/s	$[L^2T^{-1}]$
表面张力,界面张力	牛[顿]每米	$N/m(kg \cdot s^{-2})$	$[MT^{-2}]$
扩散系数	二次方米每秒	m^2/s	$[L^2T^{-1}]$

附录 2　水与饱和水蒸气的物理性质

1. 水的物理性质

温度 $t/℃$	压力 p /kPa	密度 ρ /(kg/m³)	焓 i /(J/kg)	比热容 c_p /(kJ·kg⁻¹·K⁻¹)	热导率 λ /(W·m⁻¹·K⁻¹)	导温系数 $a \times 10^6$ /(m²/s)	动力黏度 μ /μPa·s	运动黏度 $\nu \times 10^6$ /(m²/s)	体积膨胀系数 $\beta \times 10^3$ /K⁻¹	表面张力 σ /(mN/m)	普朗特数 Pr
0	101	999.9	0	4.212	0.5508	0.131	1788	1.789	−0.063	75.61	13.67
10	101	999.7	42.04	4.191	0.5741	0.137	1305	1.306	+0.070	74.14	9.52
20	101	998.2	83.90	4.183	0.5985	0.143	1005	1.006	0.182	72.67	7.02
30	101	995.7	125.69	4.174	0.6180	0.149	801.2	0.805	0.321	71.20	5.42
40	101	992.2	165.71	4.174	0.6333	0.153	653.2	0.659	0.387	69.63	4.31
50	101	988.1	209.30	4.174	0.6473	0.157	549.2	0.556	0.449	67.67	3.54
60	101	983.2	211.12	4.178	0.6589	0.161	469.8	0.511	0.511	66.20	2.98

温度 $t/℃$	压力 p /kPa	密度 ρ /(kg/m³)	焓 i /(J/kg)	比热容 c_p /(kJ·kg⁻¹·K⁻¹)	热导率 λ /(W·m⁻¹·K⁻¹)	导温系数 $a\times10^6$ /(m²/s)	动力黏度 μ /μPa·s	运动黏度 $\nu\times10^6$ /(m²/s)	体积膨胀系数 $\beta\times10^3$ /K⁻¹	表面张力 σ /(mN/m)	普朗特数 Pr
70	101	977.8	292.99	4.167	0.6670	0.163	406.0	0.415	0.570	64.33	2.55
80	101	971.8	334.94	4.195	0.6740	0.166	355	0.365	0.632	62.57	2.21
90	101	965.3	376.98	4.208	0.6798	0.168	314.8	0.326	0.695	60.71	1.95
100	101	958.4	419.19	4.220	0.6821	0.169	282.4	0.295	0.752	58.84	1.75
110	143	951.0	461.34	4.233	0.6844	0.170	258.9	0.272	0.808	56.88	1.60
120	199	943.1	503.67	4.250	0.6856	0.171	237.3	0.252	0.864	54.82	1.47
130	270	934.8	546.38	4.266	0.6856	0.172	217.7	0.233	0.917	52.86	1.36
140	362	926.1	589.08	4.287	0.6844	0.173	201.0	0.217	0.972	50.70	1.26
150	476	917.0	632.20	4.312	0.6833	0.173	186.3	0.203	1.03	48.64	1.17
160	618	907.4	675.33	4.346	0.6821	0.173	173.6	0.191	1.07	46.58	1.10
170	792	897.3	719.29	4.379	0.6786	0.173	162.8	0.181	1.13	44.33	1.05
180	1003	886.9	763.25	4.417	0.6740	0.172	153.0	0.173	1.19	42.27	1.00
190	1255	876.0	807.63	4.460	0.6693	0.171	144.2	0.165	1.26	40.01	0.96
200	1555	863.0	852.43	4.505	0.6624	0.170	136.3	0.158	1.33	37.66	0.93
210	1908	852.8	897.65	4.555	0.6548	0.169	130.4	0.153	1.41	35.40	0.91
220	2320	840.3	943.71	4.614	0.6649	0.166	124.6	0.148	1.48	33.15	0.89
230	2798	827.3	990.18	4.681	0.6368	0.164	119.7	0.145	1.59	30.99	0.88
240	3348	813.6	1037.49	4.756	0.6275	0.162	114.7	0.141	1.68	28.54	0.87
250	3978	799.0	1085.64	4.844	0.6271	0.159	109.8	0.137	1.81	26.19	0.86
260	4695	784.0	1135.04	4.949	0.6043	0.156	105.9	0.135	1.97	23.73	0.87
270	5506	767.9	1185.28	5.070	0.5892	0.151	102.0	0.133	2.16	21.48	0.88
280	6420	750.7	1236.28	5.229	0.5741	0.146	98.1	0.131	2.37	19.12	0.90
290	7446	732.3	1289.95	5.485	0.5578	0.139	94.2	0.129	2.62	16.87	0.93
300	8592	712.5	1344.80	5.736	0.5392	0.132	91.2	0.128	2.92	14.42	0.97
310	9870	691.1	1402.16	6.071	0.5229	0.125	88.3	0.128	3.29	12.06	1.03
320	11290	667.1	1462.03	6.573	0.5055	0.115	85.3	0.128	3.82	9.81	1.11
330	12865	640.2	1526.19	7.243	0.4834	0.104	81.4	0.127	4.33	7.67	1.22
340	14609	610.1	1594.75	8.164	0.4567	0.092	77.5	0.127	5.34	5.67	1.39
350	16538	574.4	1671.37	9.504	0.4300	0.079	72.6	0.126	6.68	3.82	1.60
360	18675	528.0	1761.39	13.984	0.3951	0.054	66.7	0.126	10.9	2.02	2.35
370	21054	450.5	1892.43	40.319	0.3370	0.019	56.9	0.126	26.4	0.47	6.79

2. 饱和水蒸气的物理性质

温度 $t/℃$	绝对压强 /kPa	蒸汽的比体积 /(m³/kg)	蒸汽的密度 /(kg/m³)	焓(液体) /(kJ/kg)	焓(蒸汽) /(kJ/kg)	汽化热 /(kJ/kg)
0	0.6082	206.5	0.00484	0	2491.3	2491.3
5	0.8730	147.1	0.00680	20.94	2500.9	2480.0
10	1.2262	106.4	0.00940	41.87	2510.5	2468.6
15	1.7068	77.9	0.01283	62.81	2520.6	2457.8
20	2.3346	57.8	0.01719	83.74	2530.1	2446.3
25	3.1684	43.40	0.02304	104.68	2538.6	2433.9
30	4.2474	32.93	0.03036	125.60	2549.5	2423.7
35	5.6207	25.25	0.03960	146.55	2559.1	2412.6
40	7.3766	19.55	0.05114	167.47	2568.7	2401.1
45	9.5837	15.28	0.06543	188.42	2577.9	2389.5
50	12.340	12.054	0.0830	209.34	2587.6	2378.1
55	15.744	9.589	0.1043	230.29	2596.8	2366.5
60	19.923	7.687	0.1301	251.21	2606.3	2355.1
65	25.014	6.209	0.1611	272.16	2615.6	2343.4
70	31.164	5.052	0.1979	293.08	2624.4	2331.2
75	38.551	4.139	0.2416	314.03	2629.7	2315.7
80	47.379	3.414	0.2929	334.94	2642.4	2307.3
85	57.875	2.832	0.3531	355.90	2651.2	2295.3
90	70.136	2.365	0.4229	376.81	2660.0	2283.1
95	84.556	1.985	0.5039	397.77	2668.8	2271.0
100	101.33	1.675	0.5970	418.68	2677.2	2258.4
105	120.85	1.421	0.7036	439.64	2685.1	2245.5
110	143.31	1.212	0.8254	460.97	2693.5	2232.4
115	169.11	1.038	0.9635	481.51	2702.5	2221.0
120	198.64	0.893	1.1199	503.67	2708.9	2205.2
125	232.19	0.7715	1.296	523.38	2716.5	2193.1
130	270.25	0.6693	1.494	546.38	2723.9	2177.6
135	313.11	0.5831	1.715	565.25	2731.2	2166.0
140	361.47	0.5096	1.962	589.08	2737.8	2148.7
145	415.72	0.4469	2.238	607.12	2744.6	2137.5
150	476.24	0.3933	2.543	632.21	2750.7	2118.5
160	618.28	0.3075	3.252	675.75	2762.9	2087.1
170	792.59	0.2431	4.113	719.29	2773.3	2054.0
180	1003.5	0.1944	5.145	763.25	2782.6	2019.3
190	1255.6	0.1568	6.378	807.63	2790.1	1982.5
200	1554.8	0.1276	7.840	852.01	2795.5	1943.5
210	1917.7	0.1045	9.567	897.23	2799.3	1902.1
220	2320.9	0.0862	11.600	942.45	2801.0	1858.5
230	2798.6	0.07155	13.98	988.50	2800.1	1811.6

温度 $t/℃$	绝对压强 /kPa	蒸汽的比体积 /(m^3/kg)	蒸汽的密度 /(kg/m^3)	焓(液体) /(kJ/kg)	焓(蒸汽) /(kJ/kg)	汽化热 /(kJ/kg)
240	3347.9	0.05967	16.76	1034.56	2796.8	1762.2
250	3977.7	0.04998	20.01	1081.45	2790.1	1708.6
260	4693.7	0.04199	23.82	1128.76	2780.9	1652.1
270	5504.0	0.03538	28.27	1176.91	2760.3	1591.4
280	6417.2	0.02988	33.47	1225.48	2752.0	1526.5
290	7443.3	0.02525	39.60	1274.46	2732.3	1457.8
300	8592.9	0.02131	46.93	1325.54	2708.0	1382.5
310	9878.0	0.01799	55.59	1378.71	2680.0	1301.3
320	11300	0.01516	65.95	1436.07	2648.2	1212.1
330	12880	0.01273	78.53	1446.78	2610.5	1113.7
340	14616	0.01064	93.98	1562.93	2568.6	1005.7
350	16538	0.00884	113.2	1632.20	2516.7	880.5
360	18667	0.00716	139.6	1729.15	2442.6	713.4
370	21041	0.00585	171.0	1888.25	2301.9	411.1
374	22071	0.00310	322.6	2098.0	2098.0	0

附录 3　干空气的物理性质（$p=101.33$kPa）

温度 $t/℃$	密度 ρ /(kg/m^3)	比热容 c_p /kJ·kg^{-1}·K^{-1}	热导率 λ /mW·m^{-1}·K^{-1}	导温系数 $a \times 10^6$ /(m^2/s)	动力黏度 μ /$\mu Pa·s$	运动黏度 $\nu \times 10^6$ /(m^2/s)	普朗特数 Pr
−50	1.584	1.013	20.34	12.7	14.6	9.23	0.728
−40	1.515	1.013	21.15	13.8	15.2	10.04	0.728
−30	1.453	1.013	21.96	14.9	15.7	10.80	0.723
−20	1.395	1.009	22.78	16.2	16.2	11.60	0.716
−10	1.342	1.009	23.59	17.4	16.7	12.43	0.712
0	1.293	1.005	24.40	18.8	17.2	13.28	0.707
10	1.247	1.005	25.10	20.1	17.7	14.16	0.705
20	1.205	1.005	25.91	21.4	18.1	15.06	0.703
30	1.165	1.005	26.73	22.9	18.6	16.00	0.701
40	1.128	1.005	27.54	24.3	19.1	16.96	0.699
60	1.060	1.005	28.93	27.2	20.1	18.97	0.696
80	1.000	1.009	30.44	30.2	21.1	21.09	0.692
100	0.946	1.009	32.07	33.6	21.9	23.13	0.688
140	0.854	1.013	31.86	40.3	23.7	27.80	0.684
180	0.779	1.022	37.77	47.5	25.3	32.49	0.681
200	0.746	1.026	39.28	51.4	26.0	34.85	0.680
300	0.615	1.047	46.02	71.6	29.7	48.33	0.674
400	0.524	1.068	52.06	93.1	33.1	63.09	0.678
500	0.456	1.093	57.40	115.3	36.2	79.38	0.687
600	0.404	1.114	62.17	138.3	39.1	96.89	0.699
700	0.362	1.135	67.0	163.4	41.8	115.4	0.706
800	0.329	1.156	71.70	188.8	44.3	134.8	0.713
900	0.301	1.172	76.23	216.2	46.7	155.1	0.717
1000	0.277	1.185	80.64	245.9	49.0	177.1	0.719
1100	0.257	1.197	84.94	276.3	51.2	199.3	0.722
1200	0.239	1.210	91.45	316.5	53.5	233.7	0.724

附录 4　某些液体的重要物理性质

序号	名称	分子式	相对分子质量	密度(20℃)/(kg/m³)	沸点(101.3kPa)/℃	汽化热(101.3kPa)/(kJ/kg)	比热容(20℃)/kJ·kg⁻¹·K⁻¹	黏度(20℃)/(mPa·s)	热导率(20℃)/W·m⁻¹·K⁻¹	体积膨胀系数×10³(20℃)/℃⁻¹	表面张力(20℃)/(mN/m)
1	水	H_2O	18.02	998	100	2258	4.183	1.005	0.599	0.182	72.8
2	盐水(25%NaCl)	—	—	1186(25℃)	107	—	3.39	2.3	0.57(30℃)	0.44	
3	盐水(25%CaCl₂)	—	—	1228	107	—	2.89	2.5	0.57	0.34	
4	硫酸	H_2SO_4	98.08	1831	340(分解)		1.47(98%)	23	0.38	0.57	
5	硝酸	HNO_3	63.02	1513	86	481.1		1.17(10℃)			
6	盐酸(30%)	HCl	36.47	1149			2.55	2(31.5%)	0.42	1.21	
7	二硫化碳	CS_2	76.13	1262	46.3	352	1.00	0.38	0.16	1.59	32
8	戊烷	C_5H_{12}	72.15	626	36.07	357.5	2.25(15.6℃)	0.229	0.113		16.2
9	己烷	C_6H_{14}	86.17	659	68.74	335.1	2.31(15.6℃)	0.313	0.119		18.2
10	庚烷	C_7H_{16}	100.20	684	98.43	316.5	2.21(15.6℃)	0.411	0.123		20.1
11	辛烷	C_8H_{18}	114.22	703	125.67	306.4	2.19(15.6℃)	0.540	0.131		21.8
12	三氯甲烷	$CHCl_3$	119.38	1489	61.2	254	0.992	0.58	0.138(30℃)	1.26	28.5(10℃)
13	四氯化碳	CCl_4	153.82	1594	76.8	195	0.850	1.0	0.12		26.8
14	1,2-二氯乙烷	$C_2H_4Cl_2$	98.96	1253	83.6	324	1.26	0.83	0.14(50℃)		30.8
15	苯	C_6H_6	78.11	879	80.10	394	1.70	0.737	0.148	1.24	28.6
16	甲苯	C_7H_8	92.13	867	110.63	363	1.70	0.675	0.138	1.09	27.9
17	邻二甲苯	C_8H_{10}	106.16	880	144.42	347	1.74	0.811	0.142		30.2
18	间二甲苯	C_8H_{10}	106.16	864	139.10	343	1.70	0.611	0.167	1.01	29.0
19	对二甲苯	C_8H_{10}	106.16	861	138.35	340	1.70	0.643	0.129		28.0

序号	名　称	分子式	相对分子质量	密度(20℃)/(kg/m³)	沸点(101.3kPa)/℃	汽化热(101.3kPa)/(kJ/kg)	比热容(20℃)/(kJ·kg⁻¹·K⁻¹)	黏度(20℃)/(mPa·s)	热导率(20℃)/(W·m⁻¹·K⁻¹)	体积膨胀系数×10³(20℃)/℃⁻¹	表面张力(20℃)/(mN/m)
20	苯乙烯	C_8H_8	104.1	911(15.6℃)	145.2	(352)	1.733	0.72			
21	氯苯	C_6H_5Cl	112.56	1106	131.8	325	3.391	0.85	0.14(30℃)		32
22	硝基苯	$C_6H_5NO_2$	123.17	1203	210.9	396	1.465	2.1	0.15		41
23	苯　胺	$C_6H_5NH_2$	93.13	1022	184.4	448	2.068	4.3	0.174	0.85	42.9
24	酚	C_6H_5OH	94.1	1050(50℃)	181.8(熔点40.9℃)	511		3.4(50℃)			
25	萘	$C_{10}H_8$	128.17	1145(固体)	217.9(熔点80.2℃)	314	1.805(100℃)	0.59(100℃)			
26	甲醇	CH_3OH	32.04	791	64.7	1101	2.495	0.6	0.212	1.22	22.6
27	乙醇	C_2H_5OH	46.07	789	78.3	846	2.395	1.15	0.172	1.16	22.8
28	乙醇(95%)	—	—	804	78.2			1.4			
29	乙二醇	$C_2H_4(OH)_2$	62.05	1113	197.6	800	2.349	23	0.59	0.53	47.7
30	甘油	$C_3H_5(OH)_3$	92.09	1261	290(分解)	—		1499			63
31	乙醚	$(C_2H_5)_2O$	74.12	714	84.6	360	2.336	0.24	0.14	1.63	18
32	乙醛	CH_3CHO	44.05	783(18℃)	20.2	574	1.88	1.3(18℃)			21.2
33	糠醛	$C_5H_4O_2$	96.09	1160	161.7	452	1.59	1.15(50℃)			48.5
34	丙酮	CH_3COCH_3	58.08	792	56.2	523	2.349	0.32	0.174		23.7
35	甲酸	$HCOOH$	46.03	1220	100.7	494	2.169	1.9	0.256		27.8
36	醋酸	CH_3COOH	60.03	1049	118.1	406	1.997	1.3	0.174	1.07	
37	醋酸乙酯	$CH_3COOC_2H_5$	88.11	901	77.1	368	1.992	0.48	0.14(10℃)		23.9
38	煤油			780~820				3	0.15	1.00	
39	汽油			680~800				0.7~0.8	0.13(30℃)	1.25	

附录 5　某些气体的重要物理性质

名　称	化学符号	密　度 (0℃,101.3kPa) /(kg/m³)	相对分子质量	比热容(20℃,101.3kPa) /kJ·kg⁻¹·K⁻¹ c_p	c_v	$k=\dfrac{c_p}{c_v}$	黏度(0℃,101.3kPa) /μPa·s	沸点(101.3kPa) /℃	蒸发热(101.3kPa) /(kJ/kg)	临界点 温度/℃	临界点 压强/MPa	热导率(0℃,101.3kPa) /W·m⁻¹·K⁻¹
氮	N_2	1.2507	28.02	1.047	0.745	1.40	17.0	−195.78	199.2	−147.13	3.39	0.0228
氨	NH_3	0.771	17.03	2.22	1.67	1.29	9.18	−33.4	1373	+132.4	11.29	0.0215
氩	Ar	1.7820	39.94	0.532	0.322	1.66	20.9	−185.87	162.9	−122.44	4.86	0.0173
乙炔	C_2H_2	1.171	26.04	1.683	1.352	1.24	9.35	−83.66(升华)	829	+35.7	6.24	0.0184
苯	C_6H_6	—	78.11	1.252	1.139	1.1	7.2	+80.2	394	+288.5	4.83	0.0088
丁烷(正)	C_4H_{10}	2.673	58.12	1.918	1.733	1.108	8.10	−0.5	386	+152	3.80	0.0135
空气	—	1.293	(28.95)	1.009	0.720	1.40	17.3	−195	197	−140.7	3.77	0.024
氢	H_2	0.08985	2.016	14.27	10.13	1.407	8.42	−252.754	454	−239.9	1.30	0.163
氦	He	0.1785	4.00	5.275	3.182	1.66	18.8	−268.85	19.5	−267.96	0.229	0.144
二氧化氮	NO_2	—	46.01	0.804	0.615	1.31	—	+21.2	711.8	+158.2	10.13	0.0400
二氧化硫	SO_2	2.867	64.07	0.632	0.502	1.25	11.7	−10.8	394	+157.5	7.88	0.0077
二氧化碳	CO_2	1.96	44.01	0.837	0.653	1.30	13.7	−78.2(升华)	574	+31.1	7.38	0.0137
氧	O_2	1.42895	32	0.913	0.653	1.40	20.3	−182.98	213.2	−118.82	5.04	0.0240
甲烷	CH_4	0.717	16.04	2.223	1.700	1.31	10.3	−161.58	511	−82.15	4.62	0.0300
一氧化碳	CO	1.250	28.01	1.047	0.754	1.40	16.6	−101.48	211	−140.2	3.50	0.0226
戊烷(正)	C_5H_{12}	—	72.15	1.72	1.574	1.09	8.74	+36.08	360	+197.1	3.34	0.0128
丙烷	C_3H_8	2.020	44.1	1.863	1.650	1.13	7.95(18℃)	−42.1	427	+95.6	4.36	0.0148
丙烯	C_3H_6	1.914	42.08	1.633	1.436	1.17	8.35(20℃)	−47.7	440	+91.4	4.60	—
硫化氢	H_2S	1.589	34.08	1.059	0.804	1.30	11.66	−60.2	548	+100.4	19.14	0.0131
氯	Cl_2	3.217	70.91	0.481	0.355	1.36	12.9(16℃)	−33.8	305.4	+144.0	7.71	0.0072
氯甲烷	CH_3Cl	2.308	50.49	0.741	0.582	1.28	9.89	−24.1	405.7	+148	6.69	0.0085
乙烷	C_2H_6	1.357	30.07	1.729	1.444	1.20	8.50	−88.50	486	+32.1	4.95	0.0180
乙烯	C_2H_4	1.261	28.05	1.528	1.222	1.25	9.85	−103.7	481	+9.7	5.14	0.0164

1. 水煤气输送钢管（摘自 GB/T 3091—2008）

公称直径 DN /mm(in)	外径 /mm	普通管壁厚 /mm	加厚管壁厚 /mm
$8\left(\dfrac{1}{4}\right)$	13.5	2.6	2.8
$10\left(\dfrac{3}{8}\right)$	17.2	2.6	2.8
$15\left(\dfrac{1}{2}\right)$	21.3	2.8	3.5
$20\left(\dfrac{3}{4}\right)$	26.9	2.8	3.5
25(1)	33.7	3.2	4.0
$32\left(1\dfrac{1}{4}\right)$	42.4	3.5	4.0
$40\left(1\dfrac{1}{2}\right)$	48.0	3.5	4.5
50(2)	60.3	3.8	4.5
$65\left(2\dfrac{1}{2}\right)$	76.1	4.0	4.5
80(3)	88.9	4.0	5.0
100(4)	114.3	4.0	5.0
125(5)	139.7	4.0	5.5
150(6)	165.3	4.5	6.0

2. 普通无缝钢管（摘自 GB/T 17395——2008）

外径 /mm	壁厚/mm 从	壁厚/mm 到	外径 /mm	壁厚/mm 从	壁厚/mm 到	外径 /mm	壁厚/mm 从	壁厚/mm 到	外径 /mm	壁厚/mm 从	壁厚/mm 到
6	0.25	2.0	51	1.0	12	152	3.0	40	450	9.0	100
7	0.25	2.5	54	1.0	14	159	3.5	45	457	9.0	100
8	0.25	2.5	57	1.0	14	168	3.5	45	473	9.0	100
9	0.25	2.8	60	1.0	16	180	3.5	50	480	9.0	100
10	0.25	3.5	63	1.0	16	194	3.5	50	500	9.0	110
11	0.25	3.5	65	1.0	16	203	3.5	55	508	9.0	110
12	0.25	4.0	68	1.0	16	219	6.0	55	530	9.0	120
14	0.25	4.0	70	1.0	17	232	6.0	65	560	9.0	120
16	0.25	5.0	73	1.0	19	245	6.0	65	610	9.0	120
18	0.25	5.0	76	1.0	20	267	6.0	65	630	9.0	120
19	0.25	6.0	77	1.4	20	273	6.5	85	660	9.0	120
20	0.25	6.0	80	1.4	20	299	7.5	100	699	12	120
22	0.40	6.0	83	1.4	22	302	7.5	100	711	12	120
25	0.40	7.0	85	1.4	22	318.5	7.5	100	720	12	120
27	0.40	7.0	89	1.4	24	325	7.5	100	762	20	120
28	0.40	7.0	95	1.4	24	340	8.0	100	788.5	20	120
30	0.40	8.0	102	1.4	28	351	8.0	100	813	20	120
32	0.40	8.0	108	1.4	30	356	9.0	100	864	20	120
34	0.40	8.0	114	1.5	30	368	9.0	100	914	25	120
35	0.40	9.0	121	1.5	32	377	9.0	100	965	25	120
38	0.40	10.0	127	1.8	32	402	9.0	100	1016	25	120
40	0.40	10.0	133	2.5	36	406	9.0	100			
45	1.0	12	140	3.0	36	419	9.0	100			
48	1.0	12	142	3.0	36	426	9.0	100			

注：壁厚/mm：0.25, 0.30, 0.40, 0.50, 0.60, 0.80, 1.0, 1.2, 1.4, 1.5, 1.6, 1.8, 2.0, 2.2, 2.5, 2.8, 3.0, 3.2, 3.5, 4.0, 4.5, 5.0, 5.5, 6.0, 6.5, 7.0, 7.5, 8.0, 8.5, 9, 9.5, 10, 11, 12, 13, 14, 15, 16, 17, 18, 19, 20, 22, 24, 25, 26, 28, 30, 32, 34, 36, 38, 40, 42, 45, 48, 50, 55, 60, 65, 70, 75, 80, 85, 90, 95, 100, 110, 120。

附录 7 IS 型单级单吸离心泵性能表（摘录）

型 号	转速 n /(r/min)	流 量		扬程 H /m	效率 η/%	功率/kW		必需汽 蚀余量 (NPSH)ᵣ /m	质量(泵/ 底座)/kg
		/(m³/h)	/(L/s)			轴功率	电机 功率		
IS50—32—125	2900	7.5	2.08	22	47	0.96		2.0	
		12.5	3.47	20	60	1.13	2.2	2.0	32/46
		15	4.17	18.5	60	1.26		2.5	
	1450	3.75	1.04	5.4	43	0.13		2.0	
		6.3	1.74	5	54	0.16	0.55	2.0	32/38
		7.5	2.08	4.6	55	0.17		2.5	
IS50—32—160	2900	7.5	2.08	34.3	44	1.59		2.0	
		12.5	3.47	32	64	2.02	3	2.0	50/46
		15	4.17	29.6	56	2.16		2.5	
	1450	3.75	1.04	8.5	35	0.25		2.0	
		6.3	1.74	8	4.8	0.29	0.55	2.0	50/38
		7.5	2.08	7.5	49	0.31		2.5	
IS50—32—250	2900	7.5	2.08	82	23.5	5.87		2.0	
		12.5	3.47	80	38	7.16	11	2.0	88/110
		15	4.17	78.5	41	7.83		2.5	
	1450	3.75	1.04	20.5	23	0.91		2.0	
		6.3	1.74	20	32	1.07	1.5	2.0	88/64
		7.5	2.08	19.5	35	1.14		3.0	
IS65—50—125	2900	15	4.17	21.8	58	1.54		2.0	
		25	6.94	20	69	1.97	3	2.5	50/41
		30	8.33	18.5	68	2.22		3.0	
	1450	7.5	2.08	5.35	53	0.21		2.0	
		12.5	3.47	5	64	0.27	0.55	2.0	50/38
		15	4.17	4.7	65	0.30		2.5	
IS65—40—250	2900	15	4.17	82	37	9.05		2.0	
		25	6.94	80	50	10.89	15	2.0	82/110
		30	8.33	78	53	12.02		2.5	
	1450	7.5	2.08	21	35	1.23		2.0	
		12.5	3.47	20	46	1.48	2.2	2.0	82/67
		15	4.17	19.4	48	1.65		2.5	
IS65—40—315	2900	15	4.17	127	28	18.5		2.5	
		25	6.94	125	40	21.3	30	2.5	152/110
		30	8.33	123	44	22.8		3.0	
	1450	7.5	2.08	32.2	25	6.63		2.5	
		12.5	3.47	32.0	37	2.94	4	2.5	152/67
		15	4.17	31.7	41	3.16		3.0	
IS80—50—250	2900	30	8.33	84	52	13.2		2.5	
		50	13.9	80	63	17.3	22	2.5	90/110
		60	16.7	75	64	19.2		3.0	
	1450	15	4.17	21	49	1.75		2.5	
		25	6.94	20	60	2.27	3	2.5	90/64
		30	8.33	18.8	61	2.52		3.0	

| 型　号 | 转速 n /(r/min) | 流　量 | | 扬程 H /m | 效率 η/% | 功率/kW | | 必需汽蚀余量 $(NPSH)_r$ /m | 质量(泵/底座)/kg |
		/(m³/h)	/(L/s)			轴功率	电机功率		
IS80—50—315	2900	30	8.33	128	41	25.5	37	2.5	125/160
		50	13.9	125	54	31.5		2.5	
		60	16.7	123	57	35.3		3.0	
	1450	15	4.17	32.5	39	3.4	5.5	2.5	125/66
		25	6.94	32	52	4.19		2.5	
		30	8.33	31.5	56	4.6		3.0	
IS100—80—160	2900	60	16.7	36	70	8.42	15	3.5	69/110
		100	27.8	32	78	11.2		4.0	
		120	33.3	28	75	12.2		5.0	
	1450	30	8.33	9.2	67	1.12	2.2	2.0	69/64
		50	13.9	8.0	75	1.45		2.5	
		60	16.7	6.8	71	1.57		3.5	
IS100—65—250	2900	60	16.7	87	61	23.4	37	3.5	90/160
		100	27.8	80	72	30.0		3.8	
		120	33.3	74.5	73	33.3		4.8	
	1450	30	8.33	21.3	55	3.16	5.5	2.0	90/66
		50	13.9	20	68	4.00		2.0	
		60	16.7	19	70	4.44		2.5	
IS100—65—315	2900	60	16.7	133	55	39.6	75	3.0	180/295
		100	27.8	125	66	51.6		3.6	
		120	33.3	118	67	57.5		4.2	
	1450	30	8.33	34	51	5.44	11	2.0	180/112
		50	13.9	32	63	6.92		2.0	
		60	16.7	30	64	7.67		2.5	
IS125—100—250	2900	1Z0	33.3	87	66	43.0	75	3.8	166/295
		200	55.6	80	78	55.9		4.2	
		240	66.7	72	75	62.8		5.0	
	1450	60	16.7	21.5	63	5.59	11	2.5	166/112
		100	27.8	20	76	7.17		2.5	
		120	33.3	18.5	77	7.84		3.0	
IS150—125—250	1450	120	33.3	22.5	71	10.4	18.5	3.0	758/158
		200	55.6	20	81	13.5		3.0	
		240	66.7	17.5	78	14.7		3.5	
IS150—125—315	1450	120	33.3	34	70	15.9	30	2.5	192/233
		200	55.6	32	79	22.1		2.5	
		240	66.7	29	80	23.7		3.0	
IS150—125—400	1450	120	33.3	53	62	27.9	45	2.0	223/233
		200	55.6	50	75	36.3		2.8	
		240	66.7	46	74	40.6		3.5	
IS200—150—315	1450	240	66.7	37	70	34.6	55	3.0	262/295
		400	111.1	32	82	42.5		3.5	
		460	127.8	28.5	80	44.6		4.0	
I200—150—400	1450	240	66.7	55	74	48.6	90	3.0	295/298
		400	111.1	50	81	67.2		3.8	
		460	127.8	48	76	74.2		4.5	

附录 8　管壳式换热器系列标准及型号表示方法

1. 管壳式换热器系列标准（摘自 JB/T 4714—92，JB/T 4715—92）

（1）固定管板式换热器的主要参数

换热管为 $\phi 19\text{mm}$ 的换热器基本参数（管心距 25mm）

公称直径 DN/mm	公称压力 PN/MPa	管程数 N	管子根数 n	中心排管数	管程流通面积/m²	计算换热面积/m²					
						换热管长度 L/mm					
						1500	2000	3000	4500	6000	9000
159		1	15	5	0.0027	1.3	1.7	2.6	—	—	—
219	1.60		33	7	0.0058	2.8	3.7	5.7	—	—	—
273	2.50 4.00 6.40	1	65	9	0.0115	5.4	7.4	11.3	17.1	22.9	—
		2	56	8	0.0049	4.7	6.4	9.7	14.7	19.7	—
325		1	99	11	0.0175	8.3	11.2	17.1	26.0	34.9	—
		2	88	10	0.0078	7.4	10.0	15.2	23.1	31.0	—
		4	68	11	0.0030	5.7	7.7	11.8	17.9	23.9	—
400	0.60	1	174	14	0.0307	14.5	19.7	30.1	45.7	61.3	—
		2	164	15	0.0145	13.7	18.6	28.4	43.1	57.8	—
		4	146	14	0.0065	12.2	16.6	25.3	38.3	51.4	—
450		1	237	17	0.0419	19.8	26.9	41.0	62.2	83.5	—
		2	220	16	0.0194	18.4	25.0	38.1	57.8	77.5	—
	1.00	4	200	16	0.0088	16.7	22.7	34.6	52.5	70.4	—
500		1	275	19	0.0486	—	31.2	47.6	72.2	96.8	—
		2	256	18	0.0226	—	29.0	44.3	67.2	90.2	—
	1.60	4	222	18	0.0098	—	25.2	38.4	58.3	78.2	—
600		1	430	22	0.0760	—	48.8	74.4	112.9	151.4	—
		2	416	23	0.0368	—	47.2	72.0	109.3	146.5	—
	2.50	4	370	22	0.0163	—	42.0	64.0	97.2	130.3	—
		6	360	20	0.0106	—	40.8	62.3	94.5	126.8	—
700	4.00	1	607	27	0.1073	—	—	105.1	159.4	213.8	—
		2	574	27	0.0507	—	—	99.4	150.8	202.1	—
		4	542	27	0.0239	—	—	93.8	142.3	190.9	—
		6	518	24	0.0153	—	—	89.7	136.0	182.4	—
800	0.60 1.00 1.60 2.50 4.00	1	797	31	0.1408	—	—	138.0	209.3	280.7	—
		2	776	31	0.0686	—	—	134.3	203.8	273.3	—
		4	722	31	0.0319	—	—	125.0	189.8	254.3	—
		6	710	30	0.0209	—	—	122.9	186.5	250.0	—

公称直径 DN/mm	公称压力 PN/MPa	管程数 N	管子根数 n	中心排管数	管程流通面积/m²	计算换热面积/m² 换热管长度 L/mm 1500	2000	3000	4500	6000	9000
900	0.60	1	1009	35	0.1783	—	—	174.7	265.0	355.3	536.0
		2	988	35	0.0873	—	—	171.0	259.5	347.9	524.9
	1.00	4	938	35	0.0414	—	—	162.4	246.4	330.3	498.3
		6	914	34	0.0269	—	—	158.2	240.0	321.9	485.6
1000	1.60	1	1267	39	0.2239	—	—	219.3	332.8	446.2	673.1
		2	1234	39	0.1090	—	—	213.6	324.1	434.6	655.6
		4	1186	39	0.0524	—	—	205.3	311.5	417.7	630.1
		6	1148	38	0.0338	—	—	198.7	301.5	404.3	609.9
(1100)	2.50	1	1501	43	0.2652	—	—	—	394.2	528.6	797.4
		2	1470	43	0.1299	—	—	—	386.1	517.7	780.9
		4	1450	43	0.0641	—	—	—	380.8	510.6	770.3
	4.00	6	1380	42	0.0406	—	—	—	362.4	486.0	733.1

注：表中的管程流通面积为各程平均值。括号内公称直径不推荐使用。管子为正三角形排列。

换热管为 φ25mm 的换热器基本参数（管心距 32mm）

公称直径 DN/mm	公称压力 PN/MPa	管程数 N	管子根数 n	中心排管数	管程流通面积/m² φ25×2	φ25×2.5	计算换热面积/m² 换热管长度 L/mm 1500	2000	3000	4500	6000	9000
159		1	11	3	0.0038	0.0035	1.2	1.6	2.5	—	—	—
219	1.60		25	5	0.0087	0.0079	2.7	3.7	5.7	—	—	—
273	2.50	1	38	6	0.0132	0.0119	4.2	5.7	8.7	13.1	17.6	
		2	32	7	0.0055	0.0050	3.5	4.8	7.3	11.1	14.8	
325	4.00	1	57	9	0.0197	0.0179	6.3	8.5	13.0	19.7	26.4	
	6.40	2	56	9	0.0097	0.0088	6.2	8.4	12.7	19.3	25.9	
		4	40	9	0.0035	0.0031	4.4	6.0	9.1	13.8	18.5	—
400	0.60	1	98	12	0.0339	0.0308	10.8	14.6	22.3	33.8	45.4	—
	1.00	2	94	11	0.0163	0.0148	10.3	14.0	21.4	32.5	43.5	—
	1.60	4	76	11	0.0066	0.0060	8.4	11.3	17.3	26.3	35.2	—
450	2.50	1	135	13	0.0468	0.0424	14.8	20.1	30.7	46.6	62.5	—
	4.00	2	126	12	0.0218	0.0198	13.9	18.8	28.7	43.5	58.4	—
		4	106	13	0.0092	0.0083	11.7	15.8	24.1	36.6	49.1	—

公称直径 DN/mm	公称压力 PN/MPa	管程数 N	管子根数 n	中心排管数	管程流通面积 /m²		计算换热面积/m²					
							换热管长度 L/mm					
					$\phi25\times2$	$\phi25\times2.5$	1500	2000	3000	4500	6000	9000
500	0.60	1	174	14	0.0603	0.0546	—	26.0	39.6	60.1	80.6	—
		2	164	15	0.0284	0.0257	—	24.5	37.3	56.6	76.0	—
	1.00	4	144	15	0.0125	0.0113	—	21.4	32.8	49.7	66.7	—
600	1.60	1	245	17	0.0849	0.0769	—	36.5	55.8	84.6	113.5	—
		2	232	16	0.0402	0.0364	—	34.6	52.8	80.1	107.5	—
		4	222	17	0.0192	0.0174	—	33.1	50.5	76.7	102.8	—
	2.50	6	216	16	0.0125	0.0113	—	32.2	49.2	74.6	100.0	—
700	4.00	1	355	21	0.1230	0.1115	—	—	80.0	122.6	164.4	—
		2	342	21	0.0592	0.0537	—	—	77.9	118.1	158.4	—
		4	322	21	0.0279	0.0253	—	—	73.3	111.2	149.1	—
		6	304	20	0.0175	0.0159	—	—	69.2	105.0	140.8	—
800		1	467	23	0.1618	0.1466	—	—	106.3	161.3	216.3	—
		2	450	23	0.0779	0.0707	—	—	102.4	155.4	208.5	—
		4	442	23	0.0383	0.0347	—	—	100.6	152.7	204.7	—
		6	430	24	0.0248	0.0225	—	—	97.9	148.5	119.2	—
900	0.60	1	605	27	0.2095	0.1900	—	—	137.8	209.0	280.2	422.7
		2	588	27	0.1018	0.0923	—	—	133.9	203.1	272.3	410.8
		4	554	27	0.0480	0.0435	—	—	126.1	191.4	256.6	387.1
		6	538	26	0.0311	0.0282	—	—	122.5	185.8	249.2	375.9
1000	1.60	1	749	30	0.2594	0.2352	—	—	170.5	258.7	346.9	523.3
		2	742	29	0.1285	0.1165	—	—	168.9	256.3	343.7	518.4
		4	710	29	0.0615	0.0557	—	—	161.6	245.2	328.8	496.0
	2.50	6	698	30	0.0403	0.0365	—	—	158.9	241.1	323.3	487.7
(1100)		1	931	33	0.3225	0.2923	—	—	321.6	431.2	650.4	
		2	894	33	0.1548	0.1404	—	—	308.8	414.1	624.6	
		4	848	33	0.0734	0.0666	—	—	292.9	392.8	592.5	
	4.00	6	830	32	0.0479	0.0434	—	—	286.7	384.4	579.9	

注：表中的管程流通面积为各程平均值。管子为正三角形排列。

（2）浮头式（内导流）换热器的主要参数

DN/mm	N	n① d=19	n① d=25	中心排管数 d=19	中心排管数 d=25	管程流通面积/m² d×δr 19×2	25×2	25×2.5	A②/m² L=3m 19	L=3m 25	L=4.5m 19	L=4.5m 25	L=6m 19	L=6m 25	L=9m 19	L=9m 25
325	2	60	32	7	5	0.0053	0.0055	0.0050	10.5	7.4	15.8	11.1	—	—	—	—
	4	52	28	6	4	0.0023	0.0024	0.0022	9.1	6.4	13.7	9.7	—	—	—	—
426	2	120	74	8	7	0.0106	0.0126	0.0116	20.9	16.9	31.6	25.6	42.3	34.4	—	—
400	4	108	68	9	6	0.0048	0.0059	0.0053	18.8	15.6	28.4	23.6	38.1	31.6	—	—
500	2	206	124	11	8	0.0182	0.0215	0.0194	35.7	28.3	54.1	42.8	72.5	57.4	—	—
	4	192	116	10	9	0.0085	0.0100	0.0091	33.2	26.4	50.4	40.1	67.6	53.7	—	—
600	2	324	198	14	11	0.0286	0.0343	0.0311	55.8	44.9	84.8	68.2	113.9	91.5	—	—
	4	308	188	14	10	0.0136	0.0163	0.0148	53.1	42.6	80.7	64.8	108.2	86.9	—	—
	6	284	158	14	13	0.0083	0.0091	0.0083	48.9	35.8	74.4	54.4	99.8	73.1	—	—
700	2	468	268	16	15	0.0414	0.0464	0.0421	80.4	60.6	122.2	92.1	164.1	123.7	—	—
	4	448	256	17	12	0.0198	0.0222	0.0201	76.9	57.8	117.0	87.9	157.1	118.1	—	—
	6	382	224	15	10	0.0112	0.0129	0.0116	65.6	50.6	99.8	76.9	133.9	103.4	—	—
800	2	610	366	19	15	0.0539	0.0634	0.0575	—	—	158.9	125.4	213.5	168.5	—	—
	4	588	352	18	14	0.0260	0.0305	0.0276	—	—	153.2	120.6	205.8	162.1	—	—
	6	518	316	16	14	0.0152	0.0182	0.0165	—	—	134.9	108.3	181.3	145.5	—	—

DN/mm	N	n① d		中心排管数		管程流通面积/m² d×δr			A②/m² L=3m		L=4.5m		L=6m		L=9m	
		19	25	19	25	19×2	25×2	25×2.5	19	25	19	25	19	25	19	25
900	2	800	472	22	17	0.0707	0.0817	0.0741	—	—	207.6	161.2	279.2	216.8	—	—
	4	776	456	21	16	0.0343	0.0395	0.0353	—	—	201.4	155.7	270.8	209.4	—	—
	6	720	426	21	16	0.0212	0.0246	0.0223	—	—	186.9	145.5	251.3	195.6	—	—
1000	2	1006	606	24	19	0.0890	0.105	0.0952	—	—	260.6	206.6	350.6	277.9	—	—
	4	980	588	23	18	0.0433	0.0509	0.0462	—	—	253.9	200.4	341.6	269.7	—	—
	6	892	564	21	18	0.0262	0.0326	0.0295	—	—	231.1	192.2	311.0	258.7	—	—
1100	2	1240	736	27	21	0.1100	0.1270	0.1160	—	—	320.3	250.2	431.3	336.8	—	—
	4	1212	716	26	20	0.0536	0.0620	0.0562	—	—	313.1	243.4	421.6	327.7	—	—
	6	1120	692	24	20	0.0329	0.0399	0.0362	—	—	289.3	235.2	389.6	316.7	—	—
1200	2	1452	880	28	22	0.1290	0.1520	0.1380	—	—	374.4	298.6	504.3	402.2	764.2	609.4
	4	1424	860	28	22	0.0629	0.0745	0.0675	—	—	367.2	291.8	494.6	393.1	749.5	595.6
	6	1348	828	27	21	0.0396	0.0478	0.0434	—	—	347.6	280.9	468.2	378.4	709.5	573.4
1300	4	1700	1024	31	24	0.0751	0.0887	0.0804	—	—	—	—	589.3	467.1	—	—
	6	1616	972	29	24	0.0476	0.0560	0.0509	—	—	—	—	560.2	443.3	—	—

① 排管数按正方形旋转45°排列计算。

② 计算换热面积按光管及公称压力2.5MPa的管板厚度确定。

2. 管壳式换热器型号的表示方法

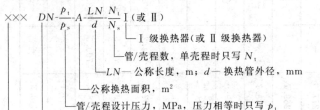

$$\times\times\times\ DN\text{-}\frac{p_\mathrm{t}}{p_\mathrm{s}}\text{-}A\text{-}\frac{LN}{d}\text{-}\frac{N_\mathrm{t}}{N_\mathrm{s}}\text{I（或 II）}$$

- I 级换热器（或 II 级换热器）
- 管/壳程数，单壳程时只写 N_t
- LN— 公称长度，m；d— 换热管外径，mm
- 公称换热面积，m^2
- 管/壳程设计压力，MPa，压力相等时只写 p_t
- 公称直径，mm，对于釜式重沸器用分数表示，分子为管箱内径，分母为圆筒内径
- 第一个字母代表前端管箱型式，第二个字母代表壳体型式，第三个字母代表后端管箱型式

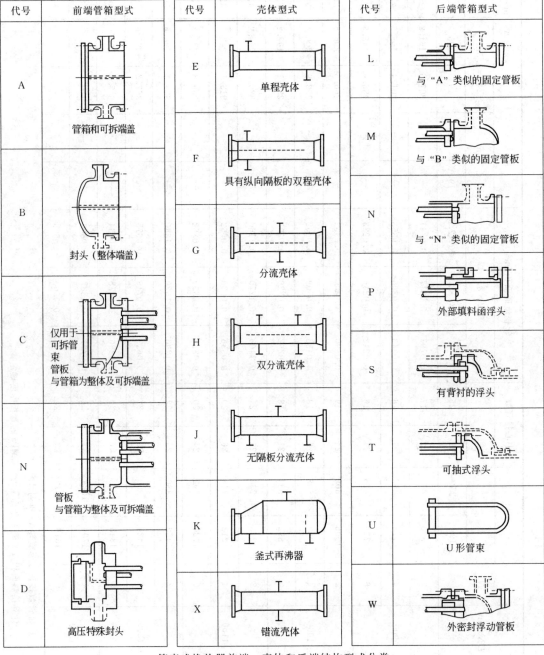

代号	前端管箱型式	代号	壳体型式	代号	后端管箱型式
A	管箱和可拆端盖	E	单程壳体	L	与"A"类似的固定管板
B	封头（整体端盖）	F	具有纵向隔板的双程壳体	M	与"B"类似的固定管板
C	仅用于可拆管束 管板与管箱为整体及可拆端盖	G	分流壳体	N	与"N"类似的固定管板
N	管板与管箱为整体及可拆端盖	H	双分流壳体	P	外部填料函浮头
		J	无隔板分流壳体	S	有背衬的浮头
				T	可抽式浮头
		K	釜式再沸器	U	U 形管束
D	高压特殊封头	X	错流壳体	W	外密封浮动管板

管壳式换热器前端、壳体和后端结构型式分类

附录 9　其他重要图表

1. 有机液体相对密度（液体密度与 4℃ 水的密度之比）共线图
2. 液体黏度共线图
3. 液体比热容共线图
4. 某些液体的热导率
5. 液体汽化热共线图
6. 气体黏度共线图（常压下用）
7. 气体比热容共线图（常压下用）
8. 常用固体材料的重要物理性质
9. 8-18、9-27 离心式通风机综合特性曲线图

扫描二维码下载
附录 9 PDF 文件

参 考 文 献

[1] Warren L McCabe, Julian C Smith, Peter Harriott. Unit Operations of Chemical Engineering. Sixth edition. New York：McGraw-Hill，2001.

[2] 王国胜. 化工原理. 大连：大连理工大学出版社，2004.

[3] 邹华生，钟理，伍钦. 流体力学与传热. 广州：华南理工大学出版社，2004.

[4] 黄少烈，邹华生. 化工原理. 北京：高等教育出版社，2002.

[5] 陈敏恒，丛德滋，方图南等. 化工原理（上册）. 第4版. 北京：化学工业出版社，2015.

[6] 柴诚敬，张国亮. 化工流体流动与传热. 第2版. 北京：化学工业出版社，2007.

[7] 陈涛，张国亮. 化工传递过程基础. 第3版. 北京：化学工业出版社，2009.

[8] 吕树申，祁存谦，莫冬传. 化工原理. 第3版. 北京：化学工业出版社，2015.

[9] 姚玉英，黄凤廉，陈常贵等. 化工原理（上册）. 天津：天津科学技术出版社，2006.

[10] 时钧，汪家鼎，余国琮，陈敏恒. 化学工程手册. 第2版. 北京：化学工业出版社，1996.

[11] Christie J Geankoplis. Transport Processes and Unit Operations（Third Edition）. Englewood Cliffs, New Jersey：Prentice-Hall，1993.

[12] Robert S Brodkey, Harry C Hershey. Transport Phenomena A Unified Approach. New York：McGraw-Hill，1988.

[13] Donald Q Kern. Process Heat Transfer. New York：McGraw-Hill，1990.

[14] Simth H K. Transport Phenomena. Oxford：Clarendon Pr，1989.

[15] 杨祖荣，刘丽英，刘伟. 化工原理. 第3版. 北京：化学工业出版社，2014.

[16] 林瑞泰. 沸腾换热. 北京：科学出版社，1988.